STARK

ABITUR

Prüfungsaufgaben mit Lösungen **2007**

Übungsaufgaben mit dem grafikfähigen Taschenrechner

Physik

Leistungskurs
Gymnasium
Sachsen
2001–2006

STARK

ISBN-13: 978-3-89449-224-3
ISBN-10: 3-89449-224-4

D-85318 Freising · Postfach 1852 · Tel. (0 81 61) 1790
12. neu bearbeitete Auflage 2006

Inhalt

Fortsetzung nächste Seite

Abiturprüfung 2002 (Nachtermin)

Abiturprüfung 2003

Abiturprüfung 2003 (Nachtermin)

Abiturprüfung 2004

Abiturprüfung 2004 (Nachtermin)

Abiturprüfung 2005

Abiturprüfung 2005 (Nachtermin)

Abiturprüfung 2006

Jeweils im Herbst erscheinen die neuen Ausgaben
der Abitur-Prüfungsaufgaben mit Lösungen.

Autor der Übungsaufgaben sowie sämtlicher Lösungen:

Gerhard Lange, Plauen

Stichwortverzeichnis

Hinweise und Tipps zum Abitur in Physik

Allgemeine Hinweise zum schriftlichen Abitur im Fach Physik (Leistungskurs)

1 Rahmenbedingungen

Die Abituraufgaben werden im Freistaat Sachsen zentral vom Sächsischen Staatsministerium für Kultus gestellt. Jeder Prüfungsteilnehmer hat zu bearbeiten:

- im **Teil A** eine **Pflichtaufgabe** zu Anforderungen vorrangig aus der Jahrgangsstufe 11 ohne eigene experimentelle Tätigkeit;
- im **Teil B** eine **Pflichtaufgabe** zu Anforderungen vorrangig aus der Jahrgangsstufe 12 ohne eigene experimentelle Tätigkeit;
- im **Teil C** eine von zwei **Wahlaufgaben** mit eigener experimenteller Tätigkeit zu Anforderungen aus den Jahrgangsstufen 11 und 12.

Potenzieller Prüfungsstoff sind alle Lernbereiche des Lehrplans der gymnasialen Oberstufe mit Ausnahme des Lernbereichsteils „Spezielle Relativitätstheorie" aus dem Kurshalbjahr 12/II.
Jeder Prüfungsteilnehmer des Leistungskurses muss sich innerhalb der Arbeitszeit von 270 Minuten für eine der beiden Wahlaufgaben entscheiden.
Für Prüfungsteilnehmer, die aus wichtigem Grund den **Ersttermin** nicht wahrnehmen können, sind die Aufgaben des **Nachtermins** vorgesehen. Diese Aufgaben werden ebenfalls vom Kultusministerium gestellt. Diese Aufgaben werden gleichzeitig mit denen des Ersttermins erarbeitet, sind dadurch völlig gleichwertig und unterscheiden sich insbesondere nicht im Schwierigkeitsgrad.

2 Besonderheiten der Wahlaufgaben

Gleich nach dem Empfang der Prüfungsaufgaben sollten Sie sich den beiden **Wahlaufgaben C1 und C2** zuwenden, diese aufmerksam durchlesen, um baldmöglichst eine Entscheidung zu treffen. Sie werden in der Regel innerhalb der ersten Stunde aufgefordert, Ihre Entscheidung der Aufsicht führenden Lehrkraft anzuzeigen. Aus organisatorischen Gründen wird Ihnen dann nach angemessener Zeit mitgeteilt, wann Sie das Experiment (in einem anderen Raum) durchzuführen haben.

Beim Durchlesen müssen Sie besonders achten

- auf den experimentellen Aufwand,
- auf die Auswertung der Messwerte (Diagramme),
- auf theoretische Betrachtungen zum gegebenen physikalischen Sachverhalt,
- auf geforderte Herleitungen von Berechnungsgleichungen und
- auf weiterführende Aufgabenstellungen (Berechnungen, Beschreibungen, Vergleiche, Anwendungen).

Meist ist das Ermitteln der Messwerte für Sie nicht die entscheidende Hürde. Deswegen sollten Sie unbedingt nach der Aufgabe C 1 auch sofort die Aufgabe C 2 genauso sorgfältig durchlesen, ehe Sie sich entscheiden. Gerade diejenigen Teilaufgaben, die dem experimentellen Teil folgen, sind anspruchsvoll und sollten deswegen gründlich durchdacht werden.

Nach Ihrer Entscheidung sollten Sie sich auf das Experiment vorbereiten, eine Liste der Geräte und Hilfsmittel anfertigen (falls gefordert) und eventuell auch schon Messwerttabellen bereitstellen, damit Sie im Experimentierraum sofort mit der Bearbeitung der experimentellen Aufgabe beginnen können. Während des Experiments wird vom Aufsicht führenden Physiklehrer in einem Protokollformblatt vermerkt,

- inwiefern Ihre Anforderungsliste vollständig war,
- ob Sie planvoll, zügig und selbstständig experimentiert haben und
- ob die Qualität und Quantität Ihrer Messungen den Aufgabenstellungen entsprechen.

Da von Ihnen meistens eine Fehlerbetrachtung erwartet wird, kann eine Mittelwertbildung auf Grund mehrfachen Messens nützlich sein.

Falls an Ihrem Gymnasium, wie an vielen Gymnasien Sachsens, die letzte Klausur des Kurshalbjahres 12/II unter Abiturbedingungen geschrieben wird, haben Sie Gelegenheit, sich auf diese Situation einzustellen.

Trainieren können Sie die Entscheidungsfindung im Rahmen Ihrer Prüfungsvorbereitung mit diesem Buch, indem Sie sich **beide** Aufgaben C 1 und C 2 vornehmen, die geeignetere auswählen und diese lösen. Wenn Sie unmittelbar danach auch die andere der beiden Wahlaufgaben bearbeiten, können Sie hinterher abschätzen, ob Sie die richtige Entscheidung getroffen haben.
Beachten Sie, dass es während der Prüfung aus Zeitgründen nahezu ausgeschlossen ist, erst einmal probeweise mit einer Wahlaufgabe zu beginnen (gar mit dem Experiment), um sich dann doch der anderen zuzuwenden.

3 Bewertung der schriftlichen Abiturprüfung

Die Bewertung erfolgt nach Bewertungseinheiten (BE). Dabei sind bei der Aufgabe A 25 BE, bei der Aufgabe B 20 BE und bei den Wahlaufgaben je 15 BE vorgesehen. Insgesamt sind also maximal 60 Bewertungseinheiten erreichbar.

Die Prüfungsergebnisse werden anhand der nebenstehenden Tabelle ermittelt.

In die Bewertung gehen die fachliche Richtigkeit und Vollständigkeit sowie die Darstellungsqualität ein.

BE	Punkte	Noten
60 ... 58	15	1 +
57 ... 55	14	1
54 ... 52	13	1 –
51 ... 49	12	2 +
48 ... 46	11	2
45 ... 43	10	2 –
42 ... 40	9	3 +
39 ... 37	8	3
36 ... 34	7	3 –
33 ... 31	6	4 +
30 ... 28	5	4
27 ... 25	4	4 –
24 ... 21	3	5 +
20 ... 17	2	5
16 ... 13	1	5 –
12 ... 0	0	6

4 Einsatz des grafikfähigen Taschenrechners

Seit dem Jahr 1999 ist im Freistaat Sachsen zur Abiturprüfung ein **grafikfähiger, programmierbarer Taschenrechner ohne Computer-Algebra-System (GTR) zugelassen.** Durch den Einsatz des GTR (Beispiele in Klammern)

- wird der Aufwand für numerische Rechnungen reduziert,
- wird das Rechnen sowie die grafische Darstellung und Verarbeitung tabellarisch erfasster Daten ermöglicht (siehe Seite 2005-3),
- können Sie zeitliche Verläufe und Abhängigkeiten visuell darstellen (Seiten 2004-3 und 2004-7),
- wird Ihnen das systematische Probieren erleichtert (Seite 2003-22),
- können Sie Messwertreihen erfassen und auswerten (Seite 2004-12),
- ist es Ihnen möglich, vor dem Zeichnen eines Diagramms sich den Graphen im Display des Rechners anzuschauen (Seite 2005-10),
- wird Ihnen schließlich auch die Kontrolle von rechnerisch ermittelten Ergebnissen ermöglicht (Seite 2005-4).

5 Umgang mit Operatoren

Achten Sie bei den Abituraufgaben und den Übungsaufgaben auf die jeweils verwendeten Operatoren. Es sind dies die Schlüsselwörter in den Aufgabenstellungen, die angeben, was in der jeweiligen Teilaufgabe vom Prüfungsteilnehmer verlangt wird, also z. B. Formulierungen wie „Erläutern Sie…", „Erklären Sie…", „Beschreiben Sie…" usw. Insbesondere geht aus ihnen hervor, ob bei der Verwendung des grafikfähigen Taschenrechners (GTR) die grafische Werkzeugebene zugelassen oder ausgeschlossen ist. Bei der Zulassung der numerischen Ebene ist die Nutzung von Programmen grundsätzlich erlaubt. **Die Nachvollziehbarkeit des Lösungsweges muss durch Angabe der Modi bzw. der verwendeten Programme sowie durch die Angabe von Zwischenergebnissen in jedem Fall gegeben sein**. Ausnahmen von dieser Regelung sind der folgenden Tabelle zu entnehmen. Bei den Beispielen ist jeweils die Seite angegeben, wo Sie eine entsprechende Aufgabe finden. Schauen Sie dann auf den folgenden Seiten nach, wie die Umsetzung der Aufgabenstellung erfolgt.

Operator	Beschreibung der zu erwartenden Leistung
Geben Sie … an, Nennen Sie …	Das Ergebnis ist numerisch oder verbal zu formulieren. Die Darstellung des Lösungsweges ist nicht erforderlich; Begründungen werden nicht erwartet (siehe Seite 2005-1, 1.1 oder 2005-6, 2.1).
Beschreiben Sie …, Erklären Sie …	Darstellen eines Sachverhaltes oder Verfahrens unter Verwendung der Fachsprache; in der Regel sollten grammatikalisch vollständige Sätze gebildet werden. Eine Aneinanderreihung von Formeln wäre unzureichend. Bei der Beschreibung technischer Geräte bzw. physikalisch-technischer Vorgänge sollten Sie die räumliche Anordnung und die zeitliche Abfolge berücksichtigen. Keinesfalls sollten Sie sich mit dem bloßen Aufzählen der Teile bzw. der Vorgänge begnügen. Eine Skizze kann das Geschriebene unterstützen, ist aber meist nicht erforderlich.
Vergleichen Sie …	Herausarbeiten von Gemeinsamkeiten und Unterschieden, die gegebenenfalls begründet werden müssen.
Begründen Sie …	Aufdecken von Ursachen und Zusammenhängen, die meist begründet werden müssen. Die Argumentation muss in logisch aufeinander folgenden Schritten erfolgen.

Berechnen Sie …	Ausgehend vom Ansatz (Berechnungsgleichungen) ist durch Rechenoperationen das Ergebnis zu gewinnen. Die Nutzung des GTR ist zulässig. Ausgeschlossen ist dabei die grafische Werkzeugebene. Das heißt aber nicht, dass Ihnen die Überprüfung des Resultats mit grafischen Mitteln verwehrt ist (Seite 2005-1, 1.3.2). Bei zusätzlichen Aufforderungen wie „Leiten Sie … her“ oder „Geben Sie Zwischenergebnisse an“ müssen Zwischenschritte angegeben werden.
Ermitteln Sie …	Es steht Ihnen frei, sich rechnerischer und /oder grafischer Mittel zu bedienen. Der Lösungsweg muss verdeutlicht werden. Im Falle der Auswertung von Messreihen empfiehlt sich der Einsatz des STAT-Modus (Seite 2005-9, 1.5). Der Variantenreichtum wird Ihnen verdeutlicht an Hand der Aufgabe 2.3 auf Seite 2003-23 und deren Bearbeitung auf den Seiten 2003-25 und -26.
Bestimmen Sie …	Sie können die Mittel (grafisch oder numerisch) frei wählen.
Ermitteln bzw. bestimmen Sie grafisch …	Dieser Operator bedeutet: Sie sollen sich keiner rechnerischen Hilfsmittel bedienen.
Weisen Sie rechnerisch nach …	Erlaubt sind alle Hilfsmittel außer den grafischen Möglichkeiten des GTR (siehe Seite 2005-6, 2.3.1).
Zeichnen Sie …, Stellen Sie … grafisch dar	Sie sollen den Sachverhalt maßstäblich darstellen. Bei Diagrammen ist ein geeigneter Maßstab zu wählen und es sind gegebenenfalls Wertepaare zu berechnen bzw. zu ermitteln.

Zum Umgang mit diesem Buch

6 Übungsaufgaben mit dem grafikfähigen Taschenrechner (GTR)

Seit dem Jahr 2000 werden auch im Fach Physik in der Abiturprüfung entsprechend modifizierte Aufgaben gestellt, deren Lösung durch den GTR unterstützt wird bzw. die erst durch die Routinen des GTR gelöst werden können. Sie finden daher zu Beginn dieses Buches **15 Übungsaufgaben mit dem GTR**, die den eigentlichen Abituraufgaben vorangestellt sind. Diese zusätzlichen Aufgaben sollen die Möglichkeiten eines sinnvollen Einsatzes dieses Hilfsmittels verdeutlichen. Es handelt sich deswegen auch **nicht um Aufgaben, wie sie zur Abiturprüfung gestellt werden**. Sie sind fortlaufend nummeriert und nach Lernbereichen zusammengefasst.

In den Lösungen für die Übungsaufgaben wird anfangs mit größerer, dann mit verringerter Ausführlichkeit die Benutzung des GTR (CASIO GFX-9850G) beschrieben. Insbesondere bei der 1. Aufgabe werden die Lösungsschritte kleinschrittig erläutert, um den Einstieg in den Umgang mit dem GTR zu erleichtern. Viele Übungsaufgaben lassen sich auch auf andere Weise lösen; das gilt in gleicher Weise für die Abituraufgaben. Bestimmt finden Sie weitere Lösungsmöglichkeiten. Die Lösungswege sind natürlich auf andere Sachverhalte zu übertragen. Wenn es vorteilhaft erschien, wurden die Rechenergebnisse nicht gerundet, um einen Vergleich mit der Anzeige im Display zu ermöglichen.

Die folgende Tabelle verdeutlicht, in welcher der 15 Übungsaufgaben der jeweilige Modus des GTR eingesetzt wird:

	Nummer der Übungsaufgabe														
Modus	1	2	3	4	5	6	7	8	9	10	11	12	13	14	15
RUN-Modus		×	×	×		×	×	×	×		×	×		×	×
STAT-Modus	×	×		×	×		×		×	×	×	×	×		
LIST-Modus		×													×
GRAPH-Modus	×		×	×	×	×		×	×	×			×	×	×
TABLE-Modus				×											×
EQUA-Modus	×														

7 Abituraufgaben mit Lösungstipps und Musterlösung

Den Hauptteil dieses Buches bildet eine Sammlung der in den zurückliegenden Jahren im Freistaat Sachsen gestellten Abituraufgaben. Den Prüfungsaufgaben folgen die zugehörigen Musterlösungen.
Beginnend mit dem Prüfungsjahrgang 2006 werden zwischen den Aufgaben und den Lösungen **Tipps** eingefügt. Diese Lösungshinweise sollen Ihnen helfen, selbständig einen Lösungsansatz zu finden. Solche Tipps erhalten Sie natürlich bei Klausuren nie! Aber Sie sollen Ihnen z. B. das Aufsuchen geeigneter Berechnungsgleichungen in Ihrer Formelsammlung erleichtern. Durch Sie werden die Fragestellungen noch einmal verdeutlicht, Sie werden auf Dinge hingewiesen, die Sie leicht übersehen könnten. Für eine möglichst effektive Prüfungsvorbereitung ist es vorteilhaft, wenn Sie die Lösung möglichst eigenständig bewältigen, ehe Sie die Musterlösung in Augenschein nehmen. Die Tipps sollten Sie aber in jedem Falle in Anspruch nehmen; sie nehmen die Lösung nicht vorweg, sondern lenken Ihre Überlegungen in die erforderliche Richtung. Selbst wenn Sie eine Aufgabe nur anhand der Musterlösung „lösen“ konnten, sollten Sie im Nachhinein einen Blick auf die Tipps werfen. Vielleicht wird Ihnen dann bewusst, dass und wie Sie mit deren Hilfe den Ansatz selbst gefunden hätten. Bei der nächsten Aufgabe versuchen Sie es dann wirklich erst einmal nur unter Inanspruchnahme der Tipps! Wenn Sie durch mehrfache Nutzung der Tipps deren Anliegen verstanden haben, durchdenken Sie möglicherweise jede Fragestellung zunächst einmal unter diesen Gesichtspunkten, ehe Sie zur Lösung schreiten.
Auch in der **Musterlösung** ab Prüfungsjahrgang 2006 werden Sie immer wieder auf zusätzliche Hinweise und Kommentare zur Lösung stoßen, die für Sie hilfreich in der Vorbereitungsphase sind, nicht aber Bestandteil der von Ihnen erwarteten Lösung sind. Diese Textpassagen sind wie die Tipps mit einer kleinen Raute am Textrand gekennzeichnet.

Sie sollten die Aufgaben, die Tipps und die Lösung stets als Einheit auffassen.

Nutzen Sie darüber hinaus das **Stichwortverzeichnis**, um sich gezielt schwerpunktmäßig auf die Prüfung vorzubereiten.

Schlussbemerkungen

Ich hoffe, dass Ihnen diese Aufgabensammlung der Abituraufgaben, die dazugehörigen Lösungen einschließlich der Tipps sowie die Übungsaufgaben mit dem grafikfähigen Taschenrechner von Nutzen sind. Kritische Hinweise und Vorschläge nimmt der Verlag gerne an. Sie können sich auch direkt an mich wenden (E-Mail: ursulangerhard@aol.com).

Ich wünsche Ihnen gute Ergebnisse in der Abiturprüfung!
Gerhard Lange

Übungaufgaben zur Verwendung eines grafikfähigen Taschenrechners[1]
Aufgaben zur Mechanik

1. Ein Körper bewege sich reibungsfrei längs einer Geraden mit der Geschwindigkeit v_0. Beim Passieren der Stelle s_0 setzt eine konstante Verzögerung ($a < 0$) ein. Der Körper bewegt sich also weiter, dabei nimmt der Betrag der Geschwindigkeit linear ab. Nach dem Stillstand bewegt er sich in die entgegengesetzte Richtung, seine Bewegung ist weiterhin gleichmäßig beschleunigt. Es liegt folgendes Messprotokoll vor:

t in s	6,00	16,0	20,0
s in m	34,3	29,8	21,0

- Ermitteln Sie mittels des GTR die Beschleunigung a, die Anfangsgeschwindigkeit v_0 sowie den Anfangsort s_0.
- Ermitteln Sie die größte Entfernung vom Anfangsort, wo der Körper beginnt, sich rückwärts zu bewegen.
- Geben Sie den Zeitpunkt an, wenn der Körper während der Rückwärtsbewegung den Anfangsort passiert.
- Geben Sie Betrag und Richtung der Geschwindigkeit nach 25 Sekunden an.

2. Die Periodendauer eines Federschwingers lässt sich experimentell ermitteln: Man misst jeweils die Zeit t für n Schwingungen und berechnet daraus

$$T_{\text{exp}} = \frac{t}{n} \qquad (1)$$

Andererseits gilt für die Periodendauer eines Federschwingers die Gleichung

$$T_{\text{ber}} = 2 \cdot \pi \cdot \sqrt{\frac{m}{D}} \qquad (2)$$

Dabei ist m die Masse des schwingenden Körpers und D die Federkonstante (Richtgröße). Da auch die Masse der Feder (wenigstens zum Teil) an der Schwingung teilnimmt, fällt der experimentell ermittelte Wert für die Periodendauer etwas größer aus als der berechnete.

- Ermitteln Sie mittels einer Feder mit D =12 N/m mit sechs verschiedenen Massestücken zwischen 30 g und 400 g die Schwingungsdauer T_{exp} mittels der Gleichung (1).
- Berechnen Sie die Schwingungsdauer entsprechend den gewählten Massen mittels der Gleichung (2).
- Vergleichen Sie jeweils T_{exp} mit T_{ber} miteinander und treffen Sie eine Aussage über den Einfluss der Federmasse auf die Periodendauer in Abhängigkeit von der Masse des angehängten Körpers.
- Nutzen Sie den GTR, um die unterschiedliche Auswirkung der Federmasse auf die Periodendauer zu veranschaulichen.

[1] Die Bezeichnung „grafikfähig“ bedeutet, dass der Taschenrechner nicht mit Computeralgebra ausgestattet ist.

3. Gedämpfte Schwingungen sind gekennzeichnet durch abnehmende Amplituden. Bezeichnet man die Amplitude zum Zeitpunkt 0 mit a_0, die dann folgenden Amplituden auf der gleichen Seite mit a_1, a_2 ..., dann ist der Quotient

$$\frac{a_n}{a_{n+1}} = k \qquad (1)$$

ein Maß für die Dämpfung.

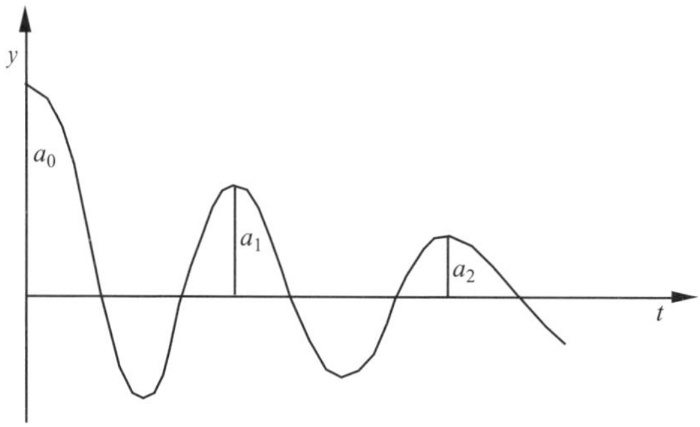

Infolge der Dämpfung vergrößert sich die Schwingungsdauer der gedämpften Schwingung T_{ged} gegenüber der Schwingungsdauer der ungedämpften Schwingung T_{ung} entsprechend der Gleichung $T_{ged} = T_{ung} \cdot \sqrt{1+\left(\frac{\ln k}{2\cdot\pi}\right)^2}$. (2)

Gegeben sind zwei gedämpfte Schwingungen durch folgende Funktionsgleichungen:

$$y_1 = e^{-0,1\cdot x} \cdot \cos x \quad \text{bzw.} \quad y_2 = e^{-0,2\cdot x} \cdot \cos x$$

- Stellen Sie mithilfe des GTR fest, welche der beiden Schwingungen stärker gedämpft ist.
- Ermitteln Sie anhand der Graphen a_0, a_1 und a_2 der jeweiligen Schwingung und berechnen Sie k_1 bzw. k_2 für die erste sowie für die zweite Schwingung.
- Berechnen Sie die prozentuale Abweichung der Schwingungsdauer der jeweils gedämpften Schwingung von der ungedämpften.

Lösung

1. Für die gleichmäßig beschleunigte Bewegung gilt das Weg-Zeit-Gesetz

$$s = \frac{1}{2} \cdot a \cdot t^2 + v_0 \cdot t + s_0 \quad (1)$$

Diese Gleichung enthält die drei gesuchten Größen. Sie könnten also entsprechend den gegebenen drei geordneten Wertepaaren drei Gleichungen angeben (unter Weglassung der Einheiten, wie in Mathematik üblich):

$$34{,}3 = \frac{1}{2} \cdot a \cdot 36 + v_0 \cdot 6 + s_0$$

$$29{,}8 = \frac{1}{2} \cdot a \cdot 256 + v_0 \cdot 16 + s_0$$

$$21{,}0 = \frac{1}{2} \cdot a \cdot 400 + v_0 \cdot 20 + s_0$$

Mit herkömmlichen Verfahren wäre dieses lineare Gleichungssystem zu lösen.

Hier soll Ihnen demonstriert werden, wie Sie mithilfe des GTR das vorgegebene Gleichungssystem lösen können.

Wählen Sie in Ihrem GTR die **EQUA**-Ikone, indem Sie diese im Hauptmenü erhellen und die Taste [EXE] drücken. Sie müssen sich jetzt entscheiden für „Lineare Gleichungen mit bis zu sechs Unbekannten" (SIML) oder für eine „Quadratische oder kubische Gleichung" (POLY). Sie drücken also [F1] (SIML), danach [F2] (3 Unbekannte) und werden aufgefordert, die Koeffizienten der Gleichungen vom Typ $a_nX + b_nY + c_nZ = d_n$ einzugeben.

Das Gleichungssystem sollten Sie vorher entsprechend umformen und dabei, um Verwechslungen zu vermeiden, für die Beschleunigung das Symbol X verwenden, für die Anfangsgeschwindigkeit Y und für den Anfangsweg Z:

$$18 \cdot X + 6 \cdot Y + Z = 34{,}3$$

$$128 \cdot X + 16 \cdot Y + Z = 29{,}8$$

$$200 \cdot X + 20 \cdot Y + Z = 21$$

Haben Sie nunmehr

18	6	1	34,3
128	16	1	29,8
200	20	1	21

eingegeben, drücken Sie [F1] (SOLV), um die Berechnung zu veranlassen. Sofort erhalten Sie das Ergebnis:

X−0,25

Y2,3

Z25

Damit lautet das Resultat des ersten Teils der Aufgabenstellung:

$$\underline{\underline{a = -0{,}25\,\text{m} \cdot \text{s}^{-2}}} \quad \underline{\underline{v_0 = 2{,}3\,\text{m} \cdot \text{s}^{-1}}} \quad \underline{\underline{s_0 = 25\,\text{m}}}$$

Alternativlösung:

Man kann die Aufgabe auch lösen, indem die quadratische Funktion (1) ermittelt wird, diese dann grafisch darstellt und anhand des Graphen die weiteren Ermittlungen vollzieht.

Wählen Sie im Hauptmenü Ihres GTR die **STAT**-Ikone und geben Sie in Liste 1 die Zahlenwerte für die Zeit, und in Liste 2 die Zahlenwerte für den Weg ein.

Sie führen nun eine quadratische Regression durch. Deswegen drücken Sie zunächst [F6] ([▶]), danach [F2] (CALC), weil Sie die Ausgleichsrechnung veranlassen wollen.

Nun: [F3] (REG) und anschließend wieder [F3] (X^2), weil eine quadratische Funktion ermittelt werden soll:

a = –0.125

b = 2.3

c = 25

Das sind die Koeffizienten der Funktionsgleichung y = ax^2 + bx + c.

Durch Koeffizientenvergleich mit (1) erhalten Sie die Lösungen

$$\underline{\underline{a = -0{,}25\mathrm{m} \cdot \mathrm{s}^{-2}}} \quad \underline{\underline{v_0 = 2{,}3\mathrm{m} \cdot \mathrm{s}^{-1}}} \quad \underline{\underline{s_0 = 25\mathrm{m}}}$$

Nun wird die Funktion grafisch dargestellt:

[SHIFT] [EXIT] (QUIT) [F1] (GRPH) [F1] (GPH1) [F3] (X^2) [F5] (COPY) [EXE]

Wählen Sie nun im Hauptmenü Ihres GTR die **GRAPH**-Ikone. Dann finden Sie unter Y1 die Funktion

Y1 = –0.125 X^2 + 2.3 X + 25.   (2)

Für eine günstige Darstellung im Display initialisieren Sie mit [SHIFT] und [F3] (V-Window) folgende Einstellungen:

View Window	
Xmin:	0
max:	30
scale:	1
Ymin:	0
max:	40
scale:	1

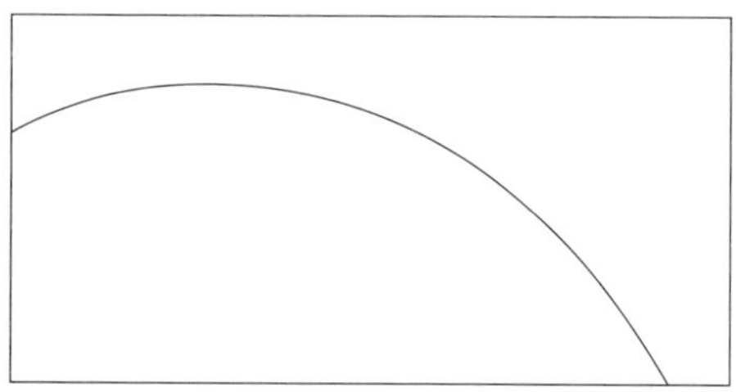

Das bedeutet, dass Sie sich folgende Intervalle vorgeben:

$0 \le t \le 30$ s   bzw. $0 \le s \le 40$ m.

[F6] (DRAW) zeigt das *s*-*t*-Diagramm. Verwechseln Sie diesen Graphen nicht mit einer Wurfparabel!

Entsprechend der zweiten Aufgabenstellung ermitteln Sie nun das Maximum des Graphen:

[F5] (G-Solv) [F2] (MAX)

Die Koordinaten des Maximums lauten:

X = 9.199999854 und Y = 35.58.

Das bedeutet für den physikalischen Sachverhalt: Zur Zeit t = 9,2 s beträgt s = 35,6 m.

Also beträgt die größte Entfernung vom Anfangsort 10,6 m (dies ergibt sich als Differenz aus 35,6 m und 25 m).

Nun soll die dritte Aufgabenstellung bearbeitet werden, das heißt der Zeitpunkt ermittelt werden, wenn der Körper wieder bei 25 m anlangt. Das könnte folgendermaßen geschehen:

Mit SHIFT EXIT (QUIT) gehen Sie zurück in Menü und geben die Funktion Y2 = 25 ein. Sie ermitteln nun den Schnittpunkt beider Graphen mittels der Tastenfolge

F6 (DRAW) F5 (G-Solv) F5 (ISCT).

Dabei erhalten Sie zunächst die Koordinaten des Schnittpunkts (0; 25) als Bestätigung des Anfangsortes.
Den zweiten Schnittpunkt erhalten Sie durch Betätigen von

▶: X = 18,4 und Y = 25.

Die Stelle 25 m wird also nach 18,4 Sekunden wieder passiert. (Das ist das Doppelte von 9,2 s, was aus Symmetriegründen auch zu erwarten war.)

Nun zur letzten Aufgabenstellung, der Ermittlung der Geschwindigkeit nach 25 Sekunden. Dafür gibt es folgenden Lösungsweg:

Da die Geschwindigkeit die erste Ableitung des Weges nach der Zeit ist, aktivieren Sie die Angabe der Ableitung:

SHIFT MENU (SET UP) Derivative: F1 (On) EXE.

Nun abermals F6 (DRAW), dann F1 (Trace):

Neben X = 0 und Y = 25 wird dY/dX = 2.3 angezeigt, gewissermaßen zur Bestätigung, dass zum Zeitpunkt Null an der Stelle 25 m die Anfangsgeschwindigkeit 2,3 m/s beträgt.

Verschieben Sie nun den Cursor durch wiederholtes Betätigen von ▶ bis X = 25:

dY/dX = –3.95 lautet jetzt die Anzeige.

Das heißt: Nach 25 Sekunden beträgt die Geschwindigkeit $\underline{\underline{-3{,}95\,\mathrm{m}\cdot\mathrm{s}^{-1}}}$; der Körper bewegt sich in entgegengesetzter Richtung gegenüber der Anfangsgeschwindigkeit.

Alternativlösung:
Sie gehen mit EXIT zurück ins Eingabemenü und geben die erste Ableitung der Gleichung (2) ein: Y2 = –0.25 X + 2.3 und löschen mit F2 (DEL) und F1 (YES) die erste Funktion.

Sie ändern auch im Betrachtungsfenster die Einstellungen:

View Window	
Xmin:	0
max:	30
scale:	1
Ymin:	–4
max:	4
scale:	1

Das bedeutet, dass Sie sich folgende Intervalle vorgeben:

$0 \le t \le 30$ s bzw. -4 m/s $\le v \le 4$ m/s.

F6 (DRAW) zeigt das *v*-*t*-Diagramm als fallende Gerade.

Drücken Sie [F5] (G-Solv) und [F6] ([▶]), anschließend [F1] (Y-CAL). Jetzt haben Sie die Möglichkeit, die Zeit vorzugeben und die Geschwindigkeit anzeigen zu lassen: X = 25 eingeben und [EXE] drücken, dann erscheint Y = –3.95 und damit der Zahlenwert für die schon oben berechnete Geschwindigkeit.

Sie können nunmehr auch (entsprechend der zweiten Aufgabenstellung) den Zeitpunkt ermitteln, wenn die Geschwindigkeit Null ist (am Umkehrpunkt). Sie ermitteln also die Nullstelle von Y2:

Drücken Sie [F5] (G-Solv) und [F1] (ROOT): X = 9.2 ist der Zahlenwert für die Abszisse des Maximums von Y1.

Jetzt müssten Sie noch einmal Y1 eingeben und beide Funktionen ohne Änderung des Betrachtungsfensters darstellen. Der Graph von Y1 ist nur bruchstückhaft zu sehen, was aber die weitere Ermittlung nicht behindert. Drücken Sie [F5] (G-Solv) und [F6] (▷), anschließend [F1] (Y-CAL). Da Sie einen Funktionswert der Funktion [F1] ermitteln wollen, drücken Sie nach dem Erscheinen von Y1 = $-0.125X^2 + 2.3\ X + 25$ die Taste [EXE]. Geben Sie X = 9.2 ein, dann wieder [EXE].

Jetzt erhalten Sie die schon oben ermittelten 35,6 m.

2. Folgende Messreihe liegt vor:

***m* in kg**	***n***	***t* in s**
0,03	20	7,1
0,05	15	6,5
0,10	30	17,9
0,15	45	32,7
0,25	15	13,7
0,40	15	17,2

Hinweis: In der Tabelle sind die Massen in steigender Folge angegeben. Es ist zu empfehlen, die Messungen in umgekehrter Folge vorzunehmen, denn die sehr raschen Schwingungen bei geringen Massen lassen sich schwer ausmessen. Besser ist es also, mit den langsamen Schwingungen zu beginnen und dann zu immer schnelleren überzugehen.

Im **LIST**-Modus geben Sie die Werte für die Masse in Liste 1, die für die Anzahl der Schwingungen in Liste 2 und die gemessenen Zeiten in Liste 3 ein.

Dann gehen Sie über zum **RUN**-Modus:

Zunächst berechnen Sie die Periodendauer gemäß Gleichung (1):

[OPTN] [F1] [F1]: List 3 ÷ List 2 → List 4 [EXE]

„Done“ bedeutet, dass die Übertragung der Resultate in Liste 4 erfolgt ist.

Nun berechnen Sie die Periodendauer gemäß Gleichung (2):

$2\pi\sqrt{(\text{List1}:12}\ \rightarrow$ List 5 [EXE]

Die berechneten Periodendauern stehen damit in Liste 5.

Sie können jetzt den **LIST**-Modus aufrufen und die Listen 4 und 5 (siehe unten) miteinander vergleichen.

Sie stellen fest, dass (bis auf das letzte Resultat mit der größten Masse) stets gilt:

$T_{exp} > T_{ber}$.

Dabei nimmt die Differenz in der Regel von oben nach unten ab. Offenbar fällt die Masse der Feder gegenüber der Masse des angehängten Körpers umso weniger ins Gewicht, je größer die Masse des schwingenden Körpers ist.

Das können Sie verdeutlichen, wenn Sie die Differenzen im **RUN**-Modus ausrechnen:

[OPTN] [F1] [F1]: List 4 – List 5 → List 6 [EXE]

Und so sehen dann im **STAT**-Modus die sechs Listen aus:

	(*m* in kg)	(*n*)	(*t* in s)	(T_{exp} in s)	(T_{ber} in s)	(ΔT in s)
	List 1	**List 2**	**List 3**	**List 4**	**List 5**	**List 6**
1	0.03	20	7.1	0.355	0.3141	0.0408
2	0.05	15	6.5	0.4333	0.4055	0.0277
3	0.1	30	17.9	0.5966	0.5735	0.023
4	0.15	45	32.7	0.7266	0.7024	0.0241
5	0.25	15	13.7	0.9133	0.9068	6.4E – 3
6	0.4	15	17.2	1.1466	1.1471	– 4E – 4

Nun ist auch ersichtlich, dass die Differenz bei der letzten Messung negativ ausgefallen ist. Bei dem geringen Unterschied zwischen T_{exp} und T_{ber} ist das nicht verwunderlich.

Die Veranschaulichung erfolgt auf folgende Weise im **STAT**-Modus:

[F1] (GRPH) [F6] (SET): Bei Graph Type aktivieren Sie mittels [F1] Scat (Scatter).

Dadurch werden die angezeigten Punkte isoliert („verstreut“) angezeigt.

Bei XList aktiveren Sie [F1] (List1), bei YList: [F6] (List6).

Auf diese Weise stellen Sie die Differenzen in Liste 6 in Abhängigkeit der Massen in Liste 1 dar.

[EXE] [F1] (GPH1): Sie sehen jetzt die sechs Punkte: Bei kleinen Massen ist der Abstand groß, bei größeren Massen geringer. Und der letzte Punkt liegt tatsächlich unterhalb der Nulllinie!

[F1] (X) (d. h. Annäherung durch eine Gerade) [F6] (DRAW): Die fallende Gerade macht deutlich, dass der Einfluss der Federmasse auf die Periodendauer mit zunehmender Masse des angehängten Körpers geringer wird.

3. Im **GRAPH**-Modus initialisieren Sie

View Window	
Xmin:	0
max:	5π
scale:	1
Ymin:	–1.1
max:	1.1
scale:	1

Geben Sie beide Funktionen ein: Y1 = e (–.1X) × cos X und Y2 = e (–.2X) × cos X

Stellen Sie für den Winkel das Bogenmaß mit der Einheit Radiant ein:

SHIFT MENU (SET UP) Angle: F2 (Rad) EXE.

Beachten Sie, dass Sie bei den meisten Rechnungen im RUN-Modus nicht mit dem Bogenmaß rechnen; deswegen sollten Sie nach dem Lösen dieser Aufgabe wieder die Winkeleinheit Grad einstellen

(mit SHIFT MENU (SET UP) Angle: F1 (DEG) EXE).

Wenn Sie mit F6 (DRAW) beide Schwingungen im Display aufrufen, können Sie die unterschiedliche Dämpfung erkennen und dies schriftlich formulieren.

Nun ermitteln Sie die Amplitude a_0 der ersten Schwingung:

F5 (G-Solv) F4 (Y-ICPT) Y1

mit EXE bestätigen. Sie erhalten den Wert Y = 1 als Funktionswert für X = 0 zum Zeitpunkt Null.

Also gilt : $a_0 = 1{,}00$ (siehe unten stehende Tabelle).

Die folgenden Amplituden ermitteln Sie mittels der Tastenfolge

F5 (G-Solv) F2 (MAX).

Die erste Schwingung wird als Y1 angezeigt, mit EXE bestätigen. Sie erhalten a_1.

Die Amplitude a_2 erhalten Sie nach den Drücken von ▶.

Nun wiederholen Sie das Ganze für Y2. Nach der Anzeige von Y1 müssen Sie nur jeweils die Taste ▼ drücken , dann erscheint Y2, was Sie mit EXE bestätigen.

Es ergibt sich folgendes Messprotokoll:

	a_0	a_1	a_2
1. Schwingung	1,00	0,536	0,286
2. Schwingung	1,00	0,290	0,0826

Aus den Werten ergeben sich im **RUN**-Modus entsprechend (1) für die jeweilige Schwingung

$$k_1 = 1{,}9 \text{ bzw. } k_2 = 3{,}5$$

Beispielrechnung: $\frac{1{,}00}{0{,}536} \approx \frac{0{,}536}{0{,}286} \approx 1{,}9 = k_1$ (in Speicher K ablegen)

Und das Einsetzen in die gegebene Gleichung (2) sieht dann so aus:

$$\sqrt{\left(1 + (\ln K : (2\pi))^2\right)} = 1{,}005$$

Daraus folgt: Bei der ersten Schwingung vergrößert sich die Schwingungsdauer um 0,5%.

Entsprechende Rechnungen ergeben für die zweite Schwingung: Die Vergrößerung der Schwingungsdauer beträgt 1,9 %.

Daraus folgt: Mit steigender Dämpfung wird die Zunahme der Schwingungsdauer größer.

4. Ein Tongenerator soll Töne mit Frequenzen zwischen 262 Hz und 392 Hz erzeugen. Es stehen drei Spulen unterschiedlicher Induktivität (0,15 H, 0,20 H und 0,30 H) zur Verfügung sowie ein Drehkondensator der Kapazität 1,0 . . . 3,0 μF.
   - Ermitteln Sie grafisch, welche der drei Spulen geeignet ist.
   - Ermitteln Sie grafisch, welchen Wert die Kapazität des Kondensators jeweils annehmen muss, um den C-Dur-Dreiklang, bestehend aus Tönen der Frequenzen f_1 = 262 Hz, f_2 = 330 Hz und f_3 = 392 Hz, hervorzubringen.
   - Ermitteln Sie mit Hilfe des GTR die Anzahl der Kondensatoren zu je 40 μF, die man benötigen würde, um zusammen mit dem Drehkondensator (auf 3,0 μF eingestellt) die geforderten Frequenzen hervorzubringen.

5. Im Experiment wurde die Entladung eines Kondensators über einen Widerstand von 32 kΩ untersucht.
   Es liegt folgendes Messprotokoll vor:

t in s	2	6	10	15	30
I in mA	0,210	0,170	0,130	0,094	0,040

   Die Anfangsspannung beträgt 7,7 V.
   Ermitteln Sie mittels des GTR die Kapazität des Kondensators.

6. Ein Plattenkondensator bestehe aus einem Paar horizontal angeordneter quadratischer Platten der Kantenlänge 4,0 cm im Abstand 2,0 cm. Die angelegte Spannung beträgt 50 Volt. Ein Elektronenstrahl tritt senkrecht zu den Feldlinien genau in der Mitte zwischen den beiden Platten mit der Geschwindigkeit $8{,}0 \cdot 10^6\ \mathrm{m \cdot s^{-1}}$ in das homogene elektrische Feld ein. In einem Abstand von 8,0 cm von der Austrittsstelle der Elektronen aus dem Kondensator befindet sich ein Auffangschirm.
   - Beschreiben Sie die Bahnkurve, die die Elektronen bis zum Auftreffen auf dem Auffangschirm durchlaufen. Begründen Sie Ihre Aussagen.
   - Ermitteln Sie grafisch, um welche Strecke der Elektronenstrahl beim Auftreffen auf dem Schirm aus seiner ursprünglichen Richtung abgelenkt wurde.

Lösung

4. Für die Frequenz eines Schwingkreises gilt die Gleichung

$$f = \frac{1}{2 \cdot \pi \cdot \sqrt{L \cdot C}}$$

Wählen Sie Hauptmenü Ihres GTR die **GRAPH**-Ikone und geben Sie die den Frequenzen entsprechenden Funktionen ein:

Y1 = 262

Y2 = 330

Y3 = 392

sowie $Y4 = 1 : \left(2\pi \times \sqrt{\ }\,(L \times X)\right)$,[L = 0.15, 0.20, 0.30]

Im Einzelnen heißt das im Falle von Y4, nach der Eingabe von $Y1 = 1 : \left(2\pi \times \sqrt{\ }\,(L \times X)\right)$ dies fortzusetzen mit

[,] [SHIFT] [+] ([ ) [ALPHA] [L] [SHIFT] [•] (=) [.] [1] [5] [,] [.] [2] [,] [.] [3] [SHIFT] [−] ( ])

Für das Betrachtungsfenster wählen Sie

View Window	
Xmin:	1.E-6
Max:	3.E-6
scale:	1
Ymin:	200
Max:	500
scale:	1

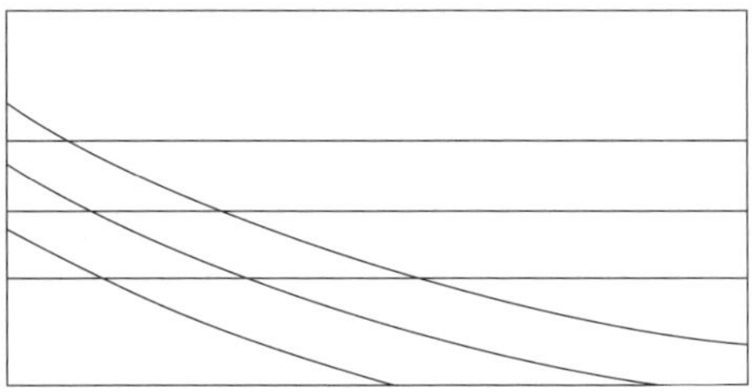

Bevor Sie [F6] (DRAW) drücken, bringen Sie Y1, Y2 und Y3 jeweils durch [F1] (SEL) in den Nicht-Zeichnungs-Status. Dadurch wird die folgende Darstellung übersichtlicher. Denn es ergeben sich drei monoton fallende Kurven, die verdeutlichen, dass mit zunehmender Kapazität jeweils die Frequenz abnimmt.

Mit [SHIFT] [EXIT] (QUIT) gelangen Sie wieder ins Eingabemenü. Aktivieren Sie nun wieder Y1, Y2 und Y3.

[F6] (DRAW): Jetzt ergeben sich zusätzlich drei Geraden. Sie erkennen, dass nur die **Spule mit der Induktivität 0,15 H** infrage kommt; denn nur die dieser Induktivität entsprechende Kurve (es ist die am weitesten oben liegende) wird von allen drei Geraden geschnitten.

Abermals [SHIFT] [EXIT] (QUIT): Um den ermittelten Wert für *L* von 0,15 H zu berücksichtigen, ändern Sie Y4 ab in

$$Y4 = 1 : \left(2\pi \times \sqrt{\ }\,(0.15 \times X)\right).$$

F6 (DRAW): Um die Schnittpunkte der gekrümmten Kurve mit den jeweiligen Geraden zu ermitteln:

F5 (G-Solv) F5 (ISCT).

Bestätigen Sie mit EXE, dass Sie die angezeigte Funktion Y1 benutzen wollen. ▼ zweimal drücken, Y4 erscheint, mit EXE bestätigen:
Es wird der Zahlenwert X = 2.46006409E−6 (für Y = 262) angezeigt. Dieser Zahlenwert entspricht der Kapazität: $C_1 = 2,46\ \mu F$

Dann abermals

F5 (G-Solv) F5 (ISCT).

Wählen Sie mit ▼ Y2 EXE, danach mit ▼ Y4 EXE. Das Ergebnis lautet:

$C_2 = 1,55\ \mu F$

Und schließlich noch mittels des Schnittpunktes von Y3 und Y4:

$C_3 = 1,10\ \mu F$

Bei dieser Aufgabe sollten Sie eine **Probe** sämtlicher Resultate durchführen. Zunächst gehen Sie in den **STAT**-Modus und geben in Liste 1 die ermittelten Werte für die Kapazität ein:

List 1	List 2	Tonbezeichnung
2.46E-6		C
1.55E-6		E
1.10E-6		G

Nun im **RUN**-Modus: $1:\left(2\pi\times\sqrt{\ }(.15\times \text{LIST1})\right)\rightarrow \text{LIST 2}$
(Aktivieren Sie dabei die Listeneingabe mit OPTN F1 F1.)

Schauen Sie sich im **STAT**-Modus nun die Liste 2 an:

List 1	List 2	Tonbezeichnung
2.46E-6	262	C
1.55E-6	330.07	E
1.10E-6	391.81	G

Diese geringfügigen Abweichungen von den gegebenen Frequenzen sind akustisch nicht wahrnehmbar. Hat doch z. B. das F, das lediglich um einen Halbton höher ist als das E, schon die Frequenz 349 Hz.

Die zur Verfügung stehenden Kondensatoren müssten untereinander und mit dem Drehkondensator parallel geschaltet werden. Denn nur bei Reihenschaltung ergibt sich eine geringere Kapazität als 3,0 µF, und die drei ermittelten Kapazitäten sind kleiner. Für Gesamtkapazität bei Reihenschaltung von n Kondensatoren gilt die Gleichung

$$\frac{1}{C_{\text{ges}}} = \frac{1}{C_1} + \frac{1}{C_2} + \ldots + \frac{1}{C_n}.$$

C_1 sei die Kapazität des Drehkondensators von 3,0 µF. Die anderen Kondensatoren sind alle von gleicher Kapazität C, sodass sich die Gleichung umformen lässt in

$$\frac{1}{C_{\text{ges}}} = \frac{1}{C_1} + n \cdot \frac{1}{C} \Rightarrow C_{\text{ges}} = \frac{C_1 \cdot C}{n \cdot C_1 + C}$$

Gehen Sie in den **TABLE**-Modus, geben Sie die Funktion ein:

$$\text{Y1} = 3\text{E}-6 \times 40\text{E}-6 : (\text{X} \times 3\text{E}-6 + 40\text{E}-6)$$

[F5] (RANG):

Start: 1

End: 30 (als stünden 30 Kondensatoren zur Verfügung!)

pitch: 1

[EXE] [EXE]

Sie sehen die Spalte X, beginnend mit 1, sowie die Spalte Y1, beginnend mit 2.7E–6. Gehen Sie mit [▶] in die Spalte 2, dann wird ein genauerer Wert angezeigt, nämlich 2.79069767E – 06.

Und nun müssen Sie durch wiederholtes Drücken von [▼] feststellen, bei welchem X (dies entspricht n, d. h. der Anzahl der Kondensatoren) sich die oben ermittelten Werte von C_1, C_2 und C_3 ergeben:

n = 3 C_1 = 2,45 µF

n = 12 C_2 = 1,58 µF

n = 23 C_3 = 1,10 µF

Es versteht sich, dass man in der Praxis auf andere Weise die drei Frequenzen realisieren würde.

5. Für die Entladung eines Kondensators gilt das Gesetz

$$I = I_0 \cdot e^{-\frac{t}{R \cdot C}}. \qquad (1)$$

Wählen Sie im Hauptmenü Ihres GTR die **STAT**-Ikone und geben Sie in Liste 1 die Werte für die Zeit und in Liste 2 die Werte für die Stromstärke ein.

[F6] (▷) [F2] (CALC) [F3] (REG) [F6] (▷) [F2] (Exp) (weil eine Exponentialfunktion ermittelt werden soll):

Im Display wird angezeigt:

$a = 0.23722624$

$b = -0.0597215$

Das sind die Koeffizienten der Funktionsgleichung $y = a \cdot e^{b \cdot x}$.

Durch Koeffizienten-Vergleich mit (1) erhalten Sie die Lösung:

$$-\frac{t}{R \cdot C} = b \cdot t \Rightarrow C = \frac{1}{R \cdot (-b)} = \frac{1}{32000\ \text{V} \cdot \text{A}^{-1} \cdot 0{,}0597215 \cdot \text{s}^{-1}} = \underline{\underline{520\ \mu\text{F}}}$$

Alternativlösung: Drücken Sie

[SHIFT] [EXIT] (QUIT) [F1] (GRPH) [F1] (GPH1):

Im Display werden die fünf Messpunkte angezeigt. Nunmehr:

[F6] (▷) [F2] (Exp) drücken, danach [F5] (COPY), mit [EXE] abschließen.

Gehen Sie in den **GRAPH**-Modus, dort steht nun unter Y1 die Funktion

0.23722624e(-0.0597215X)

Initialisieren Sie:

View Window	
Xmin:	0
max:	200
scale:	1
Ymin:	0
max:	0.3
scale:	1

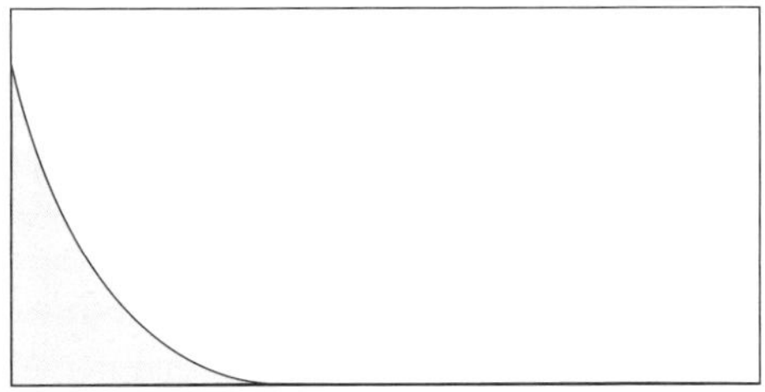

Jetzt erhalten Sie im Display nicht mehr die Messpunkte, sondern einen durchgehenden Kurvenzug, den Graph einer fallenden e-Funktion. Wegen $Q = \int I \mathrm{d}t$ entspricht die Fläche unter der Kurve der Ladung des Kondensators.

Deswegen:

[F5] (G-Solv) [F6] (▷) [F3] (∫dx);

bestätigen Sie mit [EXE] die untere Grenze X = 0.

Verschieben Sie mit [▶] den Cursor bis zur oberen Grenze X = 200 (als würde der Entladungsvorgang 200 Sekunden dauern!).

Mit [EXE] abschließen: $\int \mathrm{dx} = 3{,}972183$ wird angezeigt als Maßzahl des Flächeninhalts.

Damit beträgt die vom Kondensator gespeicherte Ladung von $3{,}97 \cdot 10^{-3}$ C .

Gemäß $C = \dfrac{Q}{U}$ folgt daraus: $C = \dfrac{3{,}97 \cdot 10^{-3}\ \mathrm{A \cdot s}}{7{,}7\ \mathrm{V}} = \underline{\underline{516\ \mu\mathrm{F}}}$

6. Innerhalb des Kondensators bewegen sich die Elektronen längs einer Parabel. Denn im homogenen elektrischen Feld erfahren sie eine Kraft in Richtung einer der beiden Platten. Ist die obere Platte negativ geladen gegenüber der unteren, wirkt diese konstante Kraft senkrecht nach unten und bewirkt eine gleichmäßige Beschleunigung in Richtung der positiven Platte. Dieser Umstand ist vergleichbar mit dem waagerechtem Wurf. Nach dem Passieren des Kondensators liegt kein Feld mehr vor, die Elektronen bewegen sich gleichförmig mit der erreichten Geschwindigkeit bis zum Auffangschirm längs einer Geraden.

   Beim waagerechten Wurf gilt für die Wurfparabel die Gleichung

$$y = -\frac{g}{2 \cdot {v_0}^2} \cdot x^2 .$$

Die Fallbeschleunigung ist zu ersetzen durch

$$a = \frac{F}{m_e} = \frac{E \cdot e}{m_e} = \frac{U \cdot e}{s \cdot m_e}.$$

Damit ergibt sich die Gleichung

$$y = -\frac{U \cdot e}{2 \cdot s \cdot m_e \cdot v_0^{\,2}} \cdot x^2.$$

Im **RUN**-Modus belegen Sie:
- die Variable E mit dem Zahlenwert für die Elementarladung, also mit 1.6022 E – 19,
- die Variable M mit dem Zahlenwert der Elektronenruhmasse, also mit 9.109E – 31, und
- die Variable V mit dem Zahlenwert der Anfangsgeschwindigkeit, also mit 8E6.

Sodann geben Sie im **GRAPH**-Modus die Gleichung

$$\mathrm{Y1} = -50 \times \mathrm{E} \div (2 \times .02 \times \mathrm{M} \times \mathrm{V}^2) \times \mathrm{X}^2 \text{ ein.}$$

Dazu:

View Window	
Xmin:	0
max:	0.15
Scale:	1
Ymin:	–0.05
max:	0.02
Scale:	1

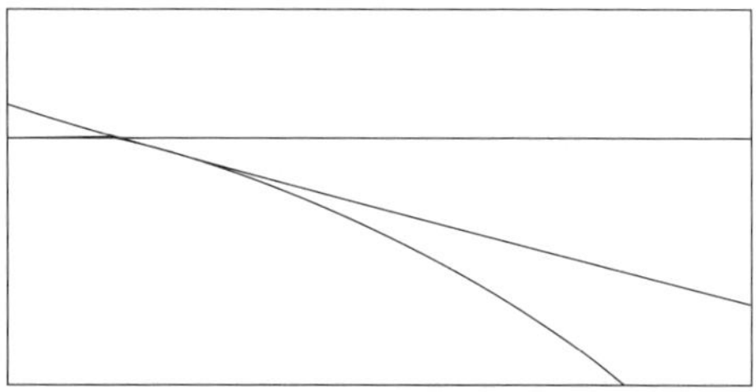

[F6] (DRAW): Der Elektronenstrahl durchläuft den absteigenden Ast einer nach unten geöffneten Parabel. An der Stelle X = 0,04 verlässt aber der Elektronenstrahl diese Parabel und verläuft längs der oben genannten Geraden. Sie benötigen für die Gleichung dieser Geraden die Koordinaten des Berührungspunktes sowie den Anstieg an der Stelle 0,04. Denn der Anstieg der Parabel an dieser Stelle ist gleich dem Anstieg der Geraden.

Aktivieren Sie zunächst die Angabe der Ableitung: [SHIFT] [MENU] (SET UP) Derivative: [F1] (On) [EXE]. Nun abermals [F6] (DRAW), dann [F1] (Trace): Cursor mit [▶] nach rechts verschieben bis X = 0.0404761904 (das kommt der Länge des Kondensators von 4 cm am nächsten), der zugehörige y-Wert lautet Y = –5.6282752E-3, und die 1. Ableitung hat den Wert –0.278.

Damit können Sie mithilfe der Punktrichtungsgleichung $y - y_0 = \mathrm{m} \cdot (x - x_0)$ die Gleichung der Geraden ermitteln: $y + 0{,}00563 = -\,0{,}278 \cdot (x - 0{,}04)$ liefert die Geradengleichung

$$y = -\,0{,}278 \cdot x + 0{,}00549.$$

Diese Gleichung geben Sie nunmehr ein:

Y2 = –.278 × X + .00549.

[F6] (DRAW) [F5] (G-Solv) [F6] (▷) [F1] (Y-CAL): Y1 erscheint, mit [▼] Y2 aufrufen, mit [EXE] bestätigen. X = .12 eingeben, Y = -0.02787 wird angezeigt.

Die gesuchte Strecke beträgt somit 2,8 cm.

Im Folgenden wird eine Lösung vorgeschlagen, die unter Prüfungsbedingungen kaum durchführbar ist. Es werden aber die Möglichkeiten des GTR noch umfangreicher genutzt.

Dabei soll zunächst der Versuchsaufbau grafisch dargestellt werden. Für eine günstige Darstellung im Display initialisieren Sie im **GRAPH**-Modus folgende Einstellungen:

View Window	
Xmin:	0.01
max:	0.17
Scale:	1
Ymin:	0.04
max:	0.09
Scale:	1

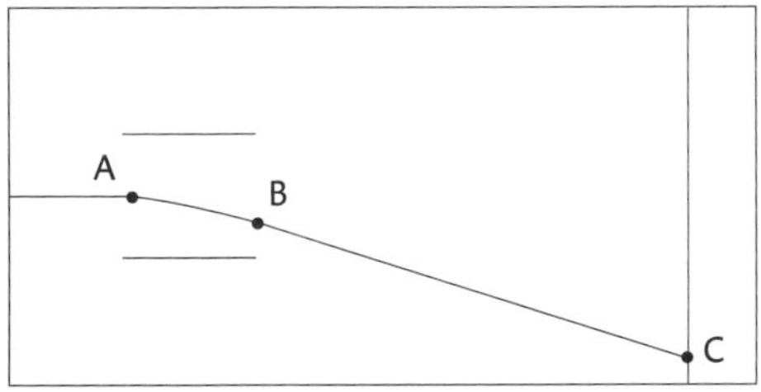

Die Darstellung liegt somit im 1. Quadranten. Die Koordinatenachsen werden nicht sichtbar, sodass sie nicht stören.

Für die Darstellung der Kondensatorplatten, des Auffangschirms und des ankommenden Elektronenstrahls geben Sie vier Gleichungen ein:

$Y1 = .08,[.04,.08]$ (obere Platte, Länge 0,04 m)

$Y2 = .06,[.04,.08]$ (untere Platte im Abstand 0,02 m, Länge ebenfalls 0,04 m)

$X3 = .16$ (Auffangschirm im Abstand von 0,08 m vom Kondensator)

$Y4 = .07,[0,.04]$ (Elektronenstrahl, gerichtet von links auf die Mitte zwischen den Platten)

Die in eckigen Klammern stehenden Zahlenpaare kennzeichnen jeweils den Bereich, in dem die Grafik erstellt werden soll. Die Eingabe erfolgt im Falle von Y1 in folgender Weise:

[•] [0] [8] [,] [SHIFT] [+] ([ ) [•] [0] [4] [,] [•] [0] [8] [SHIFT] [–] ( ]) [EXE]

Nun sollten Sie sich zunächst die vier Graphen anschauen: [F6] (DRAW): Der Elektronenstrahl endet beim Eindringen in den Kondensator im Punkte A.

Sodann geben Sie die Gleichung

$$Y5 = -50 \times E \div (2 \times .02 \times M \times V^2) \times (X - .04)^2 + .07,[.04,.08] \text{ ein.}$$

Hierbei ist berücksichtigt worden, dass der abzubildende Graph um 0,04 nach rechts und um 0,07 nach oben (beginnend in der Mitte zwischen den Platten) verschoben worden ist und dass er nur innerhalb der Platten dargestellt werden soll.

Auch dies sollten Sie sich zunächst einmal anschauen: [F6] (DRAW): Der Elektronenstrahl geht jetzt im Kondensator über in eine Parabel (bis zum Ende des Kondensators im Punkt B).

Für das folgende Geradenstück benötigen Sie den Anstieg des Parabelstückes:

Aktivieren Sie die Angabe der Ableitung: [SHIFT] [MENU] (SET UP) Derivative: [F1] (On) [EXE]. Nun abermals [F6] (DRAW) , dann [F1] (Trace): Y1 erscheint, deswegen [▲]

drücken, Y5 erscheint. Cursor mit ▶ nach rechts verschieben, bei X = 0.0798412698 und Y= 0.0645469132 bleibt er stehen, d. h. im Punkte B. Die 1. Ableitung hat den Wert –0.273.

Damit können Sie mithilfe der Punktrichtungsgleichung $y - y_0 = m \cdot (x - x_0)$ die Gleichung der Geraden ab B ermitteln: $y - 0{,}0645 = -0{,}273 \cdot (x - 0{,}08)$ liefert die Geradengleichung

$$y = -0{,}273 \cdot x + 0{,}0863\,.$$

Geben Sie nunmehr ein:

$$\mathrm{Y6} = -.273 \times \mathrm{X} + .0863, [.08, .16]$$ (Geradenstück zwischen B und C)

F6 (DRAW): Der Elektronenstrahl wird weiter gezeichnet bis zum Punkt C auf dem Auffangschirm.

Nun müssen Sie die Koordinaten des Punktes C ermitteln: F1 (Trace): Y1 erscheint, deswegen ▲ drücken, Y6 erscheint. Cursor mit ▶ nach rechts verschieben, bei X = 0.15984126984 und Y = 0.0426633333 bleibt er stehen. Also hat C die Koordinaten (0,16 / 0,043).

Der Abstand von der ursprünglichen Strahlrichtung ist die Differenz 0,070 m – 0,043 m.

Hinweis: In der Literatur finden Sie zur Berechnung der gesuchten Streckenlänge die Gleichung

$$y = \frac{e \cdot U}{m_\mathrm{e} \cdot s \cdot v_0^2} \cdot l \cdot \left(\frac{l}{2} + a \right).$$

Dabei bedeuten *l* die Länge des Kondensators (0,04 m) und *a* der Abstand zwischen Kondensator und Schirm (0,08 m). Wenn Sie die Rechnung nachvollziehen, erhalten Sie nahezu das gleiche Ergebnis wie bei den beiden oben dargestellten Lösungen.

7. Mittels einer Experimentieranordnung sollen Sie von einem nicht selbst leuchtenden Gegenstand und einer Sammellinse auf einem Auffangschirm reelle Bilder erzeugen.
   - Führen Sie sechs Messungen durch, protokollieren Sie Ihre Messwerte.
   - Ermitteln Sie für die Brennweite einen Mittelwert.

8. Bei einem Interferenzversuch benutzt man ein **optisches Gitter** mit der Gitterkonstanten 0,0035 mm. Das verwendete Licht umfasst den Wellenlängenbereich 400 nm $\leq \lambda \leq$ 750 nm. Die Beobachtung der Interferenzerscheinungen erfolgt auf einem ebenen Auffangschirm genügender Größe.
   - Stellen Sie mittels Ihres GTR die Spektren 1. bis 6. Ordnung im GRAPH-Modus durch kurze Strecken in Form einer Stufenleiter dar, indem Sie die Ablenkwinkel für die kleinste Wellenlänge (violett) und die größte Wellenlänge (rot) jeweils berechnen.
   - Weisen Sie nach, dass die beiden Spektren 1. und 2. Ordnung einander nicht überlappen.
   - Weisen Sie anhand von Winkelangaben nach, dass die Spektren 2. und 3. Ordnung einander überlappen, ebenso die Spektren 3. und 5. Ordnung.
   - Erläutern Sie,warum die Spektren 5. und 6. Ordnung nicht vollständig wiedergegeben werden. Begründen Sie Ihre Aussage durch eine Rechnung für das 5. Spektrum. Bei welcher Farbe bricht das Spektrum 6. Ordnung ab?

9. Mithilfe einer Vakuum-Fotozelle kann man die maximale Energie der Fotoelektronen beim äußeren lichtelektrischen Effekt messen. Folgende Messwerte wurden ermittelt:

f in 10^{-14} s^{-1}	5,2	5,5	6,1	6,9	7,4
U in V	0,21	0,33	0,59	0,92	1,14

   - Ermitteln Sie aus diesen Werten die Austrittsarbeit sowie die Grenzfrequenz für das betreffende Katodenmaterial.
   - Berechnen Sie aus den ermittelten Werten das Planck'sche Wirkungsquantum.

Lösung

7. Sie müssen sich sechs Gegenstandsweiten vorgeben und die jeweils zugehörige Bildweite messen. Die Auswertung erfolgt mittels der Abbildungsgleichung für dünne Linsen

$$\frac{1}{f}=\frac{1}{s}+\frac{1}{s'}.$$

Wählen Sie im Hauptmenü Ihres GTR die **STAT**-Ikone und geben Sie in Liste 1 die vorgegebenen Werte für die Gegenstandsweite und in Liste 2 die gemessenen Werte für die Bildweite ein.

Messprotokoll:

Liste 1	Liste 2
15,0	28,5
25,0	15,8
30,0	14,2
40,0	12,8
50,0	12,0
70,0	11,1

Sodann rechnen Sie entsprechend der oben umgestellten Gleichung im **RUN**-Modus:

[OPTN] [F1] [F1]: (1 ÷ LIST 1 + 1 ÷ LIST 2)^ – 1 → LIST 3 [EXE]

Damit sind die sechs Zwischenergebnisse in die Liste 3 eingetragen worden. Da Sie den Mittelwert ermitteln sollen:

[F6] (▷) [MEAN] (LIST 3) [EXE]

Sie erhalten dadurch also ganz rasch das Endergebnis:

$\overline{f}=9{,}68\ \text{cm}$

Unter Berücksichtigung unvermeidlicher Messfehler sollte man auf 9,7 cm runden.

Entscheidend ist bei dieser Aufgabe der Vorteil, nicht die jeweilige Brennweite einzeln ausrechnen zu müssen. Die Zwischenergebnisse werden im Einzelnen schon berechnet. Sie stehen in Liste 3 und können von Ihnen eingesehen werden, wenn Sie zum **STAT**-Modus wechseln und die Liste 3 ins Betrachtungsfenster bringen:

s in cm	s' in cm	f in cm
15,0	28,5	9,83
25,0	15,8	9,68
30,0	14,2	9,64
40,0	12,8	9,70
50,0	12,0	9,68
70,0	11,1	9,58

Diese Zwischenergebnisse sind (auf zwei Dezimalstellen gerundet) in der Tabelle mit aufgeführt. Dadurch haben Sie Möglichkeit zu vergleichen bzw. die Rechnung zu kontrollieren.

8. Für die Interferenz am optischen Gitter gilt die Gleichung $\sin\alpha_{\mathrm{n}} = \frac{\mathrm{n}\cdot\lambda}{b}$. (1)

Dabei bedeutet n die Ordnung der Helligkeitsmaxima bzw. der Spektren, die entstehen, wenn weißes Licht Verwendung findet. Es ist zweckmäßig, den für die jeweilige Wellenlänge zutreffenden Quotienten aus Wellenlänge und Gitterkonstante im **RUN**-Modus zu berechnen und als Variable V (für violettes Licht) bzw. R (für rotes Licht) zu speichern:

$$\frac{400\ 10^{-9}}{3{,}5\cdot 10^{-6}} \rightarrow \mathrm{V} \quad \text{und} \quad \frac{750\ 10^{-9}}{3{,}5\cdot 10^{-6}} \rightarrow \mathrm{R}$$

Die zwölf einzugebenden Gleichungen werden dadurch sehr übersichtlich (s. u.).

Da die Graphiken laut Aufgabenstellung jeweils nur in einem bestimmten Bereich erstellt werden sollen, gibt man im **GRAPH**-Modus hinter den jeweiligen Funktionen in eckigen Klammern entsprechende Zahlenpaare an:

$$\mathrm{Y1} = \sin^{-1}(1\times \mathrm{V}), [0, 1]$$

$$\mathrm{Y2} = \sin^{-1}(1\times \mathrm{R}), [0, 1]$$

$$\mathrm{Y3} = \sin^{-1}(2\times \mathrm{V}), [1, 2]$$

$$\mathrm{Y4} = \sin^{-1}(2\times \mathrm{R}), [1, 2]$$

$$\mathrm{Y5} = \sin^{-1}(3\times \mathrm{V}), [2, 3]$$

.

.

.

$$\mathrm{Y12} = \sin^{-1}(6\times \mathrm{R}), [5, 6]$$

Dazu:

View Window	
Xmin:	0
max:	6
Scale:	1
Ymin:	0
max:	90
Scale:	1

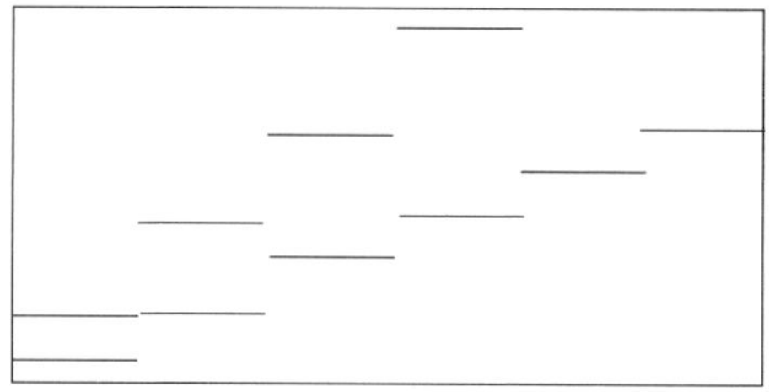

Es ist außerdem günstig, das gleichzeitige Darstellen der jeweils zusammengehörigen Strecken zu veranlassen durch [SHIFT] [MENU] (SET UP) Simul Graph: [F1] (On) [EXE]. So hat man schon beim Zeichnen der Graphen den Eindruck der Überlappung. Denn die beiden übereinander liegenden Strecken sind die Begrenzungen (violett und rot) des jeweiligen Spektrums.

Dass der obere Strich vom Spektrum 1. Ordnung (rot) nicht seine Fortsetzung findet im unteren Strich des Spektrums 2. Ordnung (violett), kann man nicht gut erkennen. Sie können diesen Teil vergrößern, indem Sie vorübergehend im Betrachtungsfenster zur Verdeutlichung für Ymax den Wert 25 eingeben: Die Werte in y-Richtung sind nämlich Winkelangaben in Grad, und jetzt wird die räumliche Trennung der beiden Spektren deutlich.

Sie können aber auch [F1] (Trace) aktivieren und erhalten als y-Wert die Winkelangaben:

Spektrum 1. Ordnung: 6,6 ° . . . 12,4 °

Spektrum 2. Ordnung: 13,2 ° . . . 25,4 °

Auch damit ist gezeigt, dass keine Überlappung vorliegt, denn 13,2 ist größer als 12,4.

Für das Spektrum 3. Ordnung lauten die begrenzenden Winkelwerte: 20,1 ° . . . 40,0 °. Das Spektrum 3. Ordnung beginnt also bei 20,1 °, das Spektrum 2. Ordnung reicht aber bis 25,4 °. Dies bedeutet Überlappung.

Und das Spektrum 5. Ordnung (Y9) beginnt bei 34,8 °, da ist das 3. Spektrum (Y6) noch nicht zu Ende. Also überlappen sich auch diese beiden Spektren.

Die Spektren 5. und 6. Ordnung haben scheinbar keine obere Begrenzung (dem langwelligen Anteil entsprechend). Die Terme entsprechend Gleichung (1) ergeben nämlich Werte größer als 1 und liegen damit außerhalb des Definitionsbereichs der Arcus-Sinus-Funktion (bzw. außerhalb des Wertebereichs der Sinus-Funktion). Dadurch enden diese beiden Spektren bereits bei Wellenlängen, die kleiner sind als 750 nm.

Für das Spektrum 5. Ordnung gilt hinsichtlich des roten Anteils:

$$\sin\alpha_5 = \frac{5 \cdot 750 \cdot 10^{-9}\,\mathrm{m}}{3{,}5 \cdot 10^{-6}\,\mathrm{m}} = 1{,}07 > 1$$

Und für das Spektrum 6. Ordnung lautet die geforderte Rechnung:

$$\sin\alpha_6 = \frac{6 \cdot \lambda}{b} = 1 \Rightarrow \lambda = \frac{b}{6} = \frac{3{,}5 \cdot 10^{-6}}{6} = 583\,\mathrm{nm}$$

Das Spektrum 6. Ordnung bricht also im gelben Bereich ab.

9. Die Ermittlung der geforderten Größen erfolgt entsprechend der Gleichung

$$E_{kin} = h \cdot f - W_A . \quad (1)$$

Dieser Gleichung entspricht das folgende Diagramm:

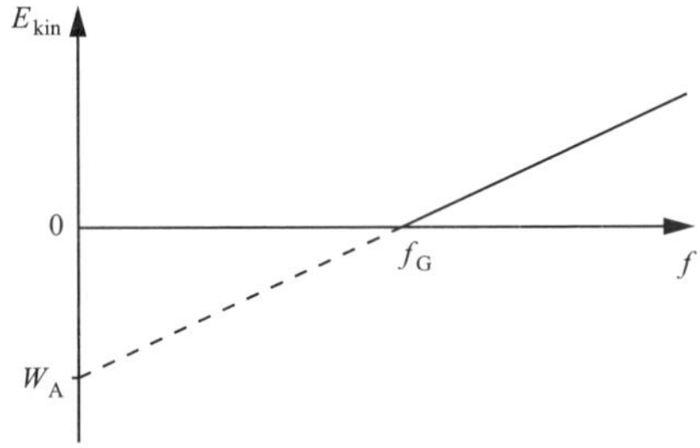

Die kinetische Energie der emittierten Elektronen ist der angelegten Spannung proportional. Die Maßzahl der in Elektronenvolt gemessenen Energie ist dabei gleich der Maßzahl der in Volt gemessenen Spannung.

Wählen Sie im Hauptmenü Ihres GTR die **STAT**-Ikone und geben Sie in Liste 1 die vorgegebenen Zahlenwerte der ersten Zeile und in Liste 2 die Werte der zweiten Zeile ein.

[F6] (▷) [F2] (CALC) [F3] (REG) [F1] (X)

(weil eine lineare Funktion ermittelt werden soll):

a = 0.42246207

b = – 1.9897141

Das sind die Koeffizienten der Funktionsgleichung $y = ax + b$.

Durch Vergleich mit dem oben gezeigten Graphen erhalten Sie die Lösung $\underline{\underline{W_A = 2{,}0 \text{ eV}}}$.

Denn die Größe b kennzeichnet den Schnittpunkt des Graphen der linearen Funktion mit der y-Achse.

Der Grenzfrequenz entspricht die Nullstelle der linearen Funktion $y = 0{,}422 \cdot x - 1{,}99$.

Diese Nullstelle lautet (im **RUN**-Modus): $\frac{-b}{a} = \frac{1{,}99}{0{,}422} = 4{,}72 \Rightarrow \underline{\underline{f_G = 4{,}7 \cdot 10^{14} \text{ s}^{-1}}}$

Alternativlösung: Sie bleiben im **STAT**-Modus und gehen nach der Koeffizientenermittlung folgendermaßen vor:

[SHIFT] [EXIT] (QUIT) [F1] (GRPH) [F1] (GPH1) [F1] (X) [F5] (COPY) [EXE]

Wählen Sie nun im Hauptmenü Ihres GTR die **GRAPH**-Ikone. Dann finden Sie unter Y1 die Funktion

Y1 = 0.42246207X + –1.9897141.

Für eine günstige Darstellung im Display initialisieren Sie folgende Einstellungen:

View Window	
Xmin:	0
max:	8
scale:	1
Ymin:	−2.5
max:	1.5
scale:	1

[F6] (DRAW) [F5] (G-Solv) [F4] (Y-ICPT): Y = −1.9897141

Dieser Wert entspricht dem Zahlenwert für die Austrittsarbeit (siehe oben).

Und die Nullstelle der linearen Funktion ergibt den Zahlenwert (ohne Zehnerpotenz) für die Grenzfrequenz:

[F5] (G-Solv) [F1] (ROOT): Y = 4.7098053086

Nun müssen Sie noch im **RUN**-Modus das Planck'sche Wirkungsquantum berechnen. Stimmt die Frequenz des verwendeten Lichtes mit der Grenzfrequenz überein, dann ist die kinetische Energie Null, und aus der oben genannten Gleichung (1) folgt:

$$h \cdot f_G - W_A = 0 \Rightarrow h = \frac{W_A}{f_G} = \frac{1{,}99 \text{ eV}}{4{,}72 \cdot 10^{14} \text{ s}^{-1}} \cdot \frac{1{,}602 \cdot 10^{-19} \text{ J}}{1 \text{ eV}} = \underline{\underline{6{,}8 \cdot 10^{-34} \text{ J} \cdot \text{s}}}$$

Das ist nur eine geringfügige Abweichung vom Normwert für das Planck'sche Wirkungsquantum.

10. Bei der Untersuchung eines radioaktiven Präparates wurden experimentell die Impulsraten zu verschiedenen Zeiten ermittelt und daraufhin die Anzahl *N* der jeweils noch vorhandenen Kerne berechnet. Es ergab sich folgende Messwerttabelle:

t in h	0,7	2,3	4,7	8,8
N	$4{,}0 \cdot 10^{22}$	$2{,}9 \cdot 10^{22}$	$1{,}8 \cdot 10^{22}$	$7{,}9 \cdot 10^{21}$

- Ermitteln Sie mittels des GTR die Anzahl der zum Zeitpunkt $t = 0$ vorhandene Anzahl von Kernen.
- Geben Sie die Halbwertszeit an.

11. Sowohl bei der Kernspaltung als auch bei der Kernfusion wird Energie freigesetzt. Durch die Berechnung der Bindungsenergie je Nukleon lässt sich dies nachweisen..

Sie sollen diese Rechnung durchführen für folgende Nuklide:

Nuklid	**Kernmasse in u**
Wasserstoff-1	1,0072765
Helium-4	4,0015061
Natrium-23	22,983735
Krypton-89	88,89782
Barium-144	143,89195
Blei-210	209,93919
Uran-235	234,99364

- Berechnen Sie zunächst den Massendefekt (in kg), dann die gesamte Bindungsenergie des jeweiligen Nuklids (in MeV) und schließlich die Bindungsenergie je Nukleon.
- Stellen Sie die Bindungsenergie je Nukleon als Funktion der Ordnungszahl des betreffenden Nuklids grafisch dar.
- Interpretieren Sie den dargestellten Graph hinsichtlich der Möglichkeit der Gewinnung von Kernenergie.

Lösung

10. Für den radioaktiven Zerfall gilt das Zerfallsgesetz:

$$N = N_0 \cdot e^{-\lambda \cdot t} \ .$$

Wählen Sie im Hauptmenü Ihres GTR die **STAT**-Ikone und geben Sie in Liste 1 die vorgegebenen Werte für die Zeit t und in Liste 2 die Werte für N ein.

[F6] (▷) [F2] (CALC) [F3] (REG) [F6] (▷) [F 2] (Exp)

(weil eine Exponentialfunktion ermittelt werden soll).

Im Display wird angezeigt:

a = 4.60115E + 22 sowie b = –0,2001524

Das sind die Koeffizienten der Funktionsgleichung $y = a \cdot e^{b \cdot x}$.

Nun: [SHIFT] [EXIT] (QUIT) [F1] (GRPH) [F1] (GPH1):

Im Display werden die vier Messpunkte angezeigt.

[F6] (▷) [F2] (Exp) drücken, danach [F5] (COPY), mit [EXE] abschließen.

Gehen Sie in den **GRAPH**-Modus, dort steht nun unter Y1 die Funktion

4.6015E + 22e (–0.2001524X)

Initialisieren Sie:

View Window	
Xmin:	0
max:	12
scale:	1
ymin:	0
max:	5E22
scale:	1

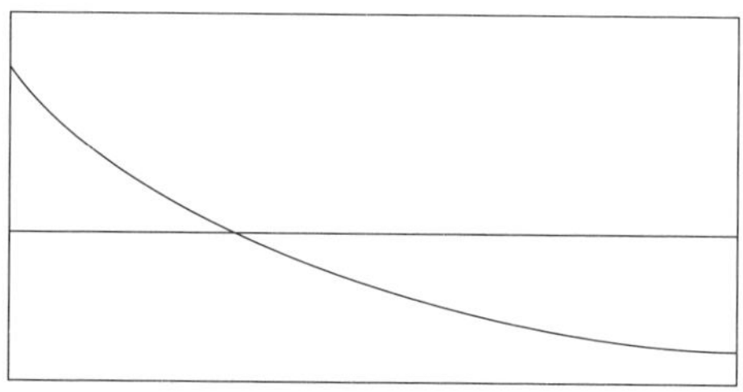

[F6] (DRAW): Jetzt erhalten Sie im Display nicht mehr die Messpunkte, sondern einen durchgehenden Kurvenzug, den Graph einer fallenden e-Funktion.

[F1] (Trace): Sie erhalten die Lösung $\underline{\underline{N_0 = 4{,}6 \cdot 10^{22}}}$ (zum Zeitpunkt $t = 0$).

Zur Ermittlung der Halbwertszeit gehen Sie zurück ins Eingabe-Menü und geben die Hälfte des soeben ermittelten Wertes ein:

Y2 = 2.3E22

Nun ermitteln den Schnittpunkt der beiden Graphen:

[F6] (DRAW) [F5] (G-Solv) [F5] (ISCT).

Der Ausdruck X = 3.4547259506 ergibt die Halbwertszeit: $\underline{\underline{T_{1/2} = 3{,}5 \text{ h}}}$.

11. Der Massendefekt ist die Differenz der Masse der Nukleonen und der Masse des Kerns:

$$\Delta m = \left(Z \cdot m_p + N \cdot m_n - m_k\right)$$

Die Bindungsenergie beträgt somit

$$E_B = \Delta m \cdot c^2 = \left(Z \cdot m_p + N \cdot m_n - m_k\right) \cdot c^2$$

Dieser Wert muss anschließend noch durch die Nukleonenzahl dividiert werden:

$$E_{B\text{ je Nukleon}} = \frac{\left(Z \cdot m_p + N \cdot m_n - m_k\right) \cdot c^2}{A}$$

Im **RUN**-Modus belegen Sie:

die Variable C mit dem Wert der Lichtgeschwindigkeit, also mit 2.99792E8,

die Variable P mit dem Zahlenwert der Ruhmasse des Protons, also mit 1.0072765,

die Variable N mit dem Zahlenwert der Ruhmasse des Neutrons, also mit 1.0086650,

die Variable U mit den Wert des atomaren Masseeinheit, also mit 1.6605 E-27

und

die Variable E mit dem Zahlenwert für die Elementarladung, also mit 1.6022E−19.

Im **STAT**-Modus machen Sie folgenden Listeneintrag:

	(m_K in u)	(Z)	(A)			
	List 1	**List 2**	**List 3**	**List 4**	**List 5**	**List 6**
1	1.0072765	1	1			
2	4.0015061	2	4			
3	22.983735	11	23			
4	88.89782	36	89			
5	143.89195	56	144			
6	209.93919	82	210			
7	234.99364	92	235			

Nun im **RUN**-Modus:

(LIST 2×P+(LIST 3−LIST 2)×N−LIST1)×U→LIST 4

Ohne die Multiplikation mit dem Faktor u würden Sie als Einheit des Massendefekts die atomare Masseneinheit erhalten; so aber ergibt sich die geforderte Einheit Kilogramm.

LIST 4 X C² ÷ E ÷ 1E6 → LIST 5

Die Division mit E basiert auf der Umrechnung $1\text{ eV} = 1{,}6022 \cdot 10^{-19}\text{ J}$.

Und weil als Einheit der Bindungsenergie MeV gefordert sind, muss durch 10^6 dividiert werden.

Schließlich: LIST 5÷LIST 3→LIST 6.

Und so sehen jetzt die sechs Listen aus:

	(m_K in u)	(Z)	(A)	(Δm in kg)	(E_B in MeV)	(E_B je Nukleon in MeV)
	List 1	**List 2**	**List 3**	**List 4**	**List 5**	**List 6**
1	1.0072765	1	1	0	0	0
2	4.0015061	2	4	5E−29	28.295	7.0739
3	22.983735	11	23	3E−28	186.56	8.1115
4	88.89782	36	89	1E−27	766.97	8.6176
5	143.89195	56	144	2E−27	1190.5	8.2673
6	209.93919	82	210	2E−27	1645.5	7.8361
7	234.99364	92	235	3E−27	1783.7	7.5902

Die Veranschaulichung erfolgt auf folgende Weise im **STAT**-Modus:

[F1] (GRPH) [F6] (SET): Bei Graph Type aktivieren Sie mittels [F2] xyLine (xy).

Dadurch werden nicht nur die einzelnen Punkte angezeigt.

Bei XList aktivieren Sie [F3] (List 3), bei YList: [F6] (List6).

Auf diese Weise stellen Sie die Bindungsenergie je Nukleon (in Liste 6) in Abhängigkeit der Massenzahl A (in Liste 3) dar.

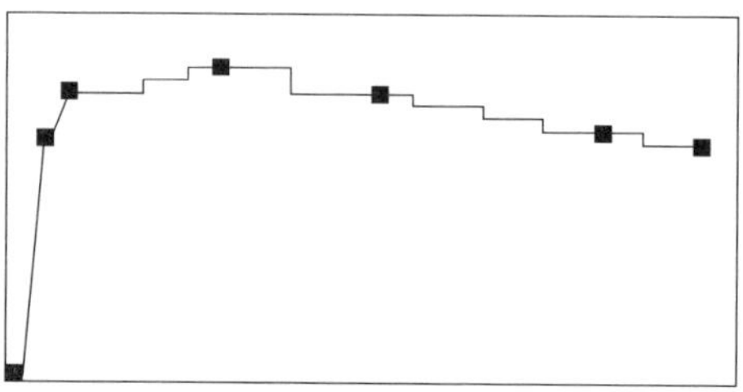

[EXE] [F1] (GPH1): Sie sehen also jetzt sieben Punkte, jeweils benachbarte sind verbunden durch eine Folge kurzer Strecken.

Es wird zunächst deutlich, dass bei Wasserstoff-1 die Bindungsenergie Null beträgt. Dieser Kern besteht nur aus einem Proton, es bedarf also auch keiner Bindungsenergie.

Bei leichten Kernen nimmt mit zunehmender Massenzahl die Bindungsenergie je Nukleon zunächst zu. Bei mittelschweren Kernen (A zwischen 50 und 100) ist die Bindungsenergie je Nukleon am größten, sie ist größer als 8,6 MeV. Mit zunehmender Massenzahl nimmt die Bindungsenergie je Nukleon wieder ab.

Schlussfolgerung: Sowohl beim Zusammenfügen zweier leichter Kerne zu einem mittelschweren Kern (Kernfusion) als auch bei der Spaltung eines schweren Kerns in zwei mittelschwere Kerne (Kernspaltung) wird Energie freigesetzt.

12. Die **isotherme Zustandsänderung** eines Gases wird beschrieben durch die Gleichung

$$p \cdot V = \text{konst. bzw. } p = \frac{\text{konst.}}{V}\ .$$

Adiabatische Zustandsänderungen werden durch die Gleichung

$$p \cdot V^{\kappa} = \text{konst. bzw. } p = \frac{\text{konst.}}{V^{\kappa}} \text{ beschrieben.}$$

Dabei nimmt κ (Kappa) verschiedene, von 1 abweichende Werte an, je nachdem, um welches Gas es sich dabei handelt. So gilt beispielsweise für Helium (und für andere einatomige Gase) $\kappa = 1{,}67$, für Wasserstoff (und für andere zweiatomige Gase) $\kappa = 1{,}40$.

Bei Experimenten mit drei verschiedenen Gasen wurden folgende Messdaten ermittelt:

1. Messreihe:

p in kPa	150	175	310	435
V in l	3,25	2,91	1,94	1,52

2. Messreihe:

p in kPa	91	106	136	161
V in l	1,27	1,09	0,85	0,72

3. Messreihe:

p in kPa	60	95	130	165
V in l	9,95	7,56	6,27	5,43

– Entscheiden Sie mittels des GTR, bei welcher der drei Messreihen es sich um eine isotherme bzw. eine adiabatische Zustandsänderung handeln könnte.
– Welches Gas wurde bei einer vermuteten adiabatischen Zustandsänderung benutzt? Begründen Sie Ihre Aussagen.

13. Eine abgeschlossene Gasmenge von 240 ml steht unter dem Druck 0,12 MPa. Durch isotherme Kompression verdreifacht sich der Druck. Anschließend erfolgt eine isochore Abkühlung, sodass der Druck auf 0,24 MPa sinkt. Danach setzt eine isotherme Expansion ein, bis das Anfangsvolumen wieder erreicht wird.
– Berechnen Sie die fehlenden Volumina bzw. Drücke.
– Skizzieren Sie das entsprechende p-V-Diagramm.
– Ermitteln Sie mittels des GTR die für den Gesamtvorgang erforderliche Arbeit.

12. Es handelt sich bei den Berechnungsgleichungen um Funktionen vom Typ

$$y = a \cdot x^b = \frac{a}{x^{-b}}.$$

Entscheidend ist also der Exponent b, der dem Exponenten κ entspricht.

Wählen Sie im Hauptmenü Ihres GTR die **STAT**-Ikone. Geben Sie in Liste 1 die jeweiligen Werte für den Druck und in Liste 2 die entsprechenden Werte für das Volumen ein.

[F6] (▷) [F2] (CALC) [F3] (REG) [F6] (▷) [F2] (Pwr) (weil eine Potenzfunktion ermittelt werden soll).

Im Display wird jeweils angezeigt:

1. Messreihe: $b = -0.7128371$
2. Messreihe: $b = -0.9951539$
3. Messreihe: $b = -0.5983532$

Um den jeweiligen Wert von κ zu ermitteln, müssen Sie im **RUN**-Modus das Reziproke des Betrages von b bilden:

1. Messreihe: $\kappa = \frac{1}{0{,}71283} = 1{,}403$

2. Messreihe: $\kappa = \frac{1}{0{,}99515} = 1{,}005$

3. Messreihe: $\kappa = \frac{1}{0{,}59835} = 1{,}671$

Der 2. Messreihe liegt offenbar ein isothermer Vorgang zugrunde, denn $\kappa \approx 1$.
Bei der 1. und der 3. Messreihe handelt es sich um adiabatische Vorgänge.
Der Wert von rund 1,4 bei der 1. Messreihe lässt auf ein zweiatomiges Gas (z. B. H_2) schließen; der Wert der 3. Messreihe (rund 1,67) deutet auf ein einatomiges Gas hin (z. B. He).

13. Bei isothermen Vorgängen ist das Produkt aus Druck und Volumen konstant. Wenn sich also der Druck verdreifacht auf 0,36 MPa, verringert sich das Volumen infolge **isothermer Kompression** auf ein Drittel, d. h. auf 80 ml.

Wählen Sie im Hauptmenü Ihres GTR die **STAT**-Ikone und geben Sie in Liste 1 die Werte für das Volumen und in Liste 2 die Werte für den Druck ein.

Bedenken Sie: 1ml = 10^{-6} m³. Sie geben also die Maßzahlen der in m³ gemessenen Volumina und die Maßzahlen des in Pa gemessenen Druckes ein. Denn:

$$1\ \text{Pa} \cdot 1\ \text{m}^3 = 1\frac{\text{N}}{\text{m}^2} \cdot 1\ \text{m}^3 = 1\ \text{Nm} = 1\ \text{J}.$$

List 1	List 2
$2{,}4 \cdot 10^{-4}$	120000
$8 \cdot 10^{-5}$	360000

[F6] (▷) [F2] (CALC) [F3] (REG) [F6] (▷) [F3] (Pwr)

(weil eine Potenzfunktion ermittelt werden soll).

Sie erhalten die Funktionsgleichung $y = 28{,}8 \cdot x^{-1}$.

Nun: [SHIFT] [EXIT] (QUIT) [F1] (GRPH) [F1] (GPH1)

Im Display werden die zwei Messpunkte angezeigt.

[F6] (▷) [F3] (Pwr) drücken, danach [F5] (COPY), mit [EXE] abschließen.

Gehen Sie in den **GRAPH**-Modus, dort steht nun unter Y1 die Funktion

$Y1 = 28.799999x^{-1}$

Geben Sie ein:

View Window

Xmin:	7E-5
Max:	2.5E-4
scale:	1
Ymin:	0
Max:	380000
scale:	1

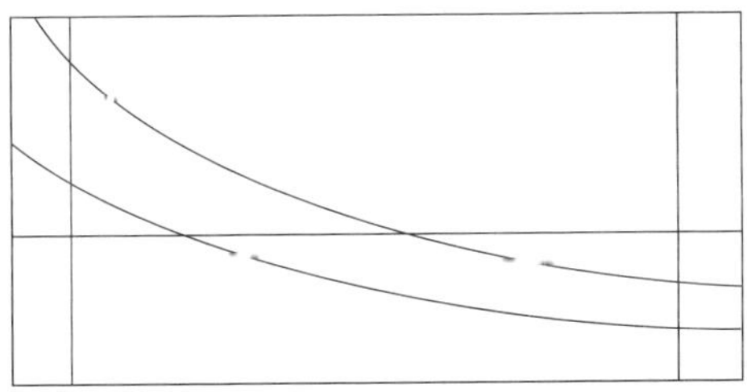

[F6] (DRAW): Jetzt erhalten Sie im Display nicht mehr die Messpunkte, sondern einen durchgehenden Kurvenzug, eine fallende Hyperbel.

Damit Sie die noch zu ermittelnde 2. Gleichung wieder im Grafik-Menü unter Y1 erhalten, geben Sie die 1. Funktion $y = 28{,}8 \cdot x^{-1}$ im Menü unter Y2 ein und löschen Y1.

Während der isochoren Abkühlung soll der Druck auf 0,24 MPa sinken, das Volumen ändert sich nicht. Die anschließende **isotherme Expansion** setzt also ein mit dem Volumen 80 ml. Es vergrößert sich auf 240 ml. Dieser Verdreifachung entspricht ein Absinken des Druckes auf 0,08 MPa.

Mithin ergibt sich folgender Listeneintrag:

List 1	List 2
$2{,}4 \cdot 10^{-4}$	80000
$8 \cdot 10^{-5}$	240000

Sie erhalten die Funktionsgleichung $y = 19{,}2 \cdot x^{-1}$.

Nun: [SHIFT] [EXIT] (QUIT) [F1] (GRPH) [F1] (GPH1)

Im Display werden wieder zwei Messpunkte angezeigt.

F6 (▷) F3 (Pwr) drücken, danach F5 (COPY), mit EXE abschließen.

Gehen Sie in den **GRAPH**-Modus, dort steht nun unter Y1 die Funktion

$Y1 = 19.1999999x^{-1}$

Sie können sich nun auch die Fläche veranschaulichen (sie soll von Ihnen skizziert wiedergegeben werden), dessen Flächeninhalt der zu berechnenden Arbeit entspricht:

Geben Sie mittels F3 (Type) F4 (X = C) die beiden Geraden

X3 = 8E – 5 und X4 = 2.4E – 4

ein. Achten Sie dabei darauf, dass die Vorgaben bezüglich des Beobachtungsfensters von oben noch bestehen.

Die **Berechnung des bestimmten Integrals** erfolgt nun in folgender Weise:

Zunächst gehen Sie ins Menü, ergänzen unter Y2 den Term $-19{,}2\ X^{-1}$. Der Integrand ist damit die Differenz der beiden Funktionen Y1 und Y2 .

Löschen Sie Y1 sowie X3 und X4. Letztere sind die Integrationsgrenzen, die wir nunmehr beim Beobachtungsfenster berücksichtigen:

View Window

Xmin:	8E – 5
max:	2.4E – 4
scale:	1
Ymin:	0
max:	380000
scale:	1

F6 (DRAW) F5 (G-Solv) F6 (▷) F3 (∫dx).

Bestätigen Sie mit EXE die untere Grenze.

Verschieben Sie mit ▶ den Cursor bis zur oberen Grenze.
Mit EXE abschließen: $\int dx = 10.54668$ wird angezeigt als Maßzahl des Flächeninhalts.

Das ist die Maßzahl der in Joule gemessen Arbeit: $\underline{\underline{W_V = 10{,}5\ \text{J}}}$

14. Die Beschleunigung von Elektronen im elektrischen Feld kann beschrieben werden durch die Gleichung $\frac{1}{2} \cdot m_0 \cdot v^2 = e \cdot U$. Für die Geschwindigkeit nach dem Durchlaufen der Spannung U gilt dann $v(U) = \sqrt{\frac{2 \cdot e \cdot U}{m_0}}$. (1)

Diese Gleichung gilt nur für $v << c$.
Wird die relativistische Masseänderung berücksichtigt, gilt die Gleichung

$$v(U) = c \cdot \sqrt{1 - \frac{1}{\left(1 + \frac{e \cdot U}{m_0\, c^2}\right)^2}} . \qquad (2)$$

- Stellen Sie (1) und (2) mittels des GTR in einem Diagramm grafisch dar.
- Machen Sie deutlich, dass nur im Fall (1) die Lichtgeschwindigkeit überschritten würde.
- Berechnen Sie die prozentuale Abweichung zwischen den beiden sich jeweils ergebenden Geschwindigkeiten für die drei Spannungen U_1 = 1 kV, U_2 = 10 kV und U_3 = 250 kV. Ziehen Sie entsprechende Schlussfolgerungen.

15. Für die **Addition von Geschwindigkeiten** gilt das klassische Gesetz

$$u = v' + v \qquad (1)$$

Damit wäre jede beliebige Geschwindigkeit, auch größer als die Lichtgeschwindigkeit, erreichbar. In der speziellen Relativitätstheorie gilt deswegen das Additionstheorem für Geschwindigkeiten

$$u = \frac{v' + v}{1 + \frac{v' \cdot v}{c^2}} \qquad (2)$$

Diesen Sachverhalt sollen Sie grafisch veranschaulichen. Benutzen Sie dabei folgendes Beobachtungsfenster:

View Window	
Xmin:	0
max:	1
scale:	1
Ymin:	0
max:	600000
scale:	1

Für die außerdem geforderten Berechnungen belegen Sie Variable C des GTR mit dem Wert 300 000 (Lichtgeschwindigkeit gerundet in km/s): Im **RUN**-Modus 300 000 → C.

- Gehen Sie zunächst davon aus, dass sich die Geschwindigkeit v' zwischen 0 und c kontinuierlich ändert, während v die Lichtgeschwindigkeit ist. Nach der klassischen Auffassung entsprechend Gleichung (1) müsste sich dann stets eine Geschwindigkeit im Intervall $c \leq u \leq 2 \cdot c$ ergeben. Machen Sie dies im **GRAPH**-Modus deutlich, geben sie das im Display Dargestellte wieder und erläutern Sie es. Außerdem sollen Sie das Display, welches sich mit der Gleichung (2) ergibt, wiedergeben und erläutern.
- Nun soll sich auch die andere Geschwindigkeit zwischen 0 und der Lichtgeschwindigkeit ändern können: $0 \leq v \leq c$. Außerdem gelte stets $v' = v$. Ermitteln Sie, welcher Bruchteil der Lichtgeschwindigkeit jeweils erreicht wird, wenn Sie das Intervall [0; c] sechsmal gleichmäßig unterteilen.

Lösung

14. Im **RUN**-Modus belegen Sie:
    - die Variable E mit dem Zahlenwert für die Elementarladung, also mit 1.6022E – 19,
    - die Variable M mit dem Zahlenwert der Elektronenruhmasse, also mit 9.109E – 31, und
    - die Variable C mit dem Wert der Lichtgeschwindigkeit, also mit 2.99792E8.

    Wählen Sie im Hauptmenü Ihres GTR die **GRAPH**-Ikone und geben Sie die Funktionen (1) und (2) ein.

    $$Y1 = 0.001 \times \sqrt{\ }(2 \times E \times X \div M)$$

    $$Y2 = 0.001 \times C \times \sqrt{\ }(1 - 1 \div (1 + E \times X \div (M \times C^2))^2)$$

    Um als Einheit der Geschwindigkeit km/s zu erhalten, müssen Sie auch das Betrachtungsfenster entsprechend wählen:

View Window	
Xmin:	0
max:	500000
scale:	1
Ymin:	0
max:	350000
scale:	1

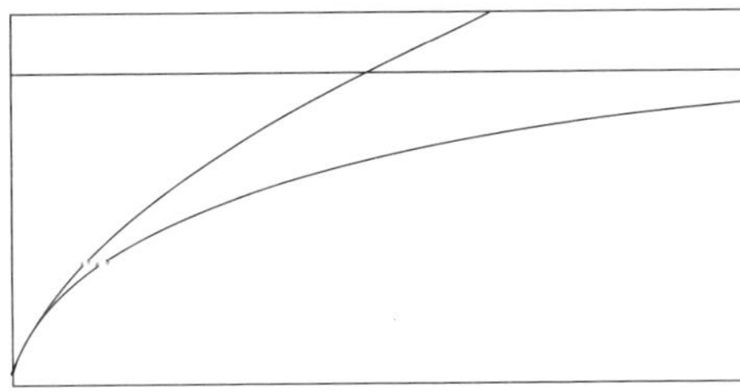

Sie finden bestätigt, dass mit zunehmender Spannung der Abstand zwischen den Graphen größer wird.

Geben Sie nun auch die Funktion Y3 = 300000 ein. Die entsprechende Gerade macht deutlich, dass nur die Gleichung (2) die Tatsache berücksichtigt, dass die Lichtgeschwindigkeit obere Grenzgeschwindigkeit ist.

Sie ermitteln nun den Schnittpunkt der Graphen von Y1 und Y3.

Tastenfolge:

[F5] (G-Solv) [F5] (ISCT); Y1 mit [EXE] bestätigen. Dann einmal Taste [▼] drücken, Y3 mit [EXE] bestätigen.

Die Spannung von 255839V würde die Lichtgeschwindigkeit ergeben.

Versuchen Sie den Schnittpunkt zwischen Y2 und Y3 zu ermitteln, dann ist die Meldung „Not Found" ein Hinweis darauf, dass die Lichtgeschwindigkeit tatsächlich auch mit einer noch so großen Spannung nicht erreicht werden kann.

Zur Berechnung der Abweichungen brauchen Sie für die drei gegebenen Spannungen genaue Geschwindigkeitsangaben. Diese erhalten Sie mit folgender Tastenfolge:

[F6] (DRAW) [F5] (G-Solv) [F6] (▷) [F1] (Y-CAL)

Bestätigen Sie mit [EXE], dass Sie die angezeigte Funktion Y1 benutzen wollen. Geben Sie für X den Wert 1000 ein, und Sie erhalten Y = 18755.904402.

Das ist die Maßzahl der in km/s angegeben Geschwindigkeit bei der Spannung 1000 V.

Das Verfahren wiederholen Sie nun mit den beiden anderen Maßzahlen der Spannung. Anschließend wiederholen Sie die ganze Prozedur für Y2.

In der Tabelle sind die Ergebnisse zusammengefasst:

U in V	v in km · s^{-1} gemäß (1)	v in km · s^{-1} gemäß (2)	Abweichung
1000	18756	18728	0,15 %
10000	59311	58457	1,5 %
250000	296557	222155	33 %

Die berechneten Abweichungen sind in der vierten Spalte eingetragen.

Beispielrechnung: $\frac{18756}{18728} \cdot 100\,\% = 100{,}1495\,\%$

Schlussfolgerung: Bis zu einer Spannung von etwa 10 kV kann mit Gleichung (1) gerechnet werden. Anders ausgedrückt: Gilt $v \ll c$, so ist die relativistische Masseänderung unerheblich.

15. Im **GRAPH**-Modus geben Sie ein:

$Y1 = CX$

$Y2 = C$

$Y3 = CX + C$

Dann erhalten Sie mit [F6] (DRAW) folgende Darstellung:

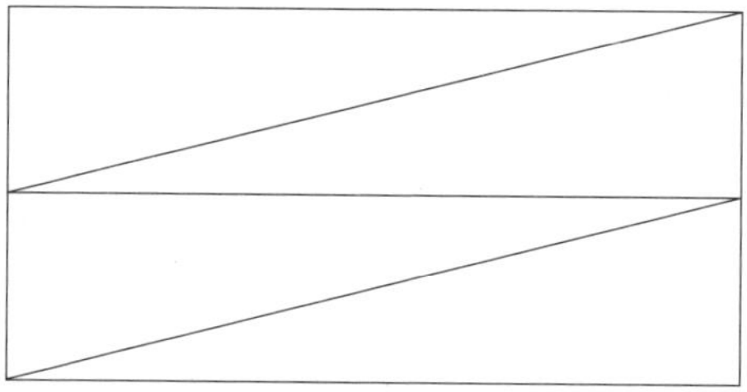

Zunächst wird die untere steigende Gerade dargestellt als Ausdruck der Geschwindigkeit $0 \leq v' \leq c$. Die anschließend gezeichnete horizontal verlaufende Gerade entspricht der Aussage $v = c$. Und die darauf folgende steigende Gerade spiegelt $c \leq u \leq 2 \cdot c$ wieder.

Gehen Sie mit [EXIT] zurück und ersetzen Sie Y3 durch

$$Y3 = (CX + C) \div (1 + CX \times C \div C^2)\,.$$

Statt der oberen steigenden Geraden wird nunmehr die horizontale Gerade zweimal wiedergegeben. Am besten löschen Sie Y2 – mittels [EXIT], dann durch [▲] bzw. [▼] Y2 erleuchten und dann [F2] (DEL) [F1] (YES) –, um sich davon zu überzeugen, dass Y3 tatsächlich stets den Wert der Lichtgeschwindigkeit ergibt.

Für den zweiten Teil der Aufgabe müssten Sie eigentlich auch für Y2 den Term CX eingeben. Aber unterlassen Sie es; denn diese Gerade würde dann zweimal wiedergegeben. Aber Y3 müssen Sie unbedingt abändern. Berücksichtigen Sie dabei die folgende Vereinfachung bezüglich der Gleichung (2):

$$u = \frac{cx + cx}{1 + \frac{cx \cdot cx}{c^2}} = \frac{2cx}{1 + \frac{c^2 \cdot x^2}{c^2}} = \frac{2cx}{1 + x^2} .$$

Also geben Sie ein: $Y3 = 2CX \div (1 + X^2)$.

[F6] (DRAW): Neben der gezeichneten steigenden Geraden wird eine darüberliegende gekrümmte Kurve wiedergegeben. Sie bringt zum Ausdruck, dass die Lichtgeschwindigkeit nicht überschritten wird, aber für X = 1, d. h. für $v' = c$ und für $v = c$, die Geschwindigkeit u auch tatsächlich den Wert c annimmt: [F5] (G-Solv) [F5] (ISCT) liefert zunächst X = 0 und Y = 0, aber nach [▶] auch die Aussage X = 1 und Y = 300 000.

Um nun für die folgenden Vorgaben für v' bzw. v auch zusätzlich die sich gemäß (1) und (2) ergebenden Geschwindigkeiten vergleichen zu können, sollten Sie für Y1 den Wert 2CX eingeben.

[F6] (DRAW) zeigt folgendes Bild:

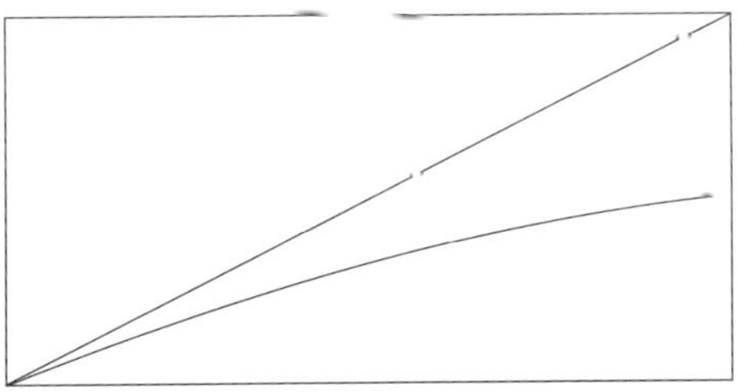

Für die weitere Lösung gibt es die Möglichkeit, zunächst im **GRAPH**-Modus zu bleiben und mittels [F1] (Trace) das Wertepaar (X = 0 ; Y = 0) zu erhalten. Nach wiederholtem Drücken von [▶] bis X = 0.16666666666 und betätigen von [▲] bzw. [▼] erhalten Sie Y = 1 000 000 für Y1 bzw. Y = 97297 (gerundet) für Y3. Und nun müssen Sie fortfahren mit wiederholtem Drücken von [▶] und dem Betätigen von [▲] bzw. [▼] . Die sich ergebenden Werte sind in der Tabelle zusammengefasst:

X	v' bzw. v	Y1	Y3
0	0	0	0
0.16666666666	50000 km/s = 1/6 c	100000 km/s = 1/3 c	97297 km/s = 0,3443 c
0.33333333333	100000 km/s = 1/3 c	200000 km/s = 2/3 c	180000 km/s = 0,6 c
0.5	150000 km/s = 1/2 c	300000 km/s = c	240000 km/s = 0,8 c
0.66666666666	200000 km/s = 2/3 c	400000 km/s = 4/3 c	276923 km/s = 0,9231 c
0.83333333333	250000 km/s = 5/6 c	500000 km/s = 5/3 c	295082 km/s = 0,9836 c
1	300000 km/s = c	600000 km/s = 2 c	300000 km/s = c

Die in der 2. und 3. Spalte angegebenen Bruchteile lassen sich ohne besondere Rechnung angeben, die in der 4. Spalte werden im **RUN**-Modus berechnet, beispielsweise

$$\frac{97297}{300000} = 0{,}3443 .$$

Damit ist die Aufgabe gelöst.

Alternativlösung 1: Im **LIST**-Modus geben Sie in List 1 die folgenden Werte für X ein:

0 1/6 2/6 3/6 4/6 5/6 6/6

Nach [MENU] wählen Sie den **RUN**-Modus und drücken

[ALPHA] [ln] (C) [×] [OPTN] [F1] [F1] (List) [1] [→] [F1] (List) [2]

Im Display steht dadurch:

C × List 1 →List 2

Nach [EXE] zeigt Ihnen „Done" an, dass die Resultate in Liste 2 stehen. Diese sollten Sie sich auch sicherheitshalber anschauen, indem Sie nach [MENU] den **LIST**-Modus wählen: Unter List 2 finden Sie die Werte der 2. Spalte obiger Tabelle.

Nun geht es im **RUN-**Modus weiter:

2 × C × List 1 →List 3 [EXE]

List 3 ÷ C→List 4 [EXE]

(2 × C × List 1)÷(1 + (List 1)²) →List 5 [EXE]

List 5 ÷ C →List 6 [EXE]

Vielleicht haben Sie zwischendurch ins **LIST**-Display geschaut. Das ist nämlich ratsam, wenn man sich noch unsicher fühlt im Umgang mit dem GTR.

Und so sieht das Display im **LIST**-Modus schließlich aus:

	List 1	List 2	List 3	List 4	List 5	List 6
1	0	0	0	0	0	0
2	0.1666	50000	100000	0.3333	97297	0.3243
3	0.3333	100000	200000	0.6666	180000	0.6
4	0.5	150000	300000	1	240000	0.8
5	0.6666	200000	400000	1.3333	276923	0.923
6	0.8333	250000	500000	1.6666	295082	0.9836
7	1	300000	600000	2	300000	1

Ein Vergleich mit der ersten Tabelle zeigt die Übereinstimmung. Natürlich müssten Sie die Werte der letzten Spalte als Bruchteile der Lichtgeschwindigkeit deklarieren, denn danach war ja schließlich gefragt.

Alternativlösung 2: Eigentlich sollten Sie ja nur die Bruchteile der Lichtgeschwindigkeit ermitteln, d. h. den Quotienten aus u und c:

$$\frac{u}{c}=\frac{\frac{cx+cx}{1+\frac{cx\cdot cx}{c^2}}}{c}=\frac{\frac{2cx}{1+\frac{c^2x^2}{c^2}}}{c}=\frac{\frac{2cx}{1+x^2}}{c}=\frac{2cx}{c\cdot(1+x^2)}=\frac{2x}{1+x^2}$$

Das heißt, Sie geben im **TABLE**-Modus die Funktion Y1 = 2X ÷ (1 + X²) ein.

[F5] (RANG): Start: 0

End: 1

pitch: 1/6

[EXE] [F6] (TABL),

und das **TABLE**-Display sieht dann so aus:

X	Y1
0	0
0.1666	0.3243
0.3333	0.6
0.5	0.8
0.6666	0.923
0.8333	0.9836
1	1

Die Werte der zweiten Spalte müssten natürlich wiederum erläutert werden.

Da auch die erste Spalte Bruchteile der Lichtgeschwindigkeit wiedergibt, kann man außerdem nebeneinander stehende Werte vergleichen: In der zweiten Zeile kann Y1 noch näherungsweise als das Doppelte von X gedeutet werden, von der dritten Zeile an aber in zunehmendem Maße nicht mehr, sodass das „Versagen“ der klassischen Addition erkennbar wird.

Leistungskurs Physik (Sachsen): Abiturprüfung 2001 (Ersttermin)
Aufgabe A : Mechanik/Elektrizitätslehre

1 Ein Wagen mit der Gesamtmasse 430 kg durchfährt eine Achterbahn, ein Ausschnitt aus dieser ist in der Abbildung dargestellt. Alle Punkte liegen in einer vertikalen Ebene. Für Höhen und Streckenlängen gelten folgende Angaben: $h_A = 0$ m, $h_B = 21{,}0$ m und $\overline{AB} = 34{,}0\,\text{m}$.

Reibungsverluste werden vernachlässigt. Der Wagen kann als Massepunkt aufgefasst werden.

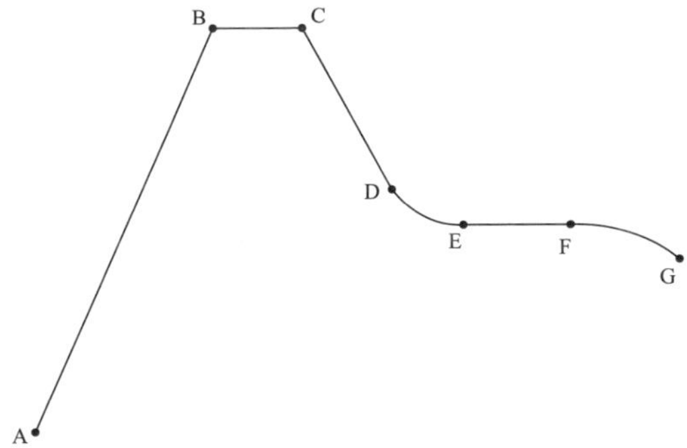

1.1 Im Punkt A erfasst der Zughaken eines Schrägaufzuges den ruhenden Wagen und beschleunigt ihn gleichmäßig in 2,50 s auf $1{,}30\ \text{m} \cdot \text{s}^{-1}$. Mit dieser Geschwindigkeit wird er bis zum Punkt B gezogen.
Berechnen Sie die maximale Zugkraft am Haken.
Die Zugvorrichtung besitzt einen Wirkungsgrad von 89,0 %. Berechnen Sie die vom Antriebsmotor im Abschnitt A-B aufgebrachte durchschnittliche Leistung. (6 BE)

1.2 Vom Punkt B aus rollt der Wagen horizontal zum Punkt C und beginnt dort seine Talfahrt. Beschreiben Sie für die Bewegungsabschnitte C-D; D-E; E-F und F-G jeweils qualitativ die Änderungen der Beträge von Bahngeschwindigkeit, Bahnbeschleunigung und senkrecht auf die Gleise wirkender Kraft. (6 BE)

2 Kondensator

2.1 Liegt zwischen A und B in der abgebildeten Schaltung die Gleichspannung 18,0 V an, so stellt sich eine Gesamtstromstärke von 500 mA ein.
Begründen Sie, dass die Anfangsstromstärke 500 mA übersteigt.
Berechnen Sie den Widerstand R_1 des ohmschen Bauelementes.

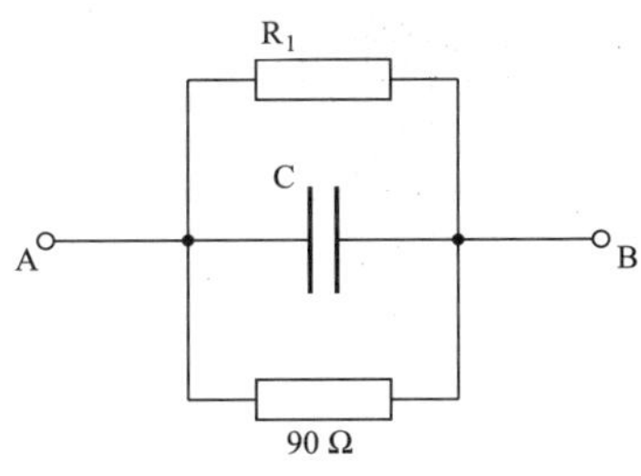

Ersetzt man die Gleichspannung durch die Wechselspannung 18,0 V (Frequenz 50,0 Hz), so beträgt die Gesamtstromstärke 545 mA.
Berechnen Sie die Kapazität C des Kondensators.
Zeichnen Sie ein maßstäbliches Zeigerdiagramm und geben Sie den Betrag der im Stromkreis auftretenden Phasenverschiebung zwischen U_{ges} und I_{ges} an.

Das ohmsche Bauelement R_1 wird nun durch eine Spule ersetzt, um die Phasenverschiebung zwischen der anliegenden Spannung und der Gesamtstromstärke aufzuheben. Berechnen Sie die Induktivität dieser Spule. Der ohmsche Widerstand der Spule darf vernachlässigt werden. (9 BE)

2.2 Ein Kondensator wird aufgeladen. Durch Betätigen eines Umschalters zum Zeitpunkt $t = 0$ wird der Kondensator über ein ohmsches Bauelement $R = 52{,}2\ \text{k}\Omega$ entladen und die Stromstärke zu verschiedenen Zeitpunkten gemessen. Zum Zeitpunkt $t = 0$ beträgt die Spannung am Kondensator 180 V. Es ergibt sich folgende Messreihe:

t in s	2,0	4,0	6,0	8,0	10	12	14	16	18	20
I in mA	2,2	1,4	0,86	0,54	0,34	0,22	0,14	0,086	0,054	0,034

Geben Sie die Stromstärke zum Zeitpunkt $t = 0$ an.

Ermitteln Sie die Gesamtladung des Kondensators und geben Sie dessen Kapazität an. (4 BE)

Lösung

1.1 Wegen $a = \frac{v}{t}$ berechnet man die Beschleunigung so: $a = \frac{1{,}3\ \text{m} \cdot \text{s}^{-1}}{2{,}5\ \text{s}} = 0{,}52\ \text{m} \cdot \text{s}^{-2}$. Dabei wird der Weg $s = \frac{1}{2} \cdot a \cdot t = \frac{1}{2} \cdot 0{,}52\ \text{m} \cdot (2{,}5\ \text{s})^2 = 1{,}625\ \text{m}$ zurückgelegt. Mithin erfolgt längs der Strecke (34 m – 1,625 m) = 33,375 m eine gleichförmige Bewegung mit der konstanten Geschwindigkeit $1{,}3\ \text{m} \cdot \text{s}^{-1}$. Daraus ergibt sich als Gesamtzeit für die Aufwärtsbewegung: $2{,}5\ \text{s} + \frac{33{,}375\ \text{m}}{1{,}3\ \text{m} \cdot \text{s}^{-1}} = 27{,}4\ \text{s}$.

Nun zur Berechnung der Kräfte:
Die Beschleunigungskraft beträgt
$F_B = m \cdot a = 430\ \text{kg} \cdot 0{,}52\ \text{m} \cdot \text{s}^{-2} = 223\ \text{N}$.
Die Hubkraft ist nicht gleich der Gewichtskraft, sie wird infolge der Schräge um den Sinus des Neigungswinkels verringert.
Die nebenstehende Skizze soll das verdeutlichen:

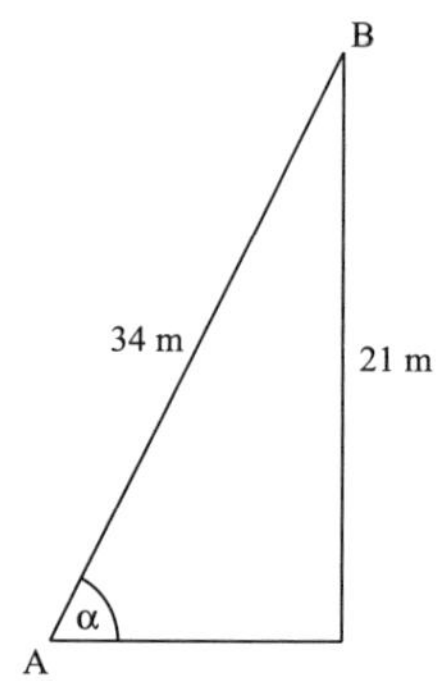

Statt $F_{\text{Hub}} = G$ gilt dann $F_{\text{Hub}} = G \cdot \sin\alpha = m \cdot g \cdot \sin\alpha = m \cdot g \cdot \frac{21}{34} = 2605\ \text{N}$.

Für die maximale Zugkraft ergibt sich:

$223\ \text{N} + 2605\ \text{N} = \underline{\underline{2{,}83\ \text{kN}}}$

Wegen $P = \frac{W}{t}$ müssen Sie unter Berücksichtigung des Wirkungsgrades die durchschnittliche Leistung so berechnen:

$$\overline{P} = \frac{W_B + W_{Hub}}{t \cdot \eta} = \frac{223\ \text{N} \cdot 1{,}625\ \text{m} + 2605\ \text{N} \cdot 34\ \text{m}}{27{,}4\ \text{s} \cdot 0{,}89} = \underline{\underline{3{,}65\ \text{kW}}}$$

1.2 Um jede geforderte Aussage zu erfassen, empfiehlt sich folgende Darstellung:

	Änderung des Betrages von		
	v	a	F
C-D	nimmt zu	konstant	konstant
D-E	nimmt zu	nimmt ab	nimmt zu
E-F	konstant	0	konstant
F-G	nimmt zu	nimmt zu	nimmt ab

2.1 Beim Einschalten fließt ein Ladestrom, sodass die Stromstärke kurzzeitig größer ist als 500 mA.

Der Gesamtwiderstand im Gleichstromkreis beträgt

$$R_G = \frac{U}{I} = \frac{18\ \text{V}}{0{,}5\ \text{A}} = 36\ \Omega \quad (\text{Speichern: } \boxed{\rightarrow}\ \text{R})$$

Wegen der Parallelschaltung der beiden Widerstände gilt

$$\frac{1}{R_G} = \frac{1}{R_1} + \frac{1}{R_2} \quad \text{bzw.} \quad \frac{1}{36\ \Omega} = \frac{1}{\text{R}_1} + \frac{1}{90\ \Omega} \Rightarrow \text{R}_1 = 60\ \Omega$$

Der Scheinwiderstand ergibt sich zu $\text{Z} = \frac{18\ \text{V}}{0{,}545\ \text{A}} = 33{,}0275\ \Omega$ (Speichern: $\boxed{\rightarrow}$ Z)

Für den Scheinwiderstand Z bei Parallelschaltung von R und X_C gilt:

$$\frac{1}{Z} = \sqrt{\frac{1}{R^2} + \frac{1}{{X_C}^2}} = \sqrt{\frac{1}{R^2} + (\omega \cdot C)^2} \quad \Rightarrow \quad \omega \cdot C = \sqrt{\frac{1}{Z^2} - \frac{1}{R^2}}$$

Mithin berechnen Sie: $C = \frac{\sqrt{\frac{1}{Z^2} - \frac{1}{R_2}}}{2 \cdot \pi \cdot 50\ \text{s}^{-1}} = \underline{\underline{38{,}3\ \mu\text{F}}}$ (Speichern: $\boxed{\rightarrow}$ C)

Das Zeigerdiagramm für die Parallelschaltung von ohmschem und kapazitivem Widerstand sieht folgendermaßen aus:

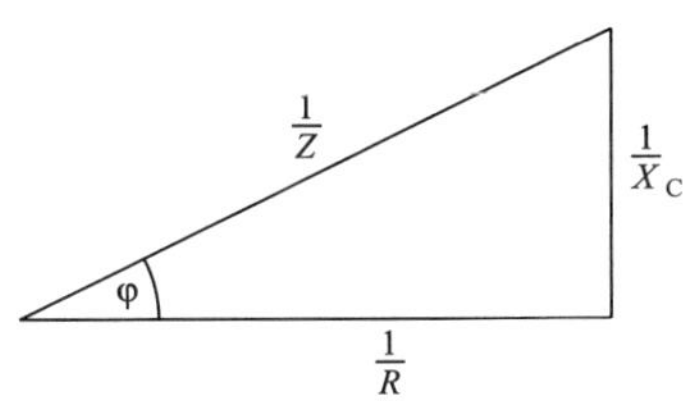

Berechnen Sie $\frac{1}{Z}$ und $\frac{1}{R_G}$, so ergeben sich die beiden Zahlenwerte 0,0303 und 0,0278.

Als Strecken verwenden Sie jeweils das 200-fache: 6,1 cm und 5,6 cm. Und nun konstruieren Sie mit Zirkel und Lineal ein rechtwinkliges Dreieck, von dem die Hypotenuse sowie eine Kathete gegeben sind und dessen spitzen Winkel Sie bestimmen wollen. Mit dem Winkelmesser ermitteln Sie den gesuchten Wert.
Die rechnerische Ermittlung, nämlich

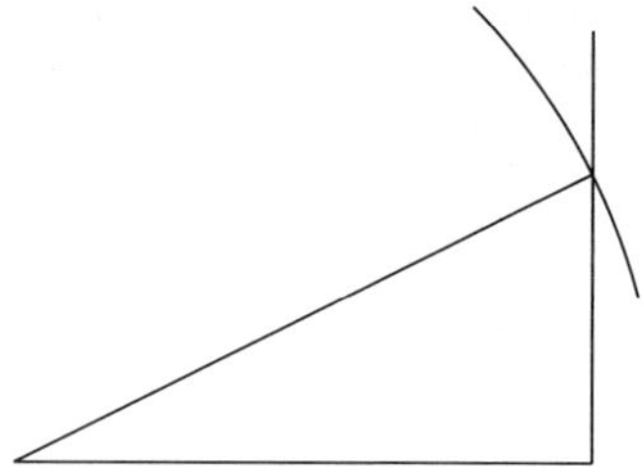

$$\arccos\frac{\frac{1}{R_G}}{\frac{1}{Z}} = \arccos\frac{33{,}0275\,\Omega}{36\,\Omega},$$ ergibt für

die Phasenverschiebung $\underline{\underline{\varphi = 23{,}4°}}$.

Aus $\omega \cdot L = \frac{1}{\omega \cdot C}$ folgt $L = \frac{1}{\omega^2 \cdot C} = \frac{1}{\left(2 \cdot \pi \cdot 50\,\mathrm{s}^{-1}\right)^2 \cdot C} = \underline{\underline{0{,}264\,\mathrm{H}}}$

2.2 Lösen Sie diese Aufgabe entsprechend der **Übungsaufgabe 5**: Im **STAT**-Modus erhalten Sie die Funktionsgleichung $y = 3{,}4844 \cdot 10^{-3} \cdot e^{-0{,}2312527}$.

Der Koeffizientenvergleich liefert das Resultat $\underline{\underline{C = 83\,\mu\mathrm{F}}}$.

Die ermittelte Funktionsgleichung beschreibt den Entladevorgang. Die Fläche unter dem Graphen entspricht der Ladung. Stellen Sie den Graphen im **GRAPH-**Modus dar. Wenn Sie den Cursor bis zur unteren Grenze X = 0 verschieben, können Sie die Anfangsstromstärke ablesen: $\underline{\underline{I_0 = 3{,}48\,\mathrm{mA}}}$.

Die Ermittlung des Flächeninhalts (zwischen 0 und 20) ergibt: $\int \mathrm{dx} = 0.01491979$. Das ist die Maßzahl der Ladung in Coulomb: $\underline{\underline{Q = 0{,}0149\,\mathrm{C}}}$.

Und schließlich (eigentlich nur zur Bestätigung) die Berechnung der Kapazität:

$$C = \frac{Q}{U} = \frac{0{,}0149\,\mathrm{As}}{180\,\mathrm{V}} = \underline{\underline{83\,\mu\mathrm{F}}}$$

1 Carnot'scher Kreisprozess
Skizzieren Sie das p-V-Diagramm des Carnot'schen Kreisprozesses und ordnen Sie die jeweiligen Zustandsänderungen zu. (3 BE)

2 Der in der Abbildung dargestellte Kreisprozess wird von Argongas im Uhrzeigersinn durchlaufen. Dabei gilt für den Zustand 1:
$p_1 = 100$ kPa,
$V_1 = 125$ l,
$T_1 = 300$ K.
Die Zustandsänderung vom Zustand 2 nach Zustand 3 verläuft isotherm.

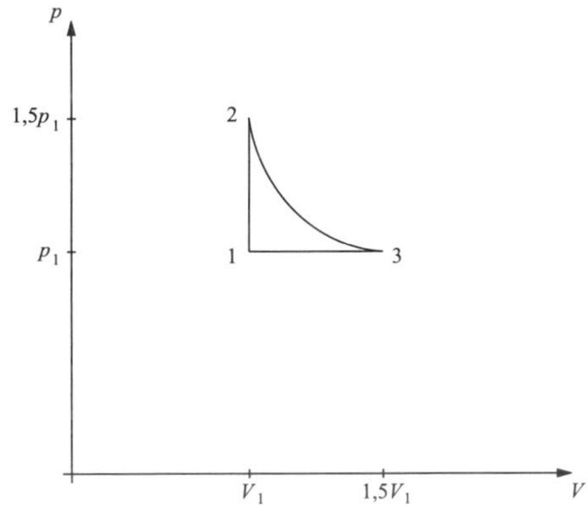

2.1 Berechnen Sie die Masse des eingeschlossenen Gases. (2 BE)

2.2 Geben Sie die Temperatur im Zustand 2 an. (1 BE)

2.3 Bestimmen Sie für die einzelnen Zustandsänderungen jeweils die übertragene Wärme, die Volumenarbeit und die Änderung der inneren Energie. (6 BE)

2.4 Ermitteln Sie den thermodynamischen Wirkungsgrad dieses Kreisprozesses. (2 BE)

3 Eine schwach gekrümmte plankonvexe optische Linse liegt auf einer planparallelen Glasplatte.

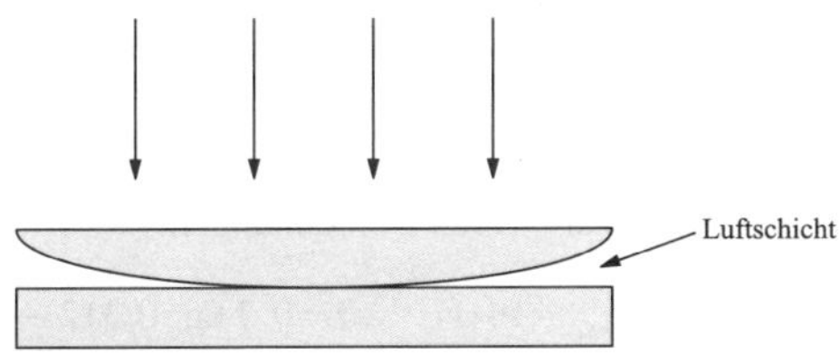

Auf die Anordnung fällt paralleles, einfarbiges Licht. Im reflektierten Licht beobachtet man unter gewissen Bedingungen helle und dunkle Ringe.
Erklären Sie deren Entstehung. (3BE)

4 Optische Aktivität von Stoffen
Beschreiben Sie ein Experiment, mit dem entschieden werden kann, ob eine Lösung optisch aktiv ist. (3 BE)

Lösung

1 Die Skizze des p-V-Diagramms:

$1 \rightarrow 2$: Isotherme Expansion
$2 \rightarrow 3$: Adiabatische Expansion
$3 \rightarrow 4$: Isotherme Kompression
$4 \rightarrow 1$: Adiabatische Kompression

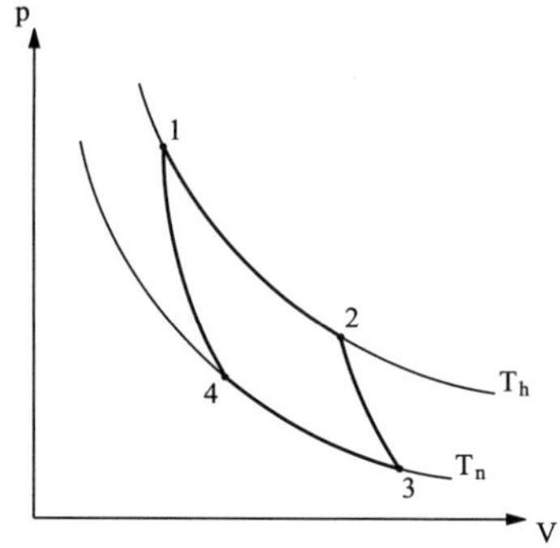

2.1 $$p \cdot V = m \cdot R \cdot T \quad \Rightarrow \quad m = \frac{p \cdot V}{R \cdot T} = \frac{10^5 \text{ Pa} \cdot 0{,}125 \text{ m}^3}{208 \text{ J} \cdot \text{kg}^{-1} \cdot \text{K}^{-1} \cdot 300 \text{ K}} = \underline{\underline{0{,}20 \text{ kg}}}$$

2.2 Für isochore Zustandsänderungen gilt:

$$\frac{p_1}{T_1} = \frac{p_2}{T_2} \quad \Rightarrow \quad T_2 = \frac{p_2 \cdot T_1}{p_1} = \frac{1{,}5 p_1 \cdot 300 \text{ K}}{p_1} = \underline{\underline{450 \text{ K}}}$$

2.3 Die Resultate sind in der Tabelle zusammengefasst:

	Q	W_V	ΔU
$1 \rightarrow 2$	9,36 kJ	0	9,36 kJ
$2 \rightarrow 3$	7,6 kJ	–7,6 kJ	0
$3 \rightarrow 1$	–15,6 kJ	6,25 kJ	–9,35 kJ

Hier die einzelnen Berechnungen:

$$Q_{1\rightarrow 2} = m \cdot c_V \cdot \Delta\vartheta = 0{,}2 \text{ kg} \cdot 0{,}312 \frac{\text{kJ}}{\text{kg} \cdot \text{K}} \cdot 150 \text{ K} = 9{,}36 \text{ kJ} = \Delta \text{U}$$

Letzteres folgt aus dem 1. Hauptsatz: $\Delta U = Q + W_V$; da bei isochorer Zustandsänderung keine Volumenarbeit verrichtet wird, ist die Änderung der inneren Energie gleich der Wärme.

Für die Volumenarbeit von Zustand 2 nach Zustand 3 (isotherme Zustandsänderung) benutzen Sie den GTR:

Im **STAT**-Modus geben Sie ein:

List 1	List 2
0.125	150000
0.1875	100000

0,1875 ist das 1,5-fache von 0,125, und – wegen der Produktgleichheit von p und V bei isothermen Zustandsänderungen – müssen die Volumina im umgekehrten Verhältnis zueinander stehen, also muss 150000 durch 1,5 dividiert werden.

Nun: [F6] (▷) [F2] (CALC) [F3] (REG) [F6] (▷) [F3] (Pwr)
(weil eine Potenzfunktion ermittelt werden soll).

Sie erhalten die Funktionsgleichung $y = 18750 \cdot x^{-1}$.
Das ist die gesuchte Funktionsgleichung für die Isotherme des Diagramms.

Kopieren Sie diese Funktion in den **GRAPH**-Modus.
Für eine vorteilhafte Berechnung des bestimmten Integrals berücksichtigen Sie die Integrationsgrenzen und initialisieren mit [SHIFT] und [F3] (V-WINDOW) folgende Einstellungen:

View Window	
Xmin:	0.125
max:	0.1875
scale:	1
Ymin:	0
max:	200000
scale:	1

[F6] (DRAW): Jetzt erhalten Sie im Display einen durchgehenden Kurvenzug, eine fallende Hyperbel.

[F5] (G-Solv) [F6] (▷) [F3] $\left(\int dx\right)$.

Bestätigen Sie mit [EXE] die untere Grenze X = 0,125.

Verschieben Sie mit [▸] den Cursor bis zur oberen Grenze X = 0,1875.

Mit [EXE] abschließen: $\int dx = 7602.47$

Das ist die Maßzahl der Volumenarbeit: $W_V = -\int p dV = -7,6\,\text{kJ}$. Und da sich gemäß dem 1. Hauptsatz die innere Energie nicht ändert, hat die Wärme den gleichen Betrag, aber ein entgegengesetztes Vorzeichen.

Von Zustand 3 nach Zustand 1 erfolgt die Zustandsänderung bei konstantem Druck. Daher gilt:

$$W_{3\to1} = p \cdot \Delta V = 10^5\ \text{Pa} \cdot (0{,}1875 - 0{,}125)\ \text{m}^3 = 6{,}25\ \text{kJ}$$

$$Q_{3\to1} = m \cdot c_\text{p} \cdot \Delta\vartheta = 0{,}2\ \text{kg} \cdot 0{,}52\ \frac{\text{kJ}}{\text{kg} \cdot \text{K}}(-150\ \text{K}) = -15{,}6\ \text{kJ}$$

Und wegen des 1. Hauptsatzes gilt: $\Delta U_{3\to1} = Q_{3\to1} + W_{3\to1} = -9{,}35\ \text{kJ}$

2.4 $\eta = \dfrac{|W_\text{nutz}|}{Q_\text{zu}} = \dfrac{7{,}6 - 6{,}25}{9{,}36 + 7{,}6} = \underline{\underline{0{,}08}}.$

3 Es handelt sich um Newton'sche Ringe. Sie entstehen durch Interferenz der Wellenzüge, die an der Unterseite der Linse bzw. an der Oberseite der planparallelen Platte reflektiert werden. Deren Gangunterschied ist abhängig von Abstand zwischen Linse und Platte, sodass bei gleichförmiger Krümmung die Bedingungen für Verstärkung bzw. Auslöschung vom Auflagepunkt (dem Mittelpunkt aller Kreise) jeweils den gleichen Abstand haben. Zu berücksichtigen ist noch der Phasensprung bei der Reflexion einer Welle am dichteren Medium. Dadurch beobachtet man in der Mitte des Ringsystems einen dunklen Fleck und um ihn als Mittelpunkt ein System konzentrischer Kreise.

4 Man braucht zwei Polarisatoren, die so angeordnet werden, dass sie kein Licht durchlassen (gekreuzte Polarisatoren, den zweiten bezeichnet man auch als Analysator). Bringt man eine Küvette mit der zu untersuchenden Lösung zwischen beide Polarisatoren, dann bewirkt eine optisch aktive Flüssigkeit eine Drehung der Polarisationsebene, sodass der Analysator Licht hindurchlässt.

Leistungskurs Physik (Sachsen): Abiturprüfung 2001 (Ersttermin)
Teil C 1: Elektrizitätslehre

Führen Sie Messungen und Berechnungen an einer Si-Diode durch.
Planen Sie das Experiment gemäß den folgenden Aufgabenstellungen und fordern Sie bei dem Aufsicht führenden Lehrer die erforderlichen Geräte und Hilfsmittel an. (1 BE)

1 Untersuchen Sie experimentell die Abhängigkeit der Stromstärke in Durchlassrichtung von der über der Diode anliegenden Spannung U_D. Verwenden Sie dabei den Ihnen übergebenen Vorwiderstand (Schutzwiderstand).
Fertigen Sie eine zugehörige Schaltskizze an. (4 BE)

2 Berechnen Sie jeweils den Widerstand R_D der Diode und zeichnen Sie das zugehörige R_D-U_D-Diagramm. (3 BE)

3 Führen Sie eine Fehlerbetrachtung durch (Beurteilen der Genauigkeit der Messwerte sowie der Ergebnisse). (1 BE)

4 (Diese Teilaufgabe ist nicht experimentell zu bearbeiten.)
Ein ohmsches Bauelement mit dem Widerstand $R = 1{,}0\ \text{k}\Omega$ wird parallel zur von Ihnen in Aufgabe 1 verwendeten Diode geschaltet. An zwei Stellen im Stromkreis wird die Stromstärke gemessen (siehe Abb.). Beide Messgeräte zeigen annähernd gleiche Messwerte.

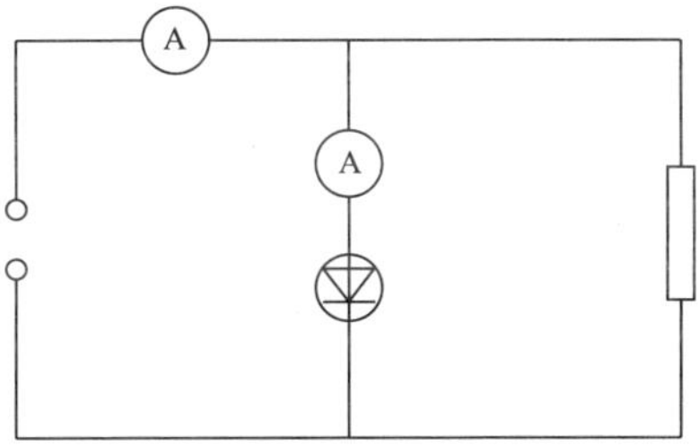

Entscheiden Sie:
- ob die Diode in Durchlass- oder in Sperrrichtung geschaltet wurde,
- ob die anliegende Spannung 0,2 V oder 0,8 V beträgt.

Begründen Sie jeweils. (4 BE)

5 Erläutern Sie die Sperrwirkung einer Halbleiterdiode. (2 BE)

Lösung

Bei diesem Experiment müssen Sie folgende Geräte und Hilfsmittel anfordern:

1 Gleichspannungsquelle
1 veränderlichen Widerstand
1 Spannungsmessgerät
1 Stromstärkemessgerät
1 ohmsches Bauelement
1 Diode
Verbindungsleiter
Steckbretter

1 Die Messungen in Durchlassrichtung erfolgen stets in spannungsrichtiger Schaltung. Eine Potentiometerschaltung ermöglicht das genaue Einstellen der Spannungswerte. Durch Umpolen der Diode bei kleinen Spannungen können Sie die Durchlassrichtung gefahrlos von der Sperrrichtung unterscheiden.

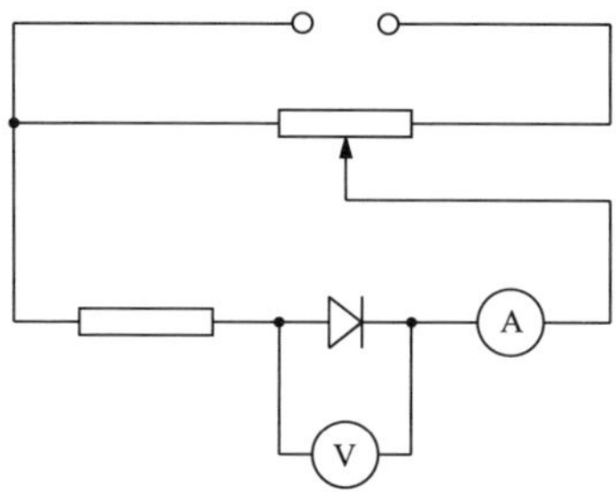

Messprotokoll (In der dritten Zeile sind schon die gemäß Aufgabe 2 berechneten Widerstände eingetragen):

U_D in V	0	0,1	0,2	0,3	0,4	0,5	0,6	0,7	0,8	0,9
I in mA	0	0	0,01	0,03	0,06	0,15	0,22	2,5	13	88
R_D in kΩ	–	–	20	10	6,7	3,3	2,7	0,28	0,06	0,01

2 R_D-U_D-Diagramm:

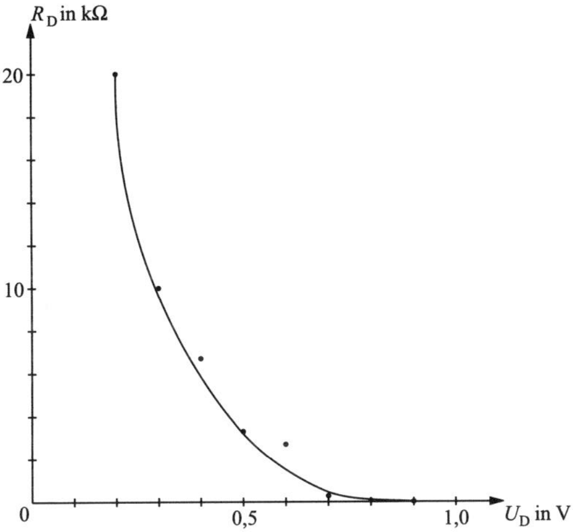

3 Weisen Sie auf systematische Fehler hin, nämlich die Ungenauigkeit der Messgeräte und den unvermeidlichen Fehler bei der Stromstärkemessung mittels der spannungsrichtigen Schaltung (Verfälschung der Stroms wegen des Stromflusses durch das Spannungsmessgerät).

4 Es liegt die Durchlassrichtung vor. Denn der durch die Diode fließende Strom wird durch den Strom durch das ohmsche Bauelement kaum erhöht. Also ist der Widerstand der Diode wesentlich kleiner als der des ohmschen Bauelementes (R = 1 kΩ). Bei 0,2 V beträgt der Widerstand der Diode etwa 20 kΩ, bei 0,8 V dagegen nur noch etwa 60 Ω. Also beträgt die Spannung 0,8 V.

5 Mit dem n-Bereich der Diode wird der positive Pol, mit dem p-Bereich des Minuspols verbunden. Infolge des elektrischen Feldes verarmt die Grenzschicht an Ladungsträgern, der Widerstand wird sehr groß. Informieren Sie sich anhand Ihrer Aufzeichung bzw. Ihres Lehrbuchs über weitere Details.

Führen Sie Messungen und Berechnungen an einem Schwimmkörper durch. Planen Sie die Experimente gemäß den folgenden Aufgabenstellungen. Ihnen wird die in der Skizze abgebildete Experimentieranordnung übergeben.

Der Schwimmkörper besteht aus einem Reagenzglas mit Millimeterpapierraster und mit Massestücken im unteren Teil.

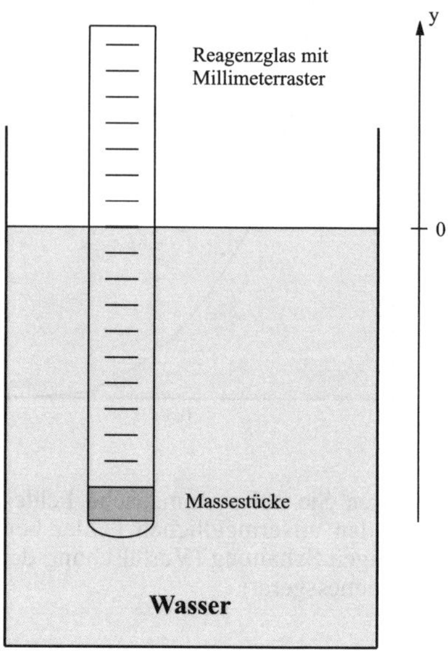

1 Lenken Sie den Schwimmkörper aus und lassen Sie ihn in senkrechter Richtung frei schwingen. Ermitteln Sie experimentell die Periodendauer der Schwingung. (3 BE)

2 Begründen Sie, dass bei jeder Auslenkung $y \neq 0$ eine zur Gleichgewichtslage rücktreibende Kraft auftritt. (2 BE)

3 Untersuchen Sie experimentell die Abhängigkeit der rücktreibenden Kraft F von der Auslenkung y. Geben Sie dazu nacheinander vier Massestücke zu je 1,0 g in das Reagenzglas. Die Gewichtskraft der zusätzlichen Massestücke entspricht der rücktreibenden Kraft F. Zeichnen Sie das F-y-Diagramm. (3 BE)

4 Begründen Sie unter Verwendung des Diagramms aus Teilaufgabe 3, dass diese Schwingung harmonisch ist. Das analoge Verhalten für $y > 0$ wird vorausgesetzt. Ermitteln Sie die Richtgröße D. (3 BE)

5 Skizzieren Sie das y-t-Diagramm der untersuchten Schwingung für zwei Perioden. Die Amplitude betrage 1,0 cm. Ermitteln Sie die maximale Geschwindigkeit des Schwingkörpers. (3 BE)

6 Führen Sie eine Fehlerbetrachtung durch (Beurteilen der Genauigkeit der Messwerte sowie der Ergebnisse). (1 BE)

Lösung

Bei diesem Experiment müssen Sie folgende Geräte und Hilfsmittel anfordern:

1 Stoppuhr
4 Massestücke zu je 1,0 g

1 Es ist nicht ganz unproblematisch, den Schwimmkörper zu mehreren Schwingungen zu veranlassen. Die Dämpfung ist beträchtlich, und schon nach wenigen Schwingungen beginnt der Schwimmkörper zu torkeln. Mit etwas Geschick kann man mittels einer Stoppuhr die Zeit für fünf Schwingungen ermitteln. Der Mittelwert mehrerer Messungen beträgt 4 Sekunden. Für die Periodendauer können Sie also in diesem Falle 0,8 s angeben.

2 Hebt man den Schwimmkörper an, so ist die Gewichtskraft (bzw. ein Bruchteil davon) die zur Gleichgewichtslage rücktreibende Kraft. Taucht man ihn ein, so tritt eine nach oben gerichtete Auftriebskraft auf.

3 **Messprotokoll:**

In der abgebildeten Experimentieranordnung wurde festgelegt, dass die Auslenkung nach oben positiv gezählt wird. Dementsprechend ist die beim Eintauchen wirkende Kraft (zur Gleichgewichtslage gerichtet) auch positiv zu zählen. Dieser Umstand findet dann bei der Berechnung im folgenden Aufgabenteil Berücksichtigung.

Zusatzmasse in g	1	2	3	4
Eintauchtiefe in mm	–3	–7	–12	–15

Diagramm:

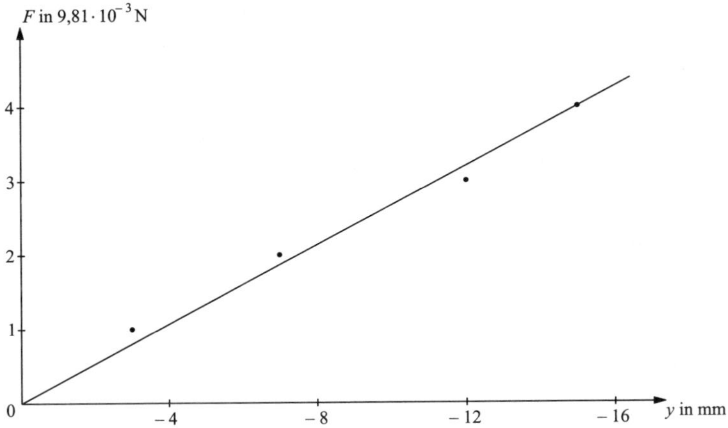

4 Die Kraft ist der Auslenkung proportional, denn der Graph ist nahezu eine Gerade. Das Kraftgesetz für harmonische Schwingungen lautet: $F = -D \cdot y$. Daraus ergibt sich

$$D = -\frac{F}{y} = -\frac{m \cdot g}{y} = -\frac{0{,}004\,\text{kg} \cdot 9{,}81\,\text{m} \cdot \text{s}^{-2}}{-0{,}015\,\text{m}} = \underline{\underline{2{,}6\,\text{N} \cdot \text{m}^{-1}}}$$

5 Sie sollen nur eine Skizze anfertigen; dazu genügen zwei Perioden einer Sinuskurve. Diese beginnt im Ursprung ($t = 0$), die weiteren Nullstellen erhalten die Kennzeichnung 0,4 s, 0,8 s, 1,2 s und 1,6 s (= $2T$). Auf der Ordinatenachse kennzeichnen Sie die Amplitude von 1 cm.

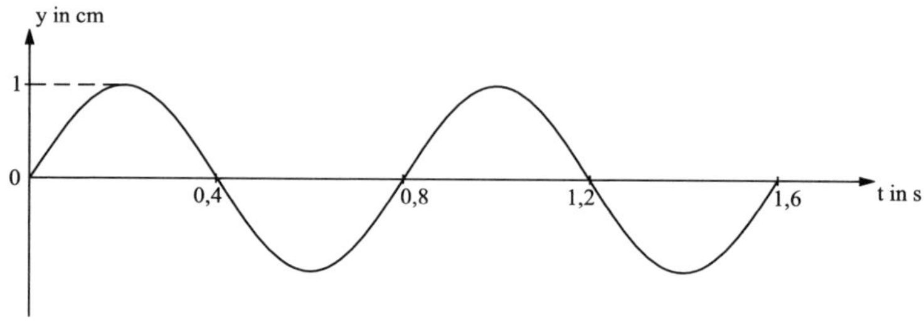

Damit haben Sie der Aufgabenstellung Genüge getan.

Aber der GTR hält noch andere Lösungsmöglichkeiten bereit.
So ist die Geschwindigkeit die erste Ableitung des Weges nach der Zeit. Das Weg-Zeit-Gesetz für eine harmonische Schwingung lautet: $y = y_{max} \cdot \sin \omega t$. Sie berechnen im **RUN**-Modus die Kreisfrequenz:

$$\omega = 2 \cdot \pi \cdot f = \frac{2 \cdot \pi}{T} = \frac{2 \cdot \pi}{0{,}8\,\text{s}} = 7{,}85\,\text{s}^{-1}\,.$$

Diesen Zahlenwert speichern Sie unter W (Speichern: [→] W). Jetzt stellen Sie die Kurve im **GRAPH**-Modus dar: Y1 = sin (WX). Stillschweigend wurde für die Amplitude die Maßzahl 1 festgelegt, also beträgt die Längeneinheit im Folgenden stets 1 cm (und nicht Meter). Damit Sie dann die Geschwindigkeit ablesen können, aktivieren Sie die 1. Ableitung:

[SHIFT] [MENU] (SET UP) Derivative: [F1] (On) [EXE].

Zur Darstellung berücksichtigen Sie auf der Abszissenachse die doppelte Periodendauer und auf der Ordinatenachse das jeweils Doppelte der Amplitude:

View Window	
Xmin:	0
max:	1.6
scale	0.2
Ymin:	–2
max:	2
scale:	1

Nun [F6] (DRAW), dadurch erhalten Sie das Diagramm, das Sie zeichnen sollten:

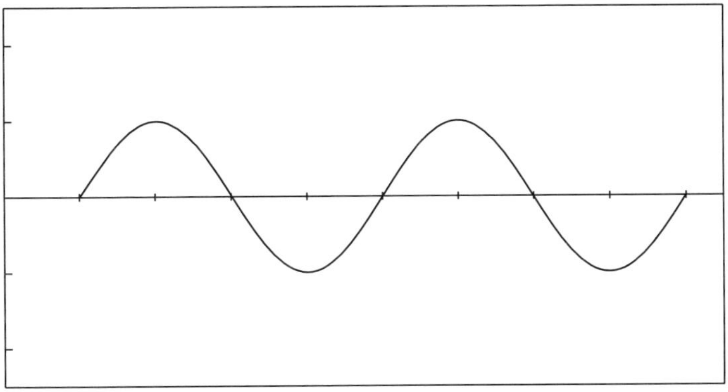

Nun [F1] (Trace): Neben X = 0 und Y = 0 wird dY/dX = 7.8539 angezeigt.
Das ist die Maßzahl der beim Nulldurchgang erreichten maximalen Geschwindigkeit:

$v_{max} \approx 8\ \text{cm} \cdot \text{s}^{-1}$

Wenn Sie nun noch zum **TABLE**-Modus wechseln, dann können Sie sich die Ordinaten für ausgewählte Abszissenwerte anzeigen lassen, falls Sie die Kurve punktweise zeichnen wollen (oder müssten):

[F5] (RANG): Start: 0
End: 1.6 (entspricht wieder der doppelten Periodendauer)
pitch: 0.05

[EXE] [F6] (TABL), und das **TABLE**-Display sieht dann so aus:

X	Y1	Y'1
0	0	7.8539
0.05	0.3826	7.2561
0.1	0.7071	5.5536
0.15	0.9238	3.0055
0.2	1	0
0.25	0.9238	–3.005
0.3	0.7071	–5.553
0.35	0.3826	–7.256
0.4	0	–7.853
.	.	.
.	.	.
.	.	.
1.2	0	–7.853
1.25	–0.382	–7.256
1.3	–0.707	–5.553
1.35	–0.923	–3.005
1.4	–1	0
1.45	–0.923	3.0055
1.5	–0.707	5.5536
1.55	–0.382	7.2561
1,6	0	7.8539

Da die 1. Ableitung aktiviert wurde, erhalten Sie in der 3. Spalte auch die jeweilige Geschwindigkeit angezeigt.

Drücken Sie nun die Taste EXE, dann erhalten Sie wiederum den Graphen, aber dieses Mal nur punktweise:

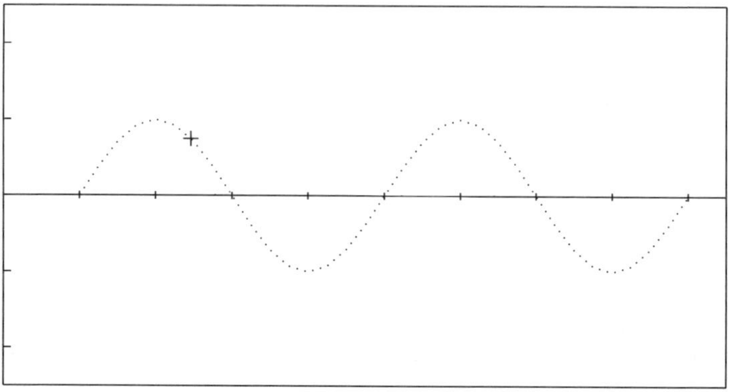

Drücken Sie nun F1 (Trace): Neben X = 0 und Y = 0 wird dY/dX = 7.8539 angezeigt. Das ist oben schon auf andere Weise geschehen. Es sollte aber Ihnen nur eine weitere Möglichkeit aufgezeigt werden; denn mittels der Taste ▶ können Sie nun schrittweise die Werte abrufen, die in der obigen Tabelle zusammengefasst wurden. Und der Cursor in der Form + verweist stets auf die entsprechende Position des Graphen.

Für die Ermittlung der maximalen Geschwindigkeit gibt es noch eine andere Möglichkeit: Aus dem Gesetz von der Erhaltung der Energie folgt:

$$\frac{1}{2} \cdot m \cdot v_{\max}{}^2 = \frac{1}{2} \cdot D \cdot y_{\max}{}^2.$$

Da Sie D ermittelt haben, müssten Sie noch die Masse m des Schwimmkörpers mit einer Waage ermitteln und könnten dann die maximale Geschwindigkeit berechnen:

$$v_{\max} = y_{\max} \cdot \sqrt{\frac{D}{m}}.$$

6 Die Ermittlung der Periodendauer bereitet offensichtlich die größte Schwierigkeit. Auch die Eintauchtiefe lässt sich nur jeweils auf etwa einen Millimeter genau angeben. Das bedeutet aber eine erhebliche Fehlerquelle. Deswegen sind alle weiteren Berechnungen mit einem großen Fehler behaftet. Vielleicht sollte man deswegen bei den rechnerisch ermittelten Werten stärker runden. Im Text wurden zur Verdeutlichung der im Display angezeigten Werte meist mehr Ziffern angegeben als eigentlich sinnvoll sind.

Leistungskurs Physik (Sachsen): Abiturprüfung 2001 (Nachtermin)
Aufgabe A 1: Mechanik / Elektrizitätslehre

1. Beim Zusammenstellen eines Zuges auf einem Güterbahnhof werden die Waggons auf einen Ablaufberg gezogen, den sie nach kurzem Anschieben durch die Rangierlok hinunterrollen.

1.1 Waggon 1 mit der Masse 15,4 t rollt den um 3,0° geneigten Ablaufberg hinab. Für die Bewegung dieses Waggons auf der 50 m langen Ablaufstrecke wurden folgende Messwerte aufgenommen.

t in s	0	2,5	4,1	5,5	6,7	7,7	8,6	10,3	11,9
s in m	0	5	10	15	20	25	30	40	50

Bestimmen Sie die Anfangs- und die Endgeschwindigkeit des Waggons. (4 BE)

Berechnen Sie die Reibungszahl für die Bewegung des Waggons. (2 BE)

1.2 Nachdem der Waggon 1 auf der anschließenden, geraden und horizontalen Strecke einen bestimmten Weg zurückgelegt hat, trifft er mit der Geschwindigkeit $5{,}3\ \mathrm{m \cdot s^{-1}}$ auf den stehenden ungebremsten Waggon 2 der Masse 18,6 t. Dabei rastet die automatische Kupplung sofort ein.
Berechnen Sie die gemeinsame Geschwindigkeit u der Waggons unmittelbar nach dem Ankuppeln. (2 BE)

1.3 Zeichnen Sie ein u-m_2-Diagramm für das Intervall $10{,}0\,\mathrm{t} \leq m_2 \leq 45{,}0\,\mathrm{t}$ (2 BE)

1.4 Berechnen Sie die Länge des Rollweges, den beide Waggons auf der horizontalen Strecke vom Moment des Einkuppelns an bis zum Stillstand zurücklegen. Für die Bewegung des Waggons soll die Reibungszahl $5{,}4 \cdot 10^{-3}$ angenommen werden. (3 BE)

2 Bewegte Ladungen in elektrischen und magnetischen Feldern
In einer Vakuumröhre werden freie Elektronen erzeugt, anschließend aus der Ruhelage durch die Spannung 800 V auf die Geschwindigkeit v_0 beschleunigt und zu einem Strahl gebündelt. Danach durchlaufen sie das elektrische Feld der Ablenkplatten ($d = 2{,}00$ cm; $p = 3{,}50$ cm) und bewegen sich zum Leuchtschirm.

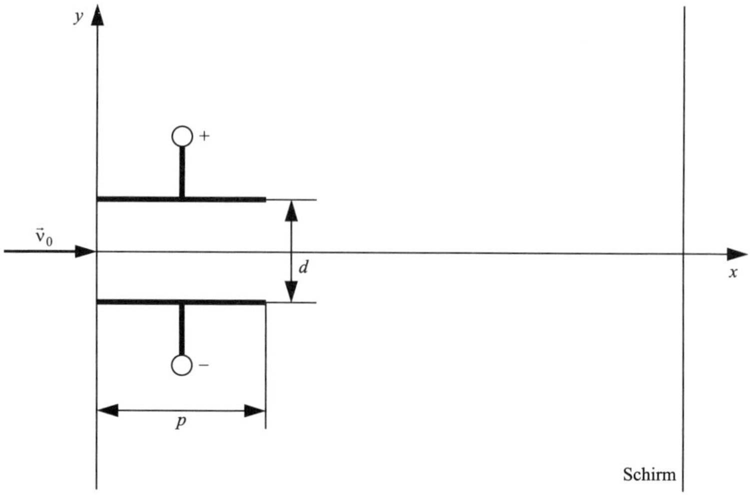

2.1 Beschreiben Sie die Bahn der Elektronen vom Ort des Eintritts in das Ablenkplattenpaar bis zum Schirm. Begründen Sie Ihre Aussagen. (3 BE)

2.2 Berechnen Sie den Betrag der Geschwindigkeit v_0. (2 BE)

2.3 Die Elektronen sollen die Platten nicht berühren. Berechnen Sie das mögliche Spannungsintervall an dem Ablenkplattenpaar. (3 BE)

2.4 Bei anliegender Ablenkspannung soll zwischen dem Ende der Ablenkplatten und dem Schirm ein homogenes Magnetfeld so wirken, dass die Elektronen den Schirm in der Mitte erreichen. Geben Sie die Feldrichtung an und nennen Sie die Bahnform vom Ende der Ablenkplatten bis zum Schirm. Begründen Sie Ihre Aussagen. (4 BE)

Lösung

1.1 **Vergleichen Sie hierzu die Übungsaufgabe 1**.

Wählen Sie im Hauptmenü Ihres GTR die **STAT**-Ikone und geben Sie in Liste 1 die Zahlenwerte für die Zeit und in Liste 2 die Zahlenwerte für den Weg ein. Sie führen dann nun eine quadratische Regression durch, denn es handelt sich ja um eine gleichmäßig beschleunigte Bewegung. Deswegen:

[F6] (▷), danach [F2] (CALC), anschließend [F3] (REG) und anschließend [F3] (X^2), weil eine quadratische Funktion ermittelt werden soll:

a = 0.23026543

b = 1.48832157

c = –0.0680564

Das sind die Koeffizienten der Funktionsgleichung $y = ax^2 + bx + c$. Und da für die gleichmäßig beschleunigte Bewegung das Weg-Zeit-Gesetz

$$s = \frac{1}{2} \cdot a \cdot t^2 + v_0 \cdot t + s_0$$

gilt, können Sie schon die Anfangsgeschwindigkeit angeben: $\underline{\underline{v_0 = 1{,}5\,\text{m} \cdot \text{s}^{-1}}}$

Nun wird die Funktion grafisch dargestellt:

[SHIFT] [EXIT] (QUIT) [F1] (GRPH) [F1] (GPH1) [F3] (X^2) [F5] (COPY) [EXE]

Im **GRAPH**-Menü finden Sie dann unter Y1 die Funktion

$Y1 = 0.23026543X^2 + 1.48832157X + -0.0680564$.

Bei der grafischen Darstellung berücksichtigen Sie das erste und das letzte Wertepaar der Tabelle:

View Window	
Xmin:	0
max:	11,9
Scale:	1
Ymin:	0
max:	50
scale:	10

Da die Geschwindigkeit die erste Ableitung des Weges nach der Zeit ist, aktivieren Sie die Angabe der Ableitung: [SHIFT] [MENU] (SET UP) Derivative : [F1] (On) [EXE].

Nun [F6] (DRAW): Sie erhalten das *s*-*t*-Diagramm.

[F1] (Trace): Neben X = 0 und Y = –0.0680564 (dieser letzte Wert ist nahezu null) wird dY/dX = 1.4883 angezeigt, gewissermaßen zur Bestätigung, dass zum Zeitpunkt null an der Stelle 0 m die Anfangsgeschwindigkeit 1,5 m/s beträgt.

Verschieben Sie nun den Cursor Sie durch wiederholtes Betätigen von [▶] bis X = 11.9:

dY/dX = 6.9686 lautet jetzt die Anzeige $\Rightarrow \underline{\underline{v_{end} = 7{,}0\,\text{m} \cdot \text{s}^{-1}}}$.

Bei der Berechnung der Reibungszahl gehen Sie von der Tatsache aus, dass die Reibungsarbeit während der Abwärtsbewegung gleich der Änderung der Energie ist, die während der Abwärtsbewegung zwischen Punkt A und Punkt B eintritt:

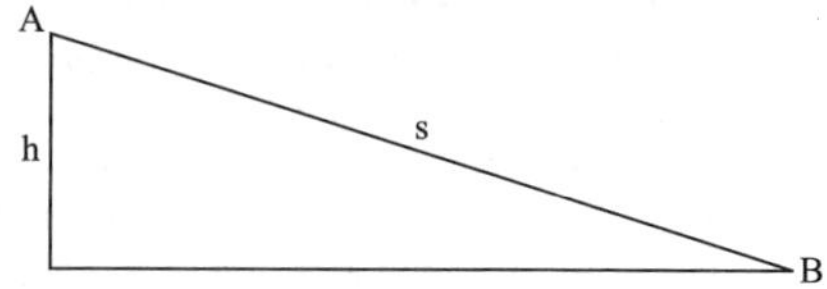

$$W_R = \Delta E$$

$$W_R = E_{pot,A} + E_{kin,A} - E_{kin,B}$$

$$\mu \cdot F_N \cdot s = m \cdot g \cdot h + \frac{1}{2} \cdot m \cdot v_0^2 - \frac{1}{2} \cdot m \cdot v_{end}^2$$

$$\mu \cdot m \cdot g \cdot \cos\alpha \cdot s = m \cdot g \cdot s \cdot \sin\alpha + \frac{1}{2} \cdot m \cdot v_0^2 - \frac{1}{2} \cdot m \cdot v_{end}^2$$

$$\mu = \frac{g \cdot s \cdot \sin\alpha + 0{,}5 \cdot v_0^2 - 0{,}5 \cdot v_{end}^2}{g \cdot \cos\alpha \cdot s}$$

$$\underline{\underline{\mu = 4{,}7 \cdot 10^{-3}}}$$

1.2 $u = \frac{m_1 \cdot v_1 + m_2 \cdot v_2}{m_1 + m_2} = \frac{15{,}4\,\text{t} \cdot 5{,}3\,\text{m} \cdot \text{s}^{-1} + 0}{15{,}4\,\text{t} + 18{,}6\,\text{t}} = \underline{\underline{2{,}4\,\text{m} \cdot \text{s}^{-1}}}$

1.3 Bevor Sie zeichnen, sollten Sie sich mithilfe des GTR eine Vorstellung von dem zu erwartenden Diagramm verschaffen: Im **GRAPH**-Modus geben Sie entsprechend dem Lösungsansatz unter 1.2 folgende Funktion ein:

$$Y1 = 15.4 \cdot 5.3 \div (15.4 + X)$$

Und Sie berücksichtigen auch das vorgegebene Intervall sowie die berechtigte Vermutung, dass die zu erwartende Geschwindigkeit kaum größer sein wird als 5 m/s:

View Window	
Xmin:	10
max:	45
Scale:	10
Ymin:	0
max:	5
scale:	1

Und so sieht dann das Diagramm aus, das Sie zeichnen sollen, natürlich mit korrekter Achsenbezeichnung und Angabe der Einheiten:

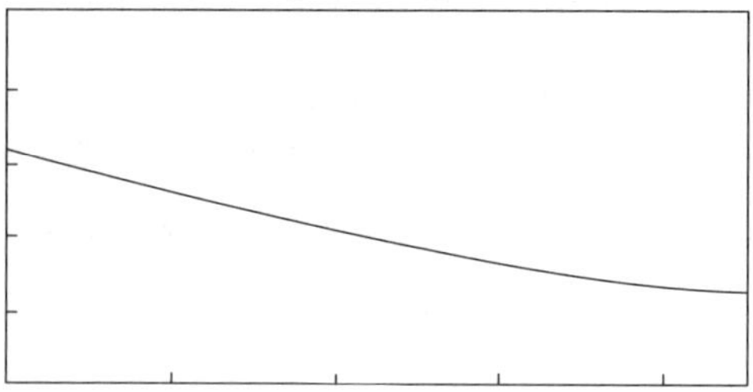

Zur Probe überprüfen Sie die Geschwindigkeit für die Masse 18,6 t:

[F5] (G-Solv) [F6] (▷) [F1] (Y-CAL). Nach der Eingabe von X = 18.6 wird Y = 2.4 angezeigt, und das war ja der Betrag der Geschwindigkeit, die unter 1.2 berechnet wurde.

Zum Zeichnen brauchen Sie natürlich geordnete Wertepaare, die Sie im **TABLE**-Modus erhalten. Dort steht unter Y1 die Funktion, die Sie im GRAPH-Modus eingegeben haben.

Drücken Sie [F5] (RANG) und geben Sie ein:

Start: 10
End: 45
pitch: 5

[EXE] [F6] (TABL), und das **TABLE**-Display sieht dann so aus:

X	Y1
10	3.2133
15	2.6848
20	2.3056
25	2.0202
30	1.7977
35	1.6194
40	1.4732
45	1.3513

Damit haben Sie mit einem Schlag eine ausreichende Zahl von Werten:

m_2 in t	10	15	20	25	30	35	40	45
u in m/s	3,2	2,7	2,3	2,0	1,8	1,6	1,5	1,4

1.4 Auch hier gilt wieder (vgl. 1.1): $W_R = \Delta E$

$$\mu \cdot (m_1 + m_2) \cdot g \cdot s_{roll} = \frac{1}{2} \cdot (m_1 + m_2) \cdot u^2$$

$$s_{roll} = \frac{u^2}{2 \cdot \mu \cdot g} = \underline{\underline{54 \text{ m}}}$$

2 **Vergleichen Sie hierzu Übungsaufgabe 6.**

2.1 Die Beschreibung der Elektronenbahn finden Sie bei der genannten Übungsaufgabe auf Seite Ü-13. Lediglich die Polarität der Platten ist vertauscht.

2.2 Aus $e \cdot U_{\text{beschl}} = \frac{1}{2} \cdot m_{\text{e}} \cdot v_0^2$ folgt $v_0 = \sqrt{\frac{2 \cdot e \cdot U_{\text{beschl}}}{m_{\text{e}}}} = \underline{\underline{1{,}68 \cdot 10^7 \text{ m} \cdot \text{s}^{-1}}}$. Sie könnten vorher im **RUN**-Modus die Variable E mit dem Zahlenwert für die Elementarladung, also mit 1.6022E − 19, und die Variable M mit dem Zahlenwert der Elektronenruhemasse, also mit 9.109E − 31, belegen.

2.3 Wie bei Übungsaufgabe 6 gilt die Gleichung $y = \frac{g}{2 \cdot v_0^2} \cdot x^2$. Das Minuszeichen entfällt, da die Elektronen nach oben abgelenkt werden. Die Fallbeschleunigung ist wiederum zu ersetzen durch $a = \frac{F}{m_{\text{e}}} = \frac{E \cdot e}{m_{\text{e}}} = \frac{U_{\text{ablenk}} \cdot e}{d \cdot m_{\text{e}}}$

Da die Elektronen die Platten (am rechten Ende) nicht berühren sollen, ersetzt man y durch 0,5 d und entsprechend auch x durch p. Für v_0^2 setzt man den Radikanden der Wurzel von 2.2 ein. Damit ergibt sich die Gleichung

$$0{,}5 \cdot d = \frac{U_{\text{ablenk}} \cdot e}{2 \cdot d \cdot m_{\text{e}} \cdot v_0^2} \cdot p^2 = \frac{U_{\text{ablenk}} \cdot e \cdot m_{\text{e}}}{2 \cdot d \cdot m_{\text{e}} \cdot 2 \cdot e \cdot U_{\text{beschl}}} \cdot p^2 = \frac{U_{\text{ablenk}}}{4 \cdot d \cdot U_{\text{beschl}}} \cdot p^2$$

Daraus folgt $U_{\text{ablenk}} = \frac{2 \cdot d^2 \cdot U_{\text{beschl}}}{p^2} = 522 \text{ V}$.

Somit können Sie das Intervall angeben: $\underline{\underline{0 \leq U \leq 522 \text{ V}}}$

2.4 Die Richtung der magnetischen Feldlinien muss orthogonal sein zur Bewegungsrichtung der Elektronen. In unserem konkreten Fall verlaufen die Feldlinien in die Bildebene hinein. Die Lorentzkraft bewirkt dann eine Ablenkung nach unten, die Elektronen beschreiben eine Kreisbahn, und bei einer bestimmten magnetischen Flussdichte erreichen die Elektronen genau die Mitte des Schirmes.

Leistungskurs Physik (Sachsen): Abiturprüfung 2001 (Nachtermin)
Aufgabe B 1: Kernphysik/Thermodynamik

1 Wilsons'sche Nebelkammer und Geiger-Müller-Zählrohr sind mögliche Nachweisgeräte für radioaktive Strahlung.

1.1 Skizzieren Sie den Aufbau und beschriften Sie die wesentlichen Bestandteile eines der beiden Nachweisgeräte. Erläutern Sie das Funktionsprinzip. (5 BE)

1.2 Erläutern Sie zwei Wechselwirkungen von radioaktiver Strahlung mit Materie. (4 BE)

1.3 Nennen Sie vier Regeln des Strahlenschutzes. (2 BE)

2 Bei einem radioaktiven Präparat wurde in Zeitabständen von 20 Minuten die Anzahl $N(t)$ der noch nicht zerfallenen Kerne bestimmt. Es ergaben sich folgende Werte:

t in min	20	40	60	80
$N(t)$	$4988 \cdot 10^{10}$	$4560 \cdot 10^{10}$	$4176 \cdot 10^{10}$	$3818 \cdot 10^{10}$

Geben Sie die Halbwertszeit der radioaktiven Substanz sowie die Anzahl der noch nicht zerfallenen Kerne zum Zeitpunkt 0 s an.

Geben Sie die Anzahl der Zerfälle an, die innerhalb einer Sekunde zum Zeitpunkt 24 h registriert werden. (3 BE)

3 Eine kugelförmige Gasblase steigt vom Grund eines Gewässers auf. In 30 m Tiefe betrug ihr Durchmesser 0,35 cm. Berechnen Sie den Durchmesser, den die Gasblase nahe der Oberfläche annimmt.
Temperaturunterschiede können vernachlässigt werden. (3 BE)

4 In einem geschlossenen Gefäß sind Stickstoff und Wasserstoff bei gleicher Temperatur und gleichem Druck zunächst durch eine undurchlässige Wand getrennt. Diese wird durch eine poröse Wand ersetzt.
Erläutern Sie mithilfe der kinetisch-statistischen Betrachtungsweise die Änderung des Druckes bis zum Erreichen des Endzustandes. (3 BE)

Lösung

1.1 Beide Geräte werden im Unterricht ausführlich behandelt, auch in Ihrem Lehrbuch finden Sie genügend Informationen.

1.2 Absorption von Alpha-, Beta- sowie Gammastrahlung sind wesentliche Wechselwirkungen. Die Wirkung auf Organismen beruht auf dem Ionisierungsvermögen. Der Umfang Ihrer Erläuterungen ergibt sich aus der im Unterricht behandelten Stofffülle. Entsprechend können Sie auch den Fotoeffekt, den Comptoneffekt oder die Paarbildung, verursacht durch Gammastrahlen, darstellen.

1.3 Sie brauchen nur aufzuzählen:
- Beachtung eines größtmöglichen Abstandes von der Strahlenquelle
- Möglichst dicke Abschirmungen (Bleiplatten)
- Möglichst geringe Zeitdauer der Strahleneinwirkung
- Verhinderung von Kontaminationen der verschiedensten Art

2 **Vergleichen Sie hierzu die Übungsaufgabe 10**.
Da Sie Angaben machen sollen für den Zeitpunkt 24 Stunden, sollten Sie statt der Minutenangaben in Liste 1 Bruchteile von Stunden eingeben, also statt der Zahl 20 den Wert 1/3 , für 40 Minuten 2/3 usw. Verfahren Sie ansonsten wie auf Seite Ü-24 angegeben, bis Sie im GRAPH-Modus unter Y1 die Funktion 5.4511E + 13 e(−0.2669681X) erhalten haben.
Initialisieren Sie:

View Window	
Xmin:	0
max:	24
Scale:	10
Ymin:	0
max:	6E13
scale:	1E13

[F6] (DRAW) : Sie erhalten im Display den Graph einer fallenden e-Funktion.

[F1] (Trace) : Sie erhalten die Lösung $\underline{\underline{N_0 = 5{,}45 \cdot 10^{13}}}$ (zum Zeitpunkt $t = 0$). Sie hätten diesen Wert auch bereits nach der Regression ablesen können, er entspricht nämlich dem Zahlenwert des Koeffizienten a.

Zur Ermittlung der Halbwertszeit verfahren Sie entweder wie auf Seite Ü-24, oder Sie drücken [F5] (G-Solv) [F6] (▷) [F2] (X-CAL). Nach der Eingabe von Y = 0.5x5.45E13 wird X = 2.5971230085 angezeigt. Das ergibt die Halbwertszeit: $\underline{\underline{T_{\frac{1}{2}} = 2{,}6 \text{ h}}}$

Für die weitere Rechnung brauchen Sie die Anzahl der nach 24 Stunden noch vorhandenen Kerne: [F5] (G-Solv) [F6] (▷) [F1] (Y-CAL) . Nach der Eingabe von X = 24 erhalten Sie die Zahl $8{,}992 \cdot 10^{10}$. Innerhalb einer Sekunde wird davon aber nur ein Bruchteil zerfallen, und dieser Bruchteil wird mit der Zerfallskonstanten ausgedrückt:

$$\lambda = \frac{\ln 2}{T_{\frac{1}{2}}} = \frac{\ln 2}{2{,}6 \cdot 3600\text{s}} = 7{,}4 \cdot 10^{-5}\,\text{s}^{-1} \text{ der}$$

Somit ergeben sich

$8{,}992 \cdot 10^{10} \cdot 7{,}4 \cdot 10^{-5} = 6{,}6 \cdot 10^{6}$ Zerfälle in der betreffenden Sekunde.

3 Bei isothermen Vorgängen ist das Produkt aus Druck und Volumen konstant. An der Oberfläche herrsche normaler Luftdruck:
760 Torr = 1 physikalische Atmosphäre = 1 atm.
In 30 Meter Tiefe beträgt der Schweredruck der Wassersäule etwa 3 atm, dazu kommt der Luftdruck, also insgesamt der vierfache Druck gegenüber der Oberfläche. Und für das Volumen der Kugel gilt $V = \frac{\pi}{6} \cdot d^3$. Damit ergibt sich:

$$p_{\text{oben}} \cdot V_{\text{oben}} = p_{\text{Grund}} \cdot V_{\text{Grund}}$$

$$p_{\text{oben}} \cdot \frac{\pi}{6} \cdot d_{\text{oben}}{}^3 = 4 \cdot p_{\text{oben}} \cdot \frac{\pi}{6} \cdot d_{\text{Grund}}{}^3$$

$$d_{\text{oben}} = d_{\text{Grund}} \cdot \sqrt[3]{4} = 0{,}35\,\text{cm} \cdot \sqrt[3]{4} = \underline{\underline{0{,}55\,\text{cm}}}$$

4 Die Diffusionsgeschwindigkeit ist umso größer, je geringer die Masse der Gasteilchen ist. Demzufolge diffundiert der Wasserstoff schneller durch die poröse Wand in die Kammer, die zunächst nur mit Stickstoff gefüllt ist, als der Stickstoff in die entgegengesetzte Richtung. Es kommt zum Druckanstieg in der „Stickstoffkammer". In dem Maße wie aber auch die Stickstoffatome in die „Wasserstoffkammer" diffundieren, kommt es allmählich zu einem Druckausgleich, bis schließlich der Druck wieder den ursprünglichen Wert annimmt.

Leistungskurs Physik (Sachsen): Abiturprüfung 2001 (Nachtermin)
Aufgabe C 1: Strahlenoptik

Führen Sie Messungen und Berechnungen an optischen Linsen durch.
Planen Sie die Experimente gemäß den folgenden Aufgabenstellungen und fordern Sie beim Aufsicht führenden Lehrer die erforderlichen Geräte und Hilfsmittel an.

1 Die Brennweite einer Konvexlinse soll unter Verwendung der BESSEL'schen Methode bestimmt werden. Diese Methode beruht darauf, dass es bei ein und derselben Entfernung zwischen Gegenstand und Schirm zwei mögliche Standorte der Linse für eine scharfe reelle Abbildung gibt.

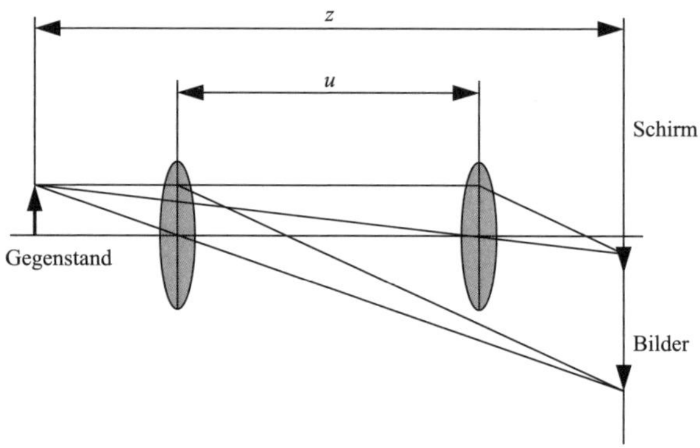

Für die Berechnung der Brennweite gilt: $f = \frac{z^2 - u^2}{4 \cdot z}$

z ... Abstand Gegenstandsebene – Bildebene
u ... Abstand der beiden Linsenstandorte

Ermitteln Sie mit dieser Methode die Brennweite der vorgegebenen Linse. (4 BE)

2 Ermitteln Sie die Brennweite einer weiteren Konvexlinse, indem Sie experimentell für mindestens acht verschiedene Gegenstandsweiten jeweils die Bildweite bestimmen. Erfragen Sie dazu beim Aufsicht führenden Lehrer das einzuhaltende Intervall für die Gegenstandsweiten. Berechnen Sie unter Verwendung der Abbildungsgleichung die Brennweite der Linse. (3 BE)

3 Stellen Sie die Abhängigkeit der Bildweite von der Gegenstandsweite grafisch dar. Zeichnen Sie die beiden achsenparallelen Asymptoten ein und interpretieren Sie den Verlauf des Graphen. (4 BE)

4 Führen Sie eine Fehlerbetrachtung durch (Beurteilen der Genauigkeit der Messwerte sowie der Ergebnisse). (1 BE)

5 Beschreiben Sie den prinzipiellen Aufbau und erläutern Sie die Wirkungsweise eines Mikroskops oder eines Fernrohrs. (3 BE)

Lösung

1 Sie müssen für den Abstand z wenigstens die vierfache Brennweite wählen. Da Sie diese noch nicht kennen, fordern Sie gleich zwei Stativstäbe an, die Sie als optische Bank verwenden. Außerdem benötigen Sie:

- 1 Stromversorgungsgerät
- 1 Optikleuchte mit Zubehör
- mehrere Reiter für die optische Bank sowie einen Bildschirm
- 1 zu beleuchtenden Gegenstand („L“ als Dia)
- 2 Sammellinsen unterschiedlicher Brennweite
- 1 Messstab

Bringen Sie den Schirm in etwa 80 cm Entfernung vom Gegenstand an. Verschieben Sie die Linse von der Mitte aus auf den Gegenstand zu. Dann erscheint bei einer bestimmten Position der Linse auf dem Schirm ein reelles Bild. Es ist gegenüber dem Gegenstand vergrößert, möglicherweise sehen Sie nur einen Teil des Gegenstands. Legen Sie den Nullpunkt des Messstabs an die Position der Linse. Verschieben Sie nun die Linse in Richtung Schirm, bis wiederum ein reelles Bild entsteht, dieses Mal verkleinert. Bequem können Sie u ablesen und die Brennweite berechnen.

Bsp.: $z = 85$ cm

$u = 62{,}5$ cm

Die Berechnung ergibt dann $\underline{\underline{f = 9{,}8\text{ cm}}}$. Was Sie zur Abiturprüfung natürlich nicht wissen: Die Brennweite der verwendeten Linse betrug 10 cm.

2 Falls Sie eine gebräuchliche 5 cm-Linse verwenden, dann wäre Ihnen (gemäß Prüfungsanweisung) das Intervall $6\text{ cm} \le s \le 30\text{ cm}$ vorgegeben worden. Danach legen Sie die Gegenstandsweiten im Abstand von 3 cm fest, die in der ersten Zeile eingetragen sind:

s in cm	6	9	12	15	18	21	24	27	30
s' in m	27	11	8,3	7,0	6,8	6,5	6,2	6,1	5,9

Die gemessenen Bildweiten stehen in der zweiten Zeile.

Und nun verfahren Sie wie bei **Übungsaufgabe 7**, die Auswertung finden Sie auf Seite Ü-18.

Nachdem Sie im **LIST**-Modus die Tabellenwerte eingegeben haben, geht es im **RUN**-Modus weiter:

(1÷ [OPTN] [F1] [F1] LIST 1 + 1 ÷ [F1] LIST 2) ∧ −1 → [F1] LIST 3 [EXE] DONE

In Liste 3 stehen jetzt neun Einzelergebnisse, die Sie sich aber gar nicht erst anschauen müssen, sondern sogleich zur Mittelwertbildung heranziehen:

[F6] (▷) [F3] (Mean) Mean ([OPTN] [LIST] [List] List 3) [EXE] 4.91896529.

Damit beträgt die ermittelte Brennweite $\underline{\underline{\overline{f} = 4{,}9\text{ cm}}}$. Das bedeutet nur eine Abweichung von weniger als 2 % vom vorgegebenen Wert für die Brennweite.

3

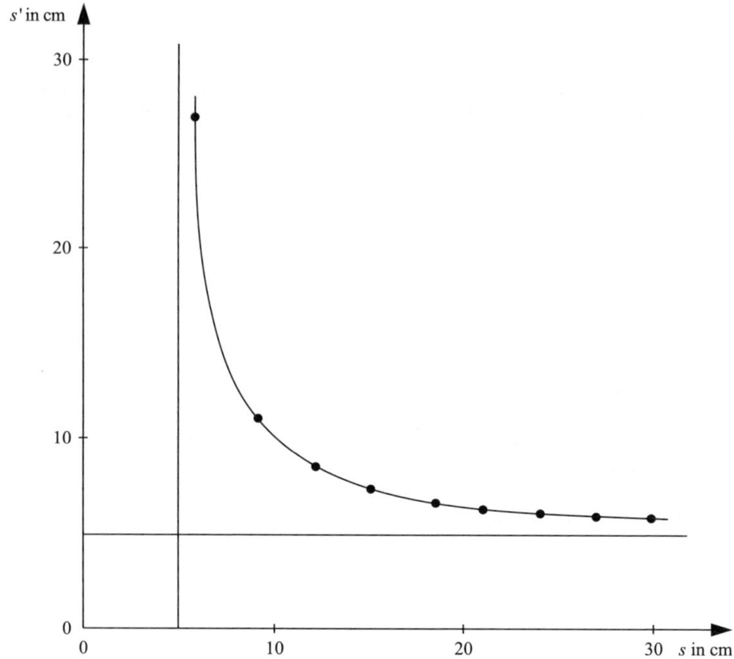

Vergrößert man die Gegenstandsweite *s*, dann nimmt die Bildweite *s*' ab und das Bild rückt immer näher an den Brennpunkt heran. Diesen Umstand bringt der immer flacher verlaufende Kurventeil zum Ausdruck. Damit ergibt sich die zur Abszissenachse parallele Asymptote: Für immer größer werdende Gegenstandsweiten („Verhalten im Unendlichen"!). strebt die Bildweite dem Wert 5 cm zu. Damit heißt die Gleichung dieser Asymptote: $s' = 5$ cm.

Die andere Asymptote verläuft parallel zur Ordinatenachse im Abstand 5 cm von dieser. Physikalisch bedeutet dies, dass bei Verringerung der Gegenstandsweite die Bildweite immer größer wird. Schließlich strebt die Bildweite *s*' gegen unendlich. Und für $s = 5$ cm ergibt sich kein Bild mehr („Polstelle $s_p = 5$ cm). Die Gleichung dieser Asymptoten lautet also $s = 5$ cm.

Zusatz: Der GTR erlaubt es, mit den Listenwerten eine grafische Veranschaulichung vorzunehmen. Im **STAT**-Modus drücken Sie [F1] (GRPH) [F6] (SET) und aktivieren zunächst unter „Mark Type" mit [F1] die Darstellung kleiner Quadrate (▫) [EXE]; [F1] (GPH1) :

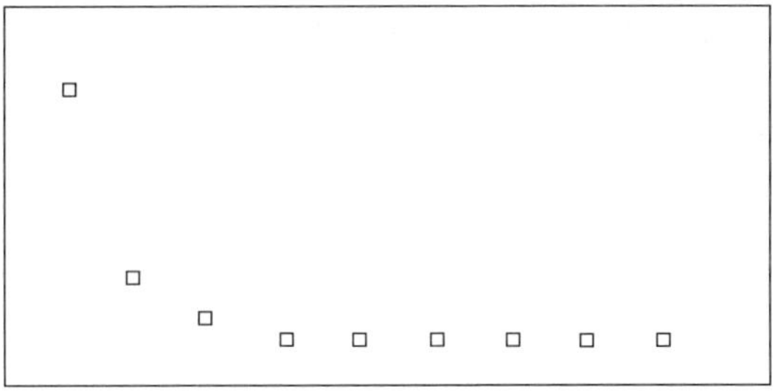

Vergleichen Sie dies mit dem oben gezeichneten Diagramm!

Um eine Funktionsgleichung zu ermitteln, müssen Sie bedenken, dass dem Sachverhalt eine gebrochen rationale Funktion zugrunde liegt, nämlich $s' = \frac{f \cdot s}{s - f}$. Eine solche wird aber zur Regression nicht angeboten. Sie können verschiedene Funktionen ausprobieren, werden dabei feststellen, dass im angegebenen Intervall eine ganze rationale Funktion 4. Grades am besten geeignet ist. Drücken Sie deswegen [F5] (X ∧ 4), anschließend [F6] (DRAW), und Sie sehen, wie sich der Graph um die einzelnen Punkte herumschlängelt:

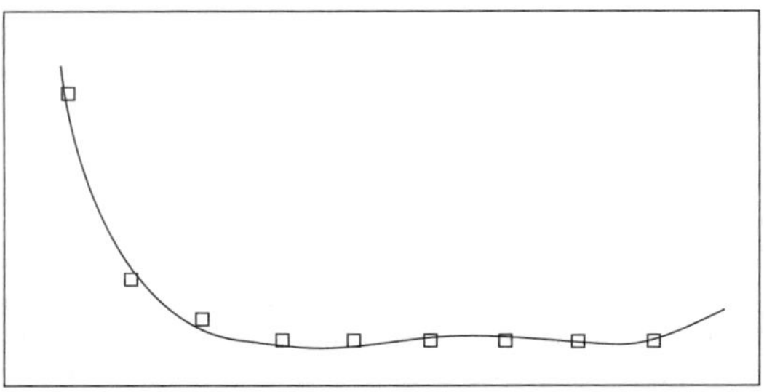

Nun abermals [F5] (X ∧ 4), anschließend [F5] (COPY) und [EXE], und Sie finden im **GRAPH**-Menü unter Y1 die gesuchte Funktion 4. Grades. Geben Sie zusätzlich Y2 = X ein. Nun können Sie nämlich mittels des Schnittpunktes (ISCT) beider Funktionen diejenigen Werte für s und s' ermitteln, die bei gleichem Betrag ein reelles Bild ergeben. Sie erhalten (gerundet): X = Y = 10. Das ist gerade das Doppelte von 5 cm; also bestätigt sich die Brennweite, die Sie ermittelt haben.

Sie könnten – natürlich nicht im Rahmen der Abiturprüfung – den Graphen der Funktionsgleichung $s' = \frac{f \cdot s}{s - f}$ darstellen:

Im **GRAPH**-Modus geben Sie die Gleichung $Y1 = 5X \div (X - 5)$ ein sowie die beiden Asymptotengleichungen $Y2 = 5$ und $X3 = 5$ ein.

Für das Betrachtungsfenster wählen Sie folgende Einstellungen:

View Window	
Xmin:	–10
max:	35
Scale:	5
Ymin:	–8
max:	15
scale:	5

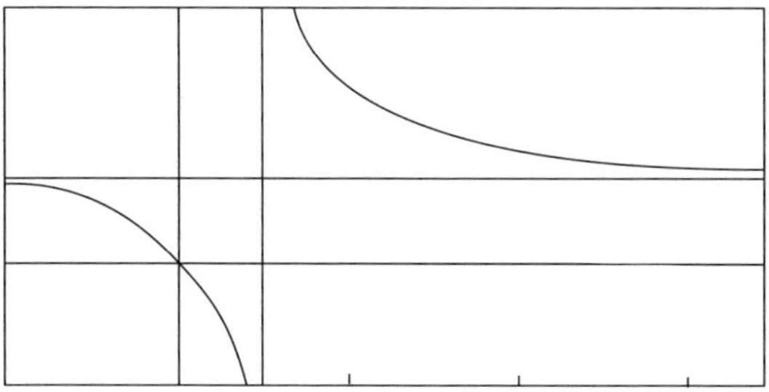

Im Intervall $0 < s < f$ ist die Bildweite negativ, das bedeutet, dass das Bild auf der gleichen Seite entsteht wie der Gegenstand (und das Bild ist virtuell und vergrößert). Da für s ein negativer Wert nicht infrage kommt, hat der Graph im 2. Quadranten physikalisch keine Bedeutung.

4 Bei der Beurteilung der Bildschärfe entstehen zufällige Fehler, die sich auf die Messung von u (Aufgabe 1) bzw. auf s und s' (Aufgabe 2) auswirken. Diese Fehler liegen auf alle Fälle im Millimeterbereich. Dagegen entsteht bei der Festlegung von z (Aufgabe 1) kaum ein Messfehler. Überhaupt ist die Methode nach Bessel gegenüber der anderen vorzuziehen, insbesondere bei dickeren Linsen oder gar Linsensystemen. Denn in diesen Fällen kann man nicht ohne weiteres angeben, wo s aufhört und wo s' beginnt.

5 Ich verweise Sie wiederum auf Ihre Aufzeichnungen bzw. geeignete Lehrbücher.

Leistungskurs Physik (Sachsen): Abiturprüfung 2001 (Nachtermin)
Aufgabe C 2: Elektrizitätslehre

Führen Sie Spannungs- und Stromstärkemessungen an einer Spule und an ohmschen Bauelementen durch.
Planen Sie die Experimente gemäß den folgenden Aufgabenstellungen und fordern Sie beim Aufsicht führenden Lehrer die erforderlichen Geräte und Hilfsmittel an.

1.1 Ermitteln Sie den induktiven Widerstand einer Spule mit geschlossenem Eisenkern bei der Frequenz 50 Hz. (5 BE)

1.2 Führen Sie eine Fehlerbetrachtung durch (Beurteilen der Genauigkeit der Messwerte sowie der Ergebnisse). (1 BE)

2 Zeichnen Sie ein zugehöriges Zeigerdiagramm. (2 BE)

3 Die Spule mit geschlossenem Eisenkern wird nun nacheinander mit fünf ohmschen Bauelementen in Reihe geschaltet. Verwenden Sie dazu die Ihnen übergebenen Bauelemente, deren Widerstand Ihnen mitgeteilt wird. Ermitteln Sie jeweils experimentell den Wechselstromwiderstand (Scheinwiderstand) Z der Anordnung. (3 BE)

4 R sei der jeweilige ohmsche Gesamtwiderstand der Reihenschaltung aus Teilaufgabe 3. Stellen Sie die Abhängigkeit des Quotienten $\frac{R}{Z}$ von R unter Verwendung der Ergebnisse aus den Teilaufgaben 1 und 3 grafisch dar. Begründen Sie den Verlauf des Graphen. (4 BE)

Lösung

Bei diesem Experiment müssen Sie folgende Geräte und Hilfsmittel anfordern:
- 1 Gleichspannungsquelle
- 1 Wechselpannungsquelle
- 1 Stromstärkemessgerät
- 1 Spannungsmessgerät
- 1 Spule mit Eisenkern (1000 Windungen, U-Kern)
- 5 ohmsche Bauelemente
- mehrere Verbindungsleitungen
- mehrere Steckbretter

1.1 Ermittlung des ohmschen Widerstandes: $U = 7{,}9\ \text{V}$
$I = 0{,}56\ \text{A} \Rightarrow R = 14\ \Omega$

Ermittlung des Wechelstromwiderstandes: $U = 8{,}5\ \text{V}$
$I = 0{,}18\ \text{A} \Rightarrow Z = 47\ \Omega$

Berechnung des induktiven Widerstandes: $X_L = \sqrt{Z^2 - R^2} = \underline{\underline{45\ \Omega}}$

1.2 Verweisen Sie auf systematische Fehler (Genauigkeit der Messgeräte, Verfälschung der Stromstärke bei spannungsrichtiger Schaltung) und zufällige Fehler beim Ablesen der Messwerte.

2 Rechnerische Überprüfung:

$$\tan\varphi = \frac{X_L}{R} = \frac{45}{14}$$

$$\varphi = 73°$$

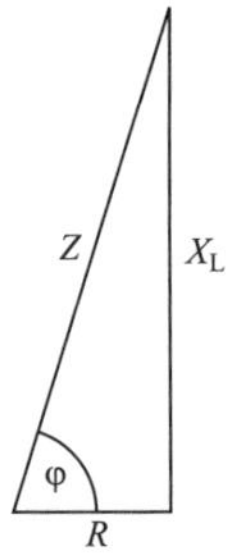

3

Mitgeteilter Widerstand in Ω	Gesamtwiderstand R in Ω	Gemessene Spannung U in V	Gemessene Stromstärke I in A	Berechneter Scheinwiderstand Z in Ω	$\frac{R}{Z}$
4	18	8,3	0,18	46	0,39
20	34	8,4	0,16	53	0,64
50	64	8,4	0,12	70	0,91
100	114	8,1	0,068	119	0,96
200	214	8,3	0,038	218	0,98

4

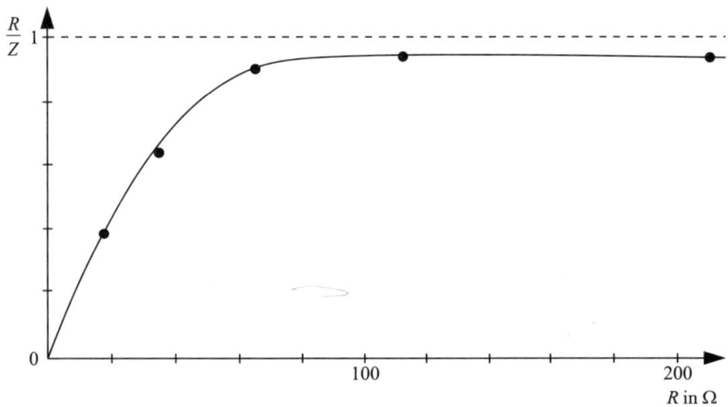

Begründung: Offensichtlich gilt: $\lim\limits_{R\to\infty} \frac{R}{Z} = \lim\limits_{R\to\infty} \frac{R}{\sqrt{R^2 + X_L^2}} = 1$

Leistungskurs Physik (Sachsen): Abiturprüfung 2002
Aufgabe A: Mechanik / Elektrizitätslehre

1 Ein Körper der Masse 10,0 kg gleitet entsprechend der Abbildung zunächst auf einer geneigten Rampe hinab. Er passiert die Höhe $h_A = 5{,}0$ m mit der Geschwindigkeit $v_A = 1{,}0\ \mathrm{m \cdot s^{-1}}$ und trifft nach dem Verlassen der Rampe auf einem parabelförmigen Hang auf. Die Reibung wird vernachlässigt.
Der Winkel β kann verändert werden. Die Höhe h_A und die Geschwindigkeit v_A bleiben konstant.

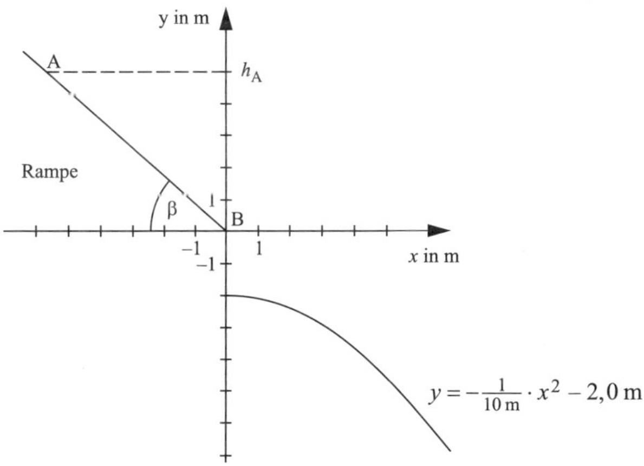

1.1 Berechnen Sie die Abwurfgeschwindigkeit im Punkt B(0; 0). (2 BE)

1.2 Ermitteln Sie die Koordinaten des Auftreffortes $P_1(x_{P1}; y_{P1})$ für $\beta = 45°$ und berechnen Sie die Auftreffgeschwindigkeit des Körpers in P_1.
(Hinweis: Beachten Sie, dass der Abwurfwinkel $\alpha = -45°$ beträgt.) (4 BE)

1.3 Der Winkel β wird nun zwischen 30° und 60° variiert.
Zeichnen Sie den Graph der Funktion $x_P(\beta)$ nach Ermittlung von mindestens vier weiteren Wertepaaren. (3 BE)

1.4 Der Gleitkörper wird durch eine Kugel ersetzt. Beim Rollen der Kugel wird keine mechanische Energie in thermische Energie umgewandelt. Vergleichen Sie die Abwurfgeschwindigkeit der Kugel qualitativ mit der des gleitenden Körpers.
Begründen Sie. (2 BE)

2 Skizzieren Sie das Feldlinienbild zwischen einer negativ geladenen Platte und einer positiv geladenen Kugel (siehe Abbildung).
Zwischen Platte und Kugel wird nun ein zunächst ruhender negativ geladener Probekörper freigegeben.
Die Gewichtskraft des Probekörpers ist gegenüber der Feldkraft vernachlässigbar klein. Beschreiben Sie die Bahnkurve des Probekörpers.
Geben Sie die Bewegungsart an und begründen Sie. (5 BE)

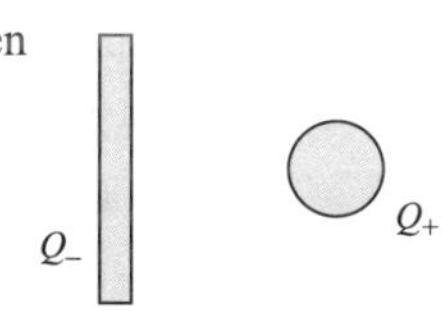

3 Im Jahr 1909 gelang dem Amerikaner ROBERT A. MILLIKAN durch die Messung der Ladung von Öltröpfchen erstmals die Bestimmung der Elementarladung.

3.1 Beschreiben Sie Aufbau, Durchführung und Auswertung dieses oder eines ähnlichen Experimentes. (5 BE)

3.2 In einem Millikankondensator mit dem Plattenabstand 5,0 mm wird ein schwebendes Öltröpfchen mit dem Radius $9{,}0 \cdot 10^{-4}$ mm beobachtet. Die Dichte des Öls beträgt $0{,}90\ \text{g} \cdot \text{cm}^{-3}$
Berechnen Sie die am Kondensator anliegende Spannung für den Fall, dass die Ladung des Öltröpfchens $5 \cdot e$ beträgt. (4 BE)

Lösung

1.1. Es gilt der Energieerhaltungssatz:

$$E_{\text{kin, B}} = E_{\text{kin, A}} + E_{\text{pot, A}}$$

$$\frac{1}{2} \cdot m \cdot v_B^2 = \frac{1}{2} \cdot m \cdot v_A^2 + m \cdot g \cdot h$$

Daraus folgt:

$$v_B = \sqrt{v_A^2 + 2 \cdot g \cdot h} = \sqrt{\text{A}^2 + 2\text{GH}} = \underline{\underline{10\ \text{m} \cdot \text{s}^{-1}}}$$

Zweckmäßigerweise sollten Sie gleich zu Beginn dieser Aufgabe folgende Konstantenbelegung vornehmen:

10 → M
5 → H
1 → A

und nunmehr das Ergebnis der Geschwindigkeitsberechnung für den Punkt B → B, d. h.

9.954898292 → B.

1.2 Die Bahnkurve des Körpers nach dem Verlassen der Rampe in B ist eine Wurfparabel, denn es erfolgt ein schräger Wurf. Die Gleichung für die Wurfparabel lautet allgemein:

$$y = -\frac{g}{2 \cdot v_0^2 \cdot \cos^2 \alpha} \cdot x^2 + \tan \alpha \cdot x$$

Der gesuchte Punkt ist der Schnittpunkt der Wurfparabel mit der in der Abbildung angegebenen quadratischen Funktion, die den Hang beschreibt.

Also geben Sie im **GRAPH**-Modus ein:

$$\text{Y1} = -0.1\text{X}^2 - 2 \qquad (2)$$

$$\text{Y2} = -\text{G} \div (2\text{B}^2 \times (\cos(-45))^2) \times \text{X}^2 + \tan(-45) \times \text{X}$$

Für eine günstige Darstellung im Display initialisieren Sie mit [SHIFT] und [F3] (V-Window) folgende Einstellungen:

View Window	
Xmin:	0
max:	6
Scale:	1
Ymin:	−6
max:	0
scale:	1

[F6] (DRAW) zeigt zwei Parabeln, erstere stellt den Hang dar, die zweite die Wurfparabel.

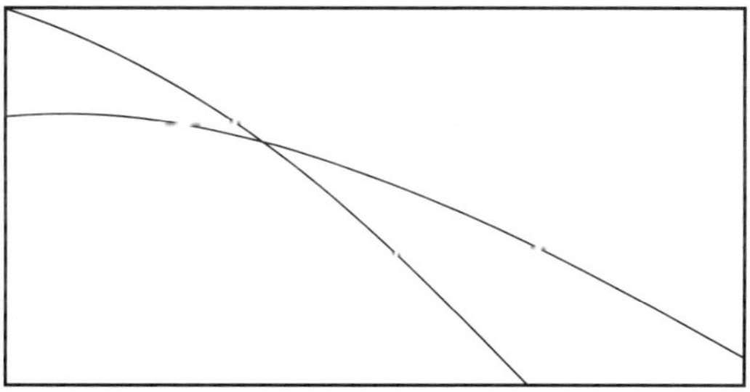

Zur Ermittlung des Schnittpunktes drücken Sie:
[F5] (G-Solv) [F5] (ISCT) [EXE]

Anzeige: X = 2.0040527015 und Y = –2.401622723

Ergebnis: $\underline{\underline{P_1(2,0; 2,4)}}$

Zur Berechnung der Geschwindigkeit im Auftreffpunkt gehen Sie wieder vom Energieerhaltungssatz aus:

$$E_{\text{kin, P1}} = E_{\text{kin, B}} + E_{\text{pot, P1}}$$

$$\frac{1}{2} \cdot m \cdot v_{\text{P1}}^2 = \frac{1}{2} \cdot m \cdot v_{\text{B}}^2 + m \cdot g \cdot |y_{\text{P1}}|$$

Daraus folgt:

$$v_{\text{P1}} = \sqrt{v_{\text{B}}^2 + 2 \cdot g \cdot |-2,4\ \text{m}|} = \sqrt{\text{B}^2 + 2\text{G} \times 2.4} = \underline{\underline{12\ \text{m} \cdot \text{s}^{-1}}}$$

1.3 Sie ersetzen nun in der Eingabe von Y2 die Gradangabe von 45 (entsprechend –45°) nacheinander durch 30, 40, 50 und 60. Und dann ermitteln Sie, genau wie oben angegeben, die Koordinaten des Schnittpunktes. Sie benötigen laut Aufgabenstellung nur die Abszissenwerte. Sie sind in der folgenden Tabelle zusammengestellt, zusammen mit dem unter 1.2 ermittelten Wert.

β	30°	40°	45°	50°	60°
x_P in m	4,85	2,50	2,00	1,63	1,09

Mit diesen Daten lässt sich nun die grafische Darstellung zeichnen:

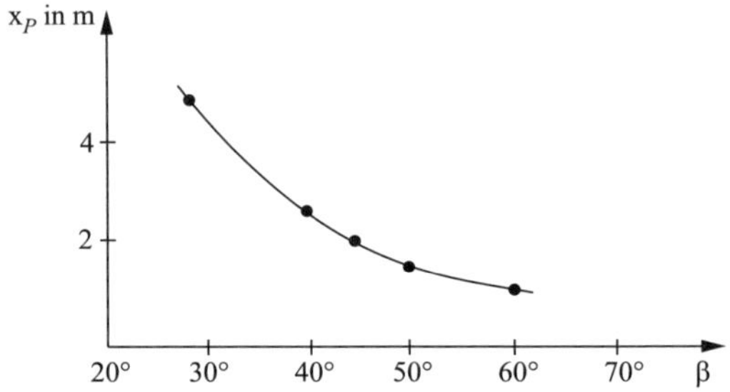

1.4 Sie müssen bei der Bewegung einer Kugel die Rotationsenergie berücksichtigen. Die Gesamtenergie im Punkt A wandelt sich bei der Bewegung längs der Rampe nicht nur in kinetische Energie der Translation, sondern auch in kinetische Energie der Rotation um. Dies geschieht auf Kosten der kinetischen Energie der Translation, sodass die Kugel eine geringere Abwurfgeschwindigkeit besitzt als der Gleitkörper.

2

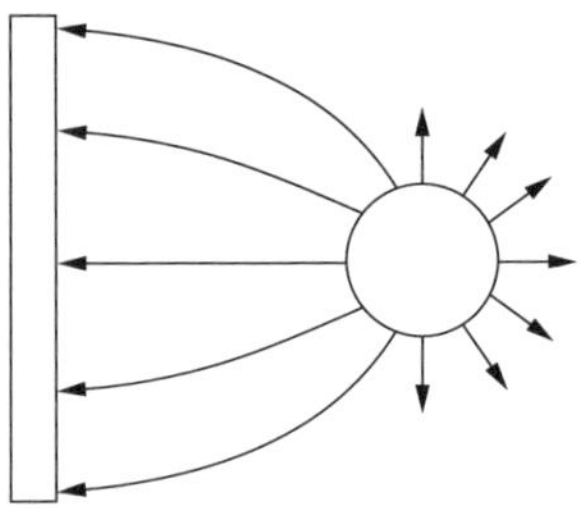

Der – idealisiert masselose – Probekörper bewegt sich entgegen der Feldrichtung auf die Kugel zu, und zwar längs einer Feldlinie. Da ein inhomogenes Feld vorliegt, gelangt er in den Bereich größerer Feldkraft, sodass die Krafteinwirkung zunimmt und der Probekörper sich demzufolge ungleichmäßig beschleunigt bewegt.

3.1 In Ihrem Lehrbuch bzw. Ihren Aufzeichnungen finden Sie genügend Informationen über den Aufbau, die Durchführung und die Auswertung des Millikanexperiments, es ist Bestandteil des Lehrplans.

3.2 Befindet sich der Tropfen im Schwebezustand, dann ist der Betrag der Gewichtskraft gleich dem Betrag der elektrischen Feldkraft:

$$F_G = F_{Feld}$$
$$m \cdot g = Q \cdot E$$
$$\rho \cdot V \cdot g = Q \cdot \frac{U}{s}$$
$$\rho \cdot \frac{4}{3} \cdot \pi \cdot r^3 \cdot g = 5 \cdot e \cdot \frac{U}{s}$$
$$U = \frac{4 \cdot \pi \cdot \rho \cdot r^3 \cdot g \cdot s}{15 \cdot e}$$
$$U = \frac{4 \cdot \pi \cdot 0{,}9 \cdot 10^{-3}\ \text{kg} \cdot (0{,}01\ \text{m})^{-3} \cdot (9 \cdot 10^{-4} \cdot 10^{-3}\text{m})^3 \cdot g \cdot 0{,}005\ \text{m}}{15 \cdot e}$$
$$\underline{\underline{U = 168\ \text{V}}}$$

Leistungskurs Physik (Sachsen): Abiturprüfung 2002
Aufgabe B: Quantenoptik / Thermodynamik

1 In einer Vakuumfotozelle werden aus der Cäsiumschicht der Kathode durch Bestrahlung mit Licht Elektronen herausgelöst.

1. Erläutern Sie die dabei auftretende Energieumwandlung bezüglich der Wechselwirkung von Photonen und Elektronen.
Entscheiden Sie, ob die Intensität des Lichts die Anzahl der herausgelösten Elektronen beeinflusst. Begründen Sie. (3 BE)

1.2 Mit Licht einer Wasserstoffspektrallampe wurde die Abhängigkeit der maximalen kinetischen Energie der Elektronen von der Wellenlänge bestimmt.

λ in nm	486	434	410	397
E_{kin} in eV	0,61	0,92	1,09	1,19

1.2.1 Ermitteln Sie unter Verwendung aller Messwerte das Planck'sche Wirkungsquantum und geben Sie die Ablösearbeit an. (3 BE)

1.2.2 Erläutern Sie eine experimentelle Möglichkeit, die maximale kinetische Energie der Fotoelektronen zu bestimmen. (2 BE)

1.2.3 Untersuchen Sie, ob das Licht der in der Tabelle gegebenen Wellenlängen aus einer Platinkathode Fotoelektronen herauslösen kann.
(Ablösearbeit für Platin: 5,36 eV) (2 BE)

1.3 Eine Messung erfordert mindestens die Lichtleistung $5{,}0 \cdot 10^{-18}$ W.
Berechnen Sie die dazu notwendige Anzahl Photonen des Lichts der Wellenlänge 486 nm, die in einer Sekunde auf die Kathode auftreffen müssen. (2 BE)

2 In einem Zylinder mit der Querschnittfläche $30{,}0\ \text{cm}^2$ befindet sich ein Kolben am Ort $x_1 = 6{,}7$ cm.
Im Zylinder befindet sich Helium.
Der Druck im Zylinder beträgt $1{,}0 \cdot 10^5$ Pa und die Temperatur 0,0 °C.

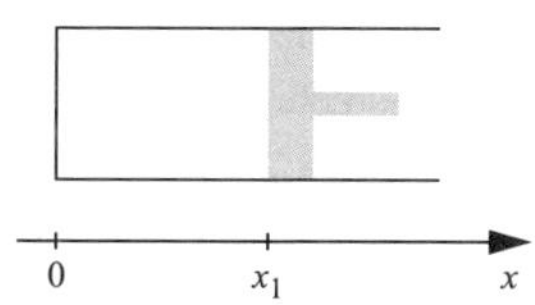

2.1 Berechnen Sie die Masse des im Zylinder befindlichen Heliums.
(spezifische Gaskonstante für Helium: $2077\ \frac{\text{J}}{\text{kg} \cdot \text{K}}$) (2 BE)

2.2 Bei arretiertem Kolben wird die Temperatur durch eine Heizwendel auf 773 °C erhöht.
Geben Sie den Druck im Innern des Zylinders nach der Temperaturerhöhung an. (1 BE)

2.3 Der Kolben wird nun freigegeben. Durch die Heizwendel wird keine Wärme mehr zugeführt. Während der Expansion wurden folgende Messwerte aufgenommen:

x in cm	7,3	8,0	8,7	9,3	10,0	10,7	11,3	11,6
p in kPa	352	315	301	276	260	235	225	220

Ermitteln Sie den Betrag der verrichteten Volumenarbeit für die Bewegung des Kolbens vom Ort 6,7 cm bis zum Ort 11,6 cm. (3 BE)

3 Die Abbildung zeigt das Funktionsprinzip eines Überdruckventils.
Die Querschnittfläche des Kolbens beträgt 5,0 cm^2. Der Druck im Behälter und der Umgebungsdruck betragen zunächst $1{,}0 \cdot 10^5$ Pa. Die dem Hooke'schen Gesetz genügende Feder ist entspannt und der Kolben befindet sich am Ort 0. Die Federkonstante beträgt 7,0 $kN \cdot m^{-1}$.
Das Überdruckventil begrenzt den Druck im Behälter auf das Fünffache des Umgebungsdrucks.
Ermitteln Sie den Ort x_A des Ausströmkanals. (2 BE)

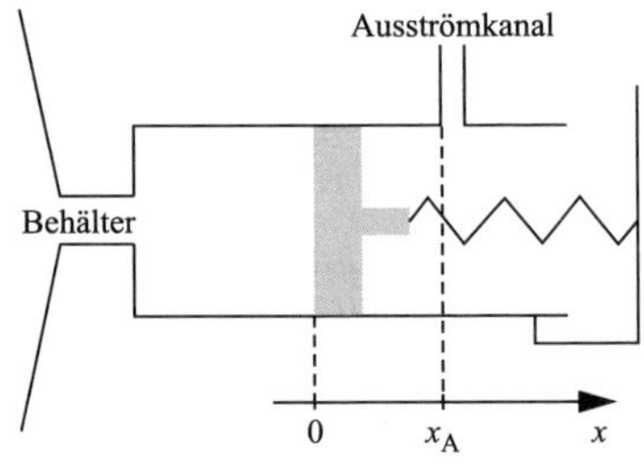

Lösung

1.1 Beim äußeren lichtelektrischen Effekt überträgt ein Lichtquant (Photon) seine gesamte Energie an ein Elektron und hört damit auf zu existieren. Einen Teil der Energie besitzt dann das Elektron in Form kinetischer Energie, der andere Teil wird in Ablösearbeit (Austrittsarbeit) für das Elektron umgesetzt. Da die Anzahl der Photonen von der Lichtintensität abhängt, wächst die Anzahl der pro Zeiteinheit emittierten Elektronen mit der Beleuchtungsstärke.

1.2.1 **Vergleichen Sie hierzu die Übungsaufgabe 9.**
Das Planck'sche Wirkungsquantum entspricht dem Anstieg der Einstein'schen Geraden, die Ablösearbeit dem Abschnitt auf der Ordinatenachse. Um die Einstein'sche Gerade darstellen zu können, geben Sie im **STAT**-Modus in List 1 die Zahlenwerte der ersten Zeile, in List 2 die der zweiten Zeile ein. Sie müssen nun aber zunächst die Frequenzen ausrechnen, die sich aus den gegebenen Wellenlängen ergeben.

Gemäß der Gleichung $f = \frac{c}{\lambda}$ geben Sie im **RUN**-Modus ein:

3E8÷(List 1 × E − 9) → List 3

Nach [EXE] wird „Done“ angezeigt als Bestätigung, dass die berechneten Frequenzen in Liste 3 stehen. Bei der Grafikeinstellung müssen Sie nun (wieder im **STAT**-Modus) dies berücksichtigen:

[F1] (GRPH) [F6] (SET)

Mit dem Cursor bis Xlist: [F3] (List3), ebenso bei Ylist: [F2] (List2) [EXIT] [F1] (GRP1) [F1] [F5] (COPY) [EXE]

Im **GRAPH**-Modus: Hier steht nun die lineare Funktion

Y1 = 4.1924E − 15X + −1.9779534

Für die Darstellung als Einstein'sche Gerade benötigen Sie folgende Einstellung:

View Window		
	Xmin:	0
	max:	8.E+14
	Scale:	1.E+14
	Ymin:	–3
	max:	2
	scale:	1

Als Schnittpunkt mit der Ordinatenachse ermitteln Sie: X = 0 und Y = –1,977534
(Letzteres war das absolute Glied der ermittelten Gleichung!)
Also beträgt die Ablösearbeit $\underline{\underline{W_A = 2{,}0\text{ eV}}}$.

Der Anstieg $4{,}1924 \cdot 10^{-15}$ hat natürlich auch eine Maßeinheit, sie beträgt eVs. Also muss man noch mit dem Umrechnungsfaktor $1{,}602 \cdot 10^{-19}\,\frac{\text{J}}{\text{eV}}$ multiplizieren und erhält für das Planck'sche Wirkungsquantum $\underline{\underline{h = 6{,}7 \cdot 10^{-34}\,\text{Js}}}$.

1.2.2 Sie müssen die so genannte Gegenfeldmethode erläutern, bei der die Spannung gemessen wird, gegen die die Elektronen gerade noch anlaufen können und auf der Anode (negativ geladen!) ankommen. Die Maßzahl der in Volt gemessenen Spannung ist gleich der Maßzahl der in eV gemessenen kinetischen Energie der Elektronen.

1.2.3 Sie müssen von den energiereichsten Photonen ausgehen, also von der kurzwelligsten Strahlung der Wellenlänge 397 nm. Die Energie eines solchen Photons beträgt

$$h \cdot f = \frac{h \cdot c}{\lambda} = \frac{6{,}625 \cdot 10^{-34}\,\text{J} \cdot \text{s} \cdot 3 \cdot 10^{8}\,\text{m} \cdot \text{s}^{-1}}{397 \cdot 10^{-9}\ \text{m}} = 5{,}0 \cdot 10^{-19}\ \text{J} = 3{,}1\,\text{eV}$$

Damit ist ersichtlich, dass Photonen dieser Wellenlänge nicht in der Lage sind, den Fotoeffekt auszulösen.

1.3 Aus $P = \frac{W}{t} = \frac{n \cdot E_{\text{Ph}}}{t} = \frac{n \cdot h \cdot f}{t} = \frac{n \cdot h \cdot c}{t \cdot \lambda}$ folgt

$$n = \frac{P \cdot t \cdot \lambda}{h \cdot c} = \frac{5 \cdot 10^{-18}\ \text{J} \cdot \text{s}^{-1} \cdot 1\,\text{s} \cdot 486 \cdot 10^{-9}\ \text{m}}{6{,}625 \cdot 10^{-34}\,\text{J} \cdot \text{s} \cdot 3 \cdot 10^{8}\ \text{m} \cdot \text{s}^{-1}} = 12{,}2$$

Wenigstens 13 Photonen sind also notwendig.

2.1 Aus $p \cdot V = m \cdot R \cdot T$ folgt

$$m = \frac{p \cdot V}{R \cdot T} = \frac{10^5\ \text{Pa} \cdot 30 \cdot 10^{-4}\ \text{m}^2 \cdot 0{,}067\ \text{m}}{2077\ \text{J} \cdot \text{kg}^{-1} \cdot \text{K}^{-1} \cdot 273\ \text{K}} = \underline{\underline{3{,}5 \cdot 10^{-5}\ \text{kg}}}$$

2.2 Da der Kolben arretiert wurde, handelt es sich um einen isochoren Vorgang und es gilt:

$$\frac{p_1}{T_1} = \frac{p_2}{T_2}.$$

Daraus folgt: $p_2 = \frac{p_1 \cdot T_2}{T_1} = \frac{10^5\,\text{Pa} \cdot 1046\ \text{K}}{273\ \text{K}} = \underline{\underline{3{,}8 \cdot 10^5\ \text{Pa}}}$

2.3 **Vergleichen Sie hierzu die Übungsaufgabe 13.**
Der Betrag der Volumenarbeit entspricht der Fläche unterhalb der Zustandslinie im p-V-Diagramm. Deswegen gehen Sie zum **STAT**-Modus über und geben in List 1 die Zahlenwerte der 1. Zeile und in List 2 die Zahlenwerte der 2. Zeile ein.
Nun: [F2] (CALC) [F3] (REG) [F6] [F3] (Pwr)
Die sich ergebende Funktionsgleichung $y = 2665{,}99636 \cdot x^{-1{,}0179666}$ übertragen Sie ins **GRAPH**-Menü zusammen mit:

View Window	
Xmin:	6,7
max:	11,6
Scale:	1
Ymin:	0
max:	400
scale:	100

Das Ergebnis der bestimmten Integration in den Grenzen 6,7 und 11,6 ergibt 1407,227.
Entsprechend den Einheiten der eingegeben Werte heißt das Zwischenergebnis also:
1 407,2 kPA · cm = 14 072 Pa · m. Es wurde ja anstelle des Volumens nur die Streckenlänge x eingegeben. Also muss 14 072 noch mit der Querschnittsfläche
30 cm² = 30 · 10^{-4} m² multipliziert werden, und man erhält:

$$|W| = 42{,}2\ \text{Pa} \cdot \text{m}^3 = 42{,}2 \frac{\text{N}}{\text{m}^2} \cdot \text{m}^3 = 42{,}2\ \text{Nm} = \underline{\underline{42{,}2\text{J}}}$$

3 Die Federspannarbeit beträgt $F = D \cdot s$. Die Druckkraft kommt zustande, weil sich der Druck ändert, und zwar von 1,0 · 10^5 Pa auf 5,0 · 10^5 Pa. Zusammen mit der Definitionsgleichung für den Druck $p = \frac{F}{A}$ ergibt sich

$$s = \frac{\Delta p \cdot A}{D} = \frac{4 \cdot 10^5\,\text{Pa} \cdot 5{,}0 \cdot 10^{-4}\ \text{m}^2}{7\,000\ \text{N} \cdot \text{m}^{-1}} = \underline{\underline{2{,}9\ \text{cm}}}$$

Leistungskurs Physik (Sachsen): Abiturprüfung 2002
Aufgabe C 1: Mechanik

Untersuchen Sie die Energieumwandlungen, die beim zentralen geraden Stoß zwischen den Körpern von zwei bifilar aufgehängten Fadenpendeln stattfinden. Der Stoß erfolgt weitgehend unelastisch (ein geringes Abprallen während des Stoßvorganges ist unerheblich, die Pendelkörper sollten sich jedoch kurz nach dem Stoß mit gemeinsamer Geschwindigkeit bewegen). Die Experimentieranordnung wird Ihnen vollständig aufgebaut übergeben.

1 Bestimmen Sie die Massen der Pendelkörper und die Länge der Fadenpendel. (1 BE)

2 Lenken Sie den rechten Pendelkörper 15 cm in horizontaler Richtung nach rechts aus und geben Sie ihn frei. Messen Sie die Amplitude der Schwingung beider Pendelkörper nach dem Stoß. Wiederholen Sie das Experiment mehrmals und bilden Sie den Mittelwert der gemessenen Amplituden.
Ersetzen Sie den rechten Pendelkörper nacheinander durch die zwei Pendelkörper anderer Masse und bestimmen Sie erneut jeweils den Mittelwert der Amplituden.
(*Hinweis:* Damit der Stoß möglichst zentral erfolgt, kann ein Nachkorrigieren der Pendellänge des stoßenden Körpers erforderlich sein.) (4 BE)

3 Berechnen Sie die Geschwindigkeit, die der rechte Pendelkörper unmittelbar vor dem Stoß besaß. (2 BE)

4 Berechnen Sie jeweils aus den Mittelwerten der unter 2 gemessenen Amplituden die Geschwindigkeit, die beide Pendelkörper unmittelbar nach dem Stoß besaßen sowie den Prozentsatz p % an mechanischer Energie, die während des Stoßvorganges in thermische Energie umgewandelt wurde.
Führen Sie eine Fehlerbetrachtung durch (Beurteilen der Genauigkeit der Messwerte sowie der Ergebnisse).
Stellen Sie den Prozentsatz in Abhängigkeit von der Masse des rechten Pendelkörpers grafisch dar. (6 BE)

5 Ein Körper der Masse m_1 stößt mit der Geschwindigkeit v_1 einen zweiten ruhenden Körper der Masse m_2 zentral, gerade und vollkommen unelastisch. Zeigen Sie, dass für den Zusammenhang zwischen Prozentsatz p % der mechanischen Energie, die beim Stoß in thermische Energie umgewandelt wird, und der Masse m_1 gilt:

$$p(m_1) = 100 \cdot \left(1 - \frac{m_1}{m_1 + m_2}\right).$$ (2 BE)

Lösung

1 **Messwerte:**
$m_2 = 105$ g (bedingt durch einen kleinen Manipermkern der Masse 5 g)
$m_1 = 100$ g, 50 g bzw. 20 g
$\ell = 0{,}80$ m

Messprotokoll:
Ab der dritten Zeile sind schon die gemäß den Teilaufgaben 3 bis 5 zu berechnenden Werte eingetragen.

1	Masse m_1 des anstoßenden Körpers in g	100	50	20
2	Mittlere Amplitude s in cm	7,5	4,1	2,1
3	Hubhöhe h in mm	3,5	1,1	0,28
4	Geschwindigkeit u nach dem Stoß in m/s	0,26	0,15	0,074
5	p in %, berechnet gemäß 4 Gleichung (3)	51	75	88
6	p in %, berechnet gemäß 5 (gegebene Gleichung)	51	68	84

3 Zur Berechnung der Geschwindigkeit gehen Sie vom Energieerhaltungssatz aus und erhalten die Berechnungsgleichung $v = \sqrt{2 \cdot g \cdot h}$. (1)

Daraus folgt, dass Sie die Hubhöhe benötigen, welche sich aus Auslenkung von 15 cm ergibt. Folgende Skizze ermöglicht einen Ansatz zur Berechnung von h:

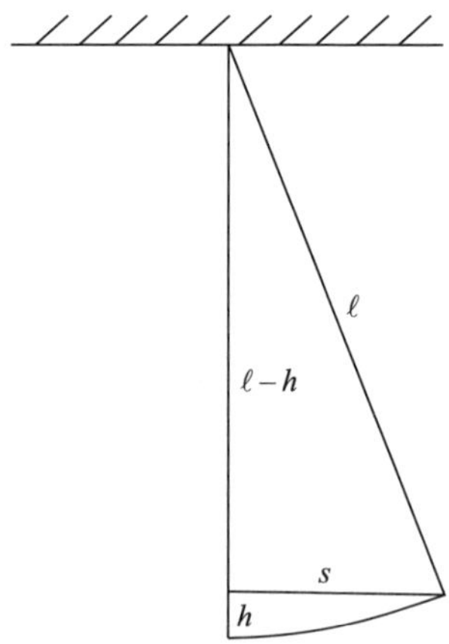

Nach dem Satz des Pythagoras gilt:
$\ell^2 = s^2 + (\ell - h)^2$.

Daraus folgt

$$h^2 - 2 \cdot \ell \cdot h + s^2 = 0$$

Und mit dem Zahlenwert 0,8 für die Länge des Pendels und dem Zahlenwert 0,15 für die Auslenkung lautet dann die Normalform der quadratischen Gleichung:

$$h^2 - 1{,}6 \cdot h + 0{,}0225 = 0 \qquad (2)$$

Im **PRGM**-Modus lösen Sie diese quadratische Gleichung: $h = 0{,}014$ m.

Gleichung (1) ergibt die Geschwindigkeit: $v_1 = 0{,}53 \text{ m} \cdot \text{s}^{-1}$.

Mit dieser Geschwindigkeit stoßen dann im Experiment die Pendelkörper mit den Massen 100 g, 50 g bzw. 20 g auf den ruhenden Pendelkörper.

4 Mittels der Gleichungen (2) und (1) berechnen Sie nun die Hubhöhen und die Geschwindigkeiten nach dem Stoß. In den Zeilen 3 und 4 der Tabelle auf Seite 2002-10 finden Sie die Resultate.

Den Prozentsatz p ermitteln Sie mit folgender Gleichung:

$$p = \frac{E_{\text{kin1}} - E_{\text{kin2}}}{E_{\text{kin1}}} \cdot 100\,\% = \frac{m_1 \cdot v_1{}^2 - (m_1 + m_2) \cdot u^2}{m_1 \cdot v_1^2} \cdot 100\,\% \qquad (3)$$

Die Ergebnisse stehen in Zeile 5 der Tabelle.

Fehlerbetrachtung:
Den Massebestimmungen haftet ein vernachlässigbarer Fehler an. Größer ist schon der Fehler bei der Messung der Pendellänge, bedingt durch die bifilare Aufhängung. Der größte Fehler kommt aber bei den Messungen der Amplituden nach dem Stoß zustande. Die Mittelwertbildung verringert ihn zwar, aber bei einem Einzelexperiment ist es schon schwierig, auf die Auslenkung von 15 cm zu achten und kurz nach dem Stoß die Auslenkung der beiden Pendelkörper zu beobachten und am Längenmaßstab s abzulesen. Dadurch werden bei der Berechnung von h und u natürlich zwangsläufig ungenaue Ergebnisse ermittelt, die sich dann auch auf die Berechnung von p auswirken.

Grafische Darstellung:

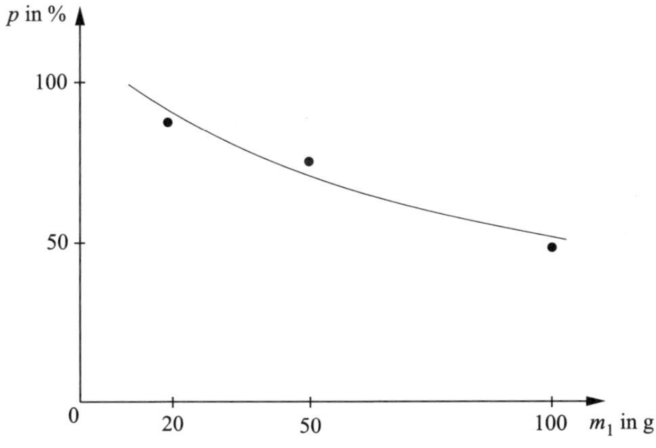

5 Für die Berechnung der Geschwindigkeit nach dem unelastischen Stoß gilt

$$u = \frac{m_1 \cdot v_1 + m_2 \cdot v_2}{m_1 + m_2} \quad \text{bzw.} \quad u = \frac{m_1 \cdot v_1}{m_1 + m_2}, \quad \text{denn } v_2 = 0.$$

Setzt man diesen Wert für u in die Gleichung (3) ein, dann ergibt sich die herzuleitende Gleichung.
Mithilfe dieser Gleichung lassen sich die in Teilaufgabe 4 ermittelten Werte für p (siehe Zeile 5 der Tabelle auf Seite 2002-10) auch berechnen: Sie stehen in Zeile 6 der genannten Tabelle. Interessant ist nunmehr der Vergleich der übereinander stehenden Zahlenwerte für p.

Dieser Vergleich wurde zwar nicht gefordert, aber er bietet sich geradezu an. Und er ist auch ungemein nützlich: Es ist kaum anzunehmen, dass dem Prüfungsteilnehmer irgendwelche Erfahrungswerte für die Prozentsätze bei Teilaufgabe 4 (mit den Ergebnissen in Zeile 5) vorliegen. Diese kaum vorhersehbaren Zahlenwerte werden aber schließlich in der Teilaufgabe 5 (mit den Ergebnissen in Zeile 6) nahezu bestätigt.

Und noch eine Ergänzung: Die gegebene Gleichung $p(m_1) = 100 \cdot \left(1 - \frac{m_1}{m_1 + m_2}\right)$ lässt sich umformen zu $p(m_1) = \frac{100 \cdot m_2}{m_1 + m_2}$. Dies ist eine echt gebrochenrationale Funktion, deren Asymptote die x-Achse ist: Mit zunehmendem Wert für m_1 strebt der Wert p gegen null.

Im **GRAPH**-Modus geben Sie die Funktion Y1 = 10500 ÷ (X + 105) ein, zusammen mit

View Window	
Xmin:	0
max:	100
Scale:	10
Ymin:	0
max:	100
scale:	10

Sie erhalten im Display einen monoton fallenden Graphen, entsprechend der Abbildung unter Teilaufgabe 4.

Gehen Sie nun zum **TABLE**-Modus über und geben Sie ein unter RANG:

Start: 0

End: 100

pitch: 10

dann können Sie der Tabelle die zum Zeichnen des Graphen erforderlichen Werte entnehmen.

Leistungskurs Physik (Sachsen): Abiturprüfung 2002
Aufgabe C 2: Wellenoptik

Bestimmen Sie die Gitterkonstante eines optischen Gitters.
Planen Sie die Experimente gemäß der folgenden Aufgabenstellungen und fordern Sie bei Ihrem Lehrer die erforderlichen Geräte und Hilfsmittel an.

1 Erläutern Sie die Entstehung der Interferenzstreifen 1. Ordnung an einem Doppelspalt. Leiten Sie eine Gleichung her, mit der aus dem Abstand zwischen dem Interferenzstreifen 0. Ordnung und einem Interferenzstreifen 1. Ordnung der Spaltabstand des Doppelspalts berechnet werden kann. (5 BE)

2 Bestimmen Sie mit zwei vorgegebenen experimentellen Methoden die Gitterkonstante b des gegebenen optischen Gitters.

2.1 Methode 1:
Auf einem Schirm sollen mithilfe des gegebenen Gitters Interferenzstreifen abgebildet werden. Fertigen Sie eine Skizze des Versuchsaufbaus an.
Bauen Sie die Versuchsanordnung auf, bilden Sie die Interferenzstreifen ab und messen Sie die erforderlichen Größen.
Die mittlere Wellenlänge des vom verwendeten Farbfilter durchgelassenen Lichtanteils wird Ihnen vom Lehrer mitgeteilt. Berechnen Sie die Gitterkonstante b. (7 BE)

2.2 Methode 2:
Stellen Sie unmittelbar vor eine Experimentierleuchte (ohne Leuchtspalt) den bei 2.1 verwendeten Farbfilter sowie die gegebene Blende mit zwei kleinen kreisförmigen Öffnungen. Betrachten Sie die Blende aus einer Entfernung von etwa 30 cm durch das optische Gitter, das Sie dicht vor ein Auge halten. Stellen Sie nun den Abstand zwischen Gitter und Blende so ein, dass das rechte Maximum 1. Ordnung der linken Öffnung unter oder über dem linken Maximum 1. Ordnung der rechten Öffnung liegt.
Messen Sie den Abstand e zwischen Gitter und Blende sowie den horizontalen Abstand a zwischen den Öffnungen der Blende (siehe Abbildung).
Mit der Gleichung

$$b = \lambda \cdot \frac{2e}{a}$$

kann die Gitterkonstante b näherungsweise berechnet werden.

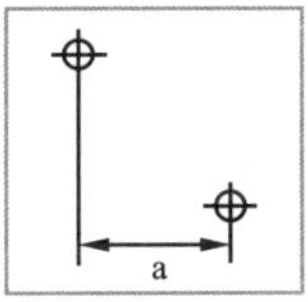

Berechnen Sie b. (3 BE)

Lösung

Bei diesem Experiment müssen Sie folgende Geräte und Hilfsmittel anfordern:

- 1 optische Bank, dazu mehrere T-Füße sowie Diahalter
- 1 Experimentierleuchte mit Zubehör
- 1 optisches Gitter
- 1 Sammellinse
- 1 Auffangschirm
- 1 Farbfilter
- 1 Messstab
- 1 Stechzirkel
- 1 Blende mit zwei Öffnungen

1 Beim Auftreffen des Lichtes auf den Doppelspalt werden zwei Lichtbündel ausgeblendet. Infolge Beugung gelangen die beiden Lichtbündel nicht nur an die Stellen des Leuchtschirmes, die sie bei streng geradliniger Ausbreitung erreichen würden. Ihre Wege zu den anderen Stellen, wo sie auf dem Leuchtschirm zusammentreffen, sind unterschiedlich lang. Und je nachdem, ob der Gangunterschied an der Auftreffstelle ein geradzahliges Vielfaches oder ein ungeradzahliges Vielfaches der halben Wellenlänge beträgt, tritt Verstärkung oder Auslöschung ein. Man geht also bei der Erklärung der Interferenz von den Welleneigenschaften des Lichtes aus. Beim Interferenzstreifen 1. Ordnung beträgt der Gangunterschied genau $\lambda = 2 \cdot \frac{\lambda}{2}$. Aufgrund geometrischer Zusammenhänge verhält sich der Abstand s zwischen den Interferenzstreifen 0. Ordnung und dem zum Interferenzstreifen 1. Ordnung zur Entfernung *e* zwischen Doppelspalt und Schirm genauso wie die Wellenlänge λ zum Spaltabstand *b* des Doppelspaltes: $\frac{s}{e} = \frac{\lambda}{b}$. Dabei gilt $s \ll e$. Diese Gleichung gilt auch für ein optisches Gitter. Der Abstand zweier benachbarter Spalte ist dann die Gitterkonstante *b* und es gilt ebenfalls $b = \frac{\lambda \cdot e}{s}$.

2.1 Methode 1

Versuchsaufbau:

A Experimentierleuchte mit Leuchtspalt B
C Sammellinse
D Diahalter mit Gitter und Farbfilter
E Auffangschirm

Die mittlere Wellenlänge des Rotfilters sei $\lambda = 700$ nm.

Messwerte: Entfernung $e = 0{,}49$ m; Abstand $s = 7$ mm

$$\mathrm{b} = \frac{\lambda \cdot \mathrm{e}}{\mathrm{s}} = 0{,}049\,\mathrm{mm}$$

2.2 Methode 2

Messwerte: $a = 6$ mm, $e = 21$ cm

$$b = \lambda \cdot \frac{2e}{a} = 0{,}049\text{ mm}$$

Es ist zwar keine Fehlerabschätzung gefordert, aber es bietet sich ein Vergleich beider Methoden und deren Ergebnisse an.

Der Abstand der beiden Interferenzstreifen 1. Ordnung rechts und links vom Maximum 0. Ordnung sollte auf alle Fälle mit einem Stechzirkel vermessen werden. Diese Strecke wäre dann zunächst 2 *s*. Trotzdem ist diese Messung mit einer gewissen Unsicherheit verbunden, denn die Streifen sind nahezu 1 mm breit. Deshalb vergessen Sie auf keinen Fall, vor dem Einsatz des Gitters den Leuchtspalt scharf abzubilden und bei einer (sehr zu empfehlenden) Variierung des Abstandes Gitter – Schirm diese Scharfeinstellung ohne Gitter vor jeder Messung zu überprüfen. Die Messung von *e* hat eine geringe Fehlertoleranz.

Genauer ist die Methode 2, denn der kritische Abstand *a* kann bei Tageslicht sehr genau ausgemessen werden. Allerdings ist es zunächst schwierig, den vielen kleinen roten Punkten, die man beobachtet, eindeutig die betreffende Ordnung zuzuordnen, sodass man ganz schnell das Maximum 1. Ordnung dem Maximum 0. Ordnung (oder auch dem Maximum 2. bzw. 3. Ordnung!) zuordnet. Dadurch ergibt sich dann ein Bruchteil bzw. ein Vielfaches der Spaltbreite!

Bessere Versuchsbedingungen ergeben sich, wenn man einen Doppelkeil zur Verfügung hat, den Sie sich aber mit einfachen Mitteln anfertigen können.

Auf eine schwarze Pappe kleben Sie zwei leuchtend gelb gefärbte spitzwinklige Dreiecke so an, wie es die folgende Abbildung zeigt:

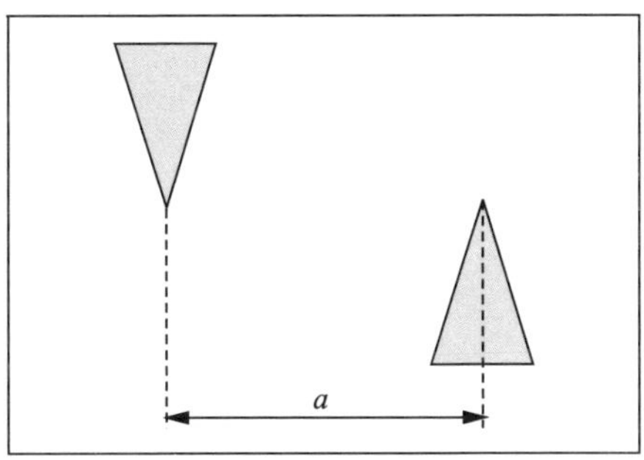

Mit einem Messschieber messen Sie den Abstand der beiden Keilspitzen, z. B. 7,4 mm. Diese Messung erfolgt bei Tageslicht.

In einem Freihandversuch (mit dem Gitter 2, das Ihnen Ihr Physiklehrer bestimmt zur Verfügung stellen wird), können Sie dann, wiederum bei hellem Tageslicht, durch das Gitter die Interferenzerscheinung beobachten. Sie sehen deutlich die jeweiligen Interferenzstreifen 1. Ordnung; die Streifen 2. Ordnung sind kaum zu erkennen. Verändern Sie die Entfernung zum Doppelkeil so lange, bis die beiden inneren Maxima 1. Ordnung genau übereinander stehen:

Die Entfernung der beiden Spitzen des Doppelkeiles beträgt $a = 2s$. Daraus ergibt sich dann auch die gegebene Gleichung: $b = \frac{\lambda \cdot e}{s} = \frac{\lambda \cdot e}{\frac{a}{2}} = \lambda \cdot \frac{2e}{a}$.

Gelbes Licht hat den Vorteil, dass der Wellenlängenbereich recht schmal ist, was bei einer Berechnung von Bedeutung sein könnte. Und wenn Sie e genauer messen wollen (und nicht nur die Länge ihres linken Armes, mit dem Sie den Doppelkeil festhalten, abschätzen!), dann muss eben der Doppelkeil auf einer optischen Bank befestigt werden und ein Messstab zu Hilfe genommen werden. Aber Sie brauchen keinen verdunkelten Raum!

Die ausführliche Beschreibung soll bezwecken, dass eines deutlich wird: Die Versuchsdurchführung ist recht unkompliziert, und es sind genauere Ergebnisse als bei Methode 1 zu erwarten.

Leistungskurs Physik (Sachsen): Abiturprüfung 2002 (Nachtermin)
Aufgabe A: Mechanik / Elektrizitätslehre

1 Ein PKW fährt auf einer Autobahn im Abstand von 60 m hinter einem LKW der Masse 24 t. Beide Fahrzeuge bewegen sich mit der konstanten Geschwindigkeit $90\ \mathrm{km} \cdot \mathrm{h}^{-1}$. Der PKW beginnt einen Überholvorgang. Zu Beginn des Überholvorgangs beschleunigt er gleichmäßig mit $0{,}83\ \mathrm{m} \cdot \mathrm{s}^{-2}$, bis er sich auf gleicher Höhe mit dem LKW befindet und fährt dann mit konstanter Geschwindigkeit weiter. 60 m vor dem LKW ist der Überholvorgang beendet. PKW und LKW sind als Massepunkte zu betrachten, Luftreibung und Rollreibung werden vernachlässigt.

1.1 Bestimmen Sie die vom PKW erreichte Endgeschwindigkeit. (3 BE)

1.2 Ermitteln Sie die vom PKW während des Überholvorgangs zurückgelegte Fahrstrecke und die dafür benötigte Zeit. (2 BE)

Skizzieren Sie in ein gemeinsames Koordinatensystem die *s(t)*-Diagramme der Bewegung beider Fahrzeuge für die Zeit des Überholvorganges. (4 BE)

1.3 Im weiteren Verlauf der Fahrt muss der LKW, auf einer um 3,0° ansteigenden Straße, gleichmäßig von $90\ \mathrm{km} \cdot \mathrm{h}^{-1}$ auf $60\ \mathrm{km} \cdot \mathrm{h}^{-1}$ abgebremst werden. Der dabei zurückgelegte Weg beträgt 50 m. Berechnen Sie die durch die Bremsanlage des LKW aufzubringende Bremskraft. (4 BE)

2 Die in der Abbildung dargestellte Leiterschleife mit quadratischer Querschnittsfläche und der Kantenlänge 6,0 cm ist in einem zeitlich konstanten homogenen Magnetfeld der Flussdichte 20 mT drehbar gelagert

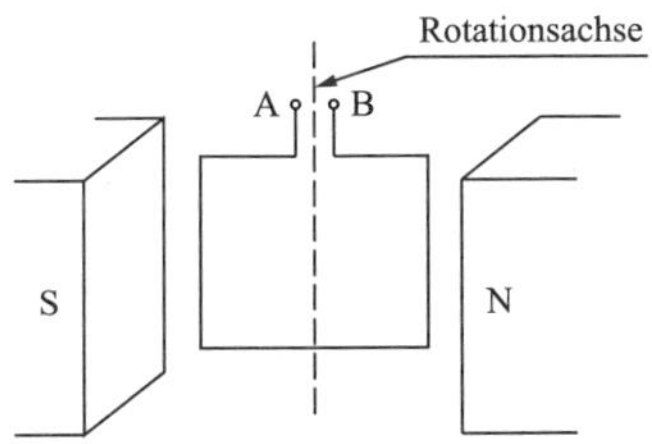

2.1 Die Leiterschleife wird zunächst von einem Gleichstrom der Stärke 100 mA durchflossen.

2.1.1 Geben Sie die Polarität der an den Punkten A und B angelegten Spannung an, für den Fall, dass sich der linke Rand der Leiterschleife in die Zeichenebene hinein bewegt.
Begründen Sie Ihre Aussage (2 BE)

2.1.2 Berechnen Sie den maximalen Betrag, den das wirkende Drehmoment erreicht. (2 BE)

2.2 Die Leiterschleife wird nun von der Spannungsquelle abgetrennt und in eine gleichförmige Rotation mit der Drehzahl $3000\ \mathrm{min}^{-1}$ versetzt.

2.2.1 Begründen Sie, dass an den Punkten A und B der Leiterschleife eine Wechselspannung *u(t)* induziert wird. (3 BE)

2.2.2 Geben Sie die Frequenz der Wechselspannung *u(t)* an und berechnen Sie den Maximalwert dieser Wechselspannung. (3 BE)

2.2.3 Zeichnen Sie das *u(t)*-Diagramm für zwei volle Umdrehungen der Leiterschleife. (2 BE)

Lösung

1.1 Bezeichnet man die gegebene Beschleunigung mit a, die Zeit für die Beschleunigungsphase mit t_1, die gemeinsame Geschwindigkeit von 90 km · h^{-1} mit v_0 und den Abstand beider Fahrzeuge (die gegebenen 60 m) mit s_0, dann gilt

$$\frac{a}{2} \cdot t_1^2 + v_0 \cdot t_1 = v_0 \cdot t_1 + s_0.$$

Denn wenn sich beide Fahrzeuge auf gleicher Höhe befinden, sind die zurückgelegten Strecken einander gleich. Beachten Sie, dass für den PKW die gleichmäßig beschleunigte Bewegung zutrifft, während sich der LKW gleichförmig bewegt.

Stellt man die Gleichung nach t_1 um, dann erhält man für die verstrichene Zeit

$$t_1 = \sqrt{\frac{2 \cdot s_0}{a}} = \sqrt{\frac{2 \cdot 60\text{ m}}{0{,}83\text{ m} \cdot \text{s}^{-2}}} = 12\text{ s}.$$

Wegen der gleichmäßig beschleunigten Bewegung gilt dann für die Geschwindigkeit des PKW bis zum Einholen des LKW:

$$v_1 = a \cdot t_1 + v_0 = 0{,}83\text{ m} \cdot \text{s}^{-2} \cdot 12\text{ s} + \frac{90}{3{,}6}\text{ m} \cdot \text{s}^{-1} = \underline{\underline{35\text{ m} \cdot \text{s}^{-1}}}$$

1.2 Nachdem der PKW den LKW eingeholt hat, bewegen sich beide gleichförmig, allerdings mit unterschiedlichen Geschwindigkeiten, bis der PKW nach der Zeit t_2 einen Vorsprung von 60 m hat, womit der Überholvorgang als beendet angesehen werden soll. Mithin gilt:

$$35 \cdot \text{m} \cdot \text{s}^{-1} \cdot t_2 = 25\text{ m} \cdot \text{s}^{-1} \cdot t_2 + 60\text{ m}.$$

Man erhält für diese Zeitspanne den Wert $t_2 = 6{,}0$ s.

Und für den gesamten Überholvorgang gilt dann: $\underline{\underline{t = t_1 + t_2 = 18\text{ s}}}$

Für die Berechnung der zurückgelegten Fahrstrecke geht man davon aus, dass sich der PKW zunächst mit der Anfangsgeschwindigkeit gleichmäßig beschleunigt und anschließend mit der erzielten Endgeschwindigkeit noch weitere sechs Sekunden lang gleichförmig bewegt. Daraus folgt:

$$\begin{aligned} s &= \frac{1}{2} \cdot a \cdot t_1^2 + v_0 \cdot t_1 + v_1 \cdot t_2 \\ &= \frac{1}{2} \cdot 0{,}83\text{ m} \cdot \text{s}^{-2} \cdot (12\text{ s})^2 + 25\text{ m} \cdot \text{s}^{-1} \cdot 12\text{ s} + 35\text{ m} \cdot \text{s}^{-1} \cdot 6{,}0\text{ s} = \underline{\underline{570\text{ m}}} \end{aligned}$$

Im **GRAPH**-Modus sollten Sie sich das Weg-Zeit-Diagramm, dass Sie skizzieren sollen, zunächst veranschaulichen. Geben Sie ein:

$$\text{Y1} = 0.415\text{X}^2 + 25\text{X}, [0{,}12]$$
$$\text{Y2} = 35\text{X} - 60, [12{,}18]$$
$$\text{Y3} = 25\text{X} + 60, [0{,}18]$$

Zur Eingabe der Intervalle beachten Sie bitte die Ausführungen auf Seite Ü-15.

Y1 beschreibt die Bewegung des PKW während der ersten 12 Sekunden, Y2 die anschließende gleichförmige Bewegung des PKW, und schließlich Y3 die Bewegung des LKW, der sich während der gesamten Zeit gleichförmig bewegt.

[F6] (DRAW) veranlasst zunächst das Zeichnen des Teiles einer Parabel, der anschließend sofort in eine Gerade übergeht (Bewegung des PKW). Dann entsteht eine durchgehende Gerade, welche die Bewegung des LKW wiedergibt.

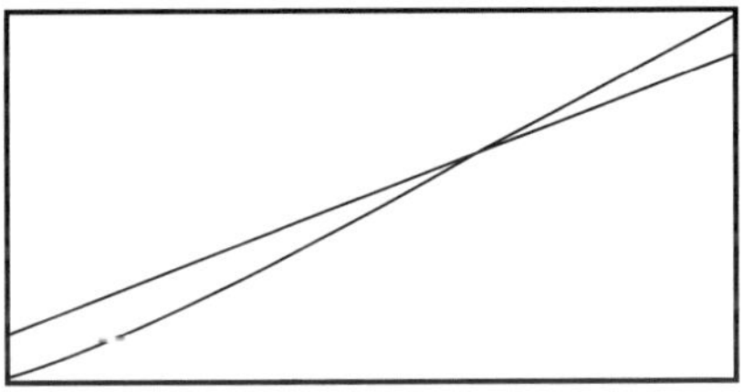

Zweckmäßig ist es, vorher das Betrachtungsfenster festzulegen:

View Window	
Xmin:	0
max:	18
Scale:	1
Ymin:	0
max:	570
scale:	100

Mit dem GTR kann man natürlich ganz rasch die Wertepaare berechnen, die zum genaueren Zeichnen vonnöten wären. Dies soll hier beschrieben werden.

Gehen Sie ins **TABLE**-Menü und entfernen Sie zunächst die Intervalle:

$Y1 = 0.415X^2 + 25X$

$Y2 = 35X - 60$

$Y3 = 25X + 60$

Um als erstes die Werte während der Beschleunigungsphase zu ermitteln, deaktivieren Sie mit [SEL] die Gleichung (Y2) und geben ein:

Start: 0
End: 12
pitch: 2

Sie erhalten für einen Abstand von jeweils zwei Sekunden diese Werte:

X	Y1	Y3
0	0	60
2	52	110
4	107	160
6	165	210
8	227	260
10	292	310
12	360	360

Man erkennt deutlich, wie der PKW dem vor ihm fahrenden LKW immer näher kommt und beide nach zwölf Sekunden auf gleicher Höhe sind.

Für die folgenden sechs Sekunden aktivieren Sie nun Y2 und Y3 und ändern die Bedingungen für die Tabelle ab:

Start: 12
End: 18
pitch: 2

Ergebnis:

X	Y2	Y3
12	360	360
14	430	410
16	500	460
18	570	510

Dieses Mal wird durch die Werte verdeutlicht, dass der PKW seinen Vorsprung stetig vergrößert und nach 18 Sekunden der Abstand zwischen beiden Fahrzeugen genau 60 Meter beträgt. Die Werte selbst brauchen Sie eigentlich gar nicht, denn die Geradenstücke hätte man auch ohne deren Hilfe zeichnen können.

1.3 Wenn der LKW auf der ansteigenden Straße auch noch gebremst werden muss, dann wirkt längs der Strecke $s = 50$ m neben der Hangabtriebskraft auch die Bremskraft. Beide Kräfte bewirken, dass sich die kinetische Energie des LKW verringert. Damit gilt die Gleichung

$$F_H \cdot s + F_B \cdot s = \frac{1}{2} \cdot m \cdot (v_2^2 - v_1^2).$$

Daraus folgt

$$F_B = \frac{m \cdot (v_2^2 - v_1^2)}{2 \cdot s} - F_H = \frac{m \cdot (v_2^2 - v_1^2)}{2 \cdot s} - m \cdot g \cdot \sin\alpha$$

$$F_B = \frac{2{,}4 \cdot 10^4 \text{ kg} \cdot (90^2 - 60^2)\text{ m}^2 \cdot \text{s}^{-2}}{2 \cdot 50 \text{ m} \cdot 3{,}6^2} - 2{,}4 \cdot 10^4 \text{kg} \cdot 9{,}81 \text{ m} \cdot \text{s}^{-2} \cdot \sin 3°$$
$$= \underline{\underline{7{,}1 \cdot 10^4 \text{ N}}}$$

2.1.1 Entsprechend der Dreifingerregel der rechten Hand müssen Sie die ersten drei Finger der rechten Hand rechtwinklig zueinander spreizen. Halten Sie den Zeigefinger in Richtung der magnetischen Flussdichte (also von rechts nach links), den Mittelfinger in die Bildebene hinein, dann zeigt der Daumen nach unten; also fließt der Strom im linken Teil der Leiterschleife von oben nach unten, deshalb muss der Punkt A mit dem Pluspol der Spannungsquelle verbunden sein.

2.1.2 Für das Drehmoment gilt allgemein: $M = r \cdot F$. Die Bedingung $\vec{r} \perp \vec{F}$ ist erfüllt, denn es soll das maximale Drehmoment berechnet werden, wenn die Ebene der Leiterschleife senkrecht steht zur Bildebene. Der Hebelarm r entspricht der halben Kantenlänge:

$$M = \frac{l}{2} \cdot F = \frac{l}{2} \cdot l \cdot I \cdot B,$$

wobei der für F eingesetzte Term für die Kraft auf einen stromdurchflossenen Leiter im Magnetfeld gilt und auch hier die Orthogonalitätsbedingung erfüllt ist. Allerdings wirkt das Drehmoment auf beide senkrecht verlaufenden Teile der Leiterschleife; deswegen muss das Drehmoment verdoppelt werden:

$$M = 2 \cdot \frac{l}{2} \cdot l \cdot I \cdot B = l^2 \cdot I \cdot B$$

$$= 0{,}06^2\ \text{m}^2 \cdot 0{,}1\ \text{A} \cdot 0{,}02\ \text{T} = 7{,}2 \cdot 10^{-6}\ \text{m}^2 \cdot \text{A} \cdot \frac{\text{N}}{\text{Am}} = \underline{\underline{7{,}2 \cdot 10^{-6}\ \text{Nm}}}$$

2.2.1 Einer in der Abbildung von oben nach unten verlaufender Leiterteil bewegt sich infolge der Rotation bei einer vollen Umdrehung einmal in die Bildebene hinein, dann aus der Bildebene heraus. Entsprechend der Dreifingerregel, die auch für die Induktion gilt, fließt der induzierte Strom also einmal von oben nach unten, dann von unten nach oben, so dass sich die Polarität in den Punkten A und B zeitlich periodisch ändert.

2.2.2 Entsprechend der gegebenen Drehzahl dreht sich die Leiterschleife 50 mal je Sekunde um ihre Achse. An den Punkten A und B ändert sich damit je Sekunde 100-mal die Polarität, die Frequenz beträgt also 50 Hertz.

Man muss berücksichtigen, dass in beiden senkrecht verlaufenden Leiterteilen eine Spannung induziert wird:

$$U = 2 \cdot B \cdot l \cdot v = 2 \cdot B \cdot l \cdot 2 \cdot \pi \cdot r \cdot n = 2 \cdot B \cdot l \cdot 2 \cdot \pi \cdot \frac{l}{2} \cdot n = 2 \cdot \pi \cdot B \cdot l^2 \cdot n$$

$$U = 2 \cdot \pi \cdot 0{,}02 \frac{\text{Vs}}{\text{m}^2} \cdot 0{,}06^2\ \text{m}^2 \cdot 50\ \text{s}^{-1} = \underline{\underline{2{,}3 \cdot 10^{-2}\ \text{V}}}$$

2.2.3 Für die Periodendauer gilt:

$$T = \frac{1}{n} = \frac{1}{50 \cdot \text{s}^{-1}} = 0{,}020\ \text{s},$$

zwei volle Umdrehungen dauern also genau 0,04 Sekunden:

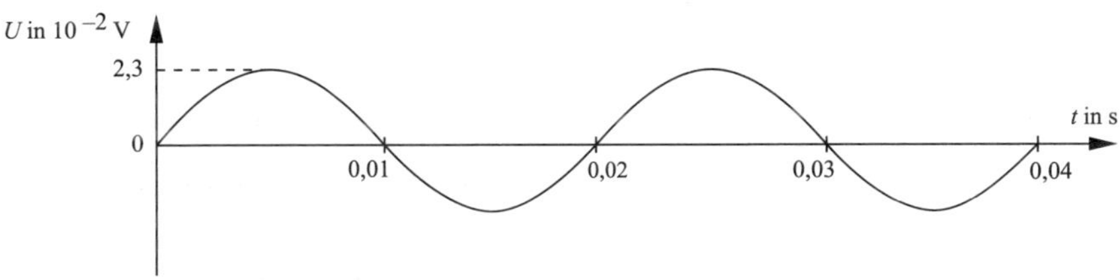

Leistungskurs Physik (Sachsen): Abiturprüfung 2002 (Nachtermin)
Aufgabe B: Wellenoptik/Röntgenstrahlung

1 Laserlicht fällt senkrecht auf ein optisches Gitter, das 180 Spalte gleichen Abstands je 1,00 mm Gitterbreite enthält. Parallel zum Gitter mit der Gitterkonstante b befindet sich im Abstand 30,0 cm ein Schirm, auf dem die Hauptmaxima bei den Beugungswinkeln α_k ($k \in \mathbb{N}$) beobachtet werden.

1.1 Es gilt die Gleichung

$$\sin \alpha_k = \frac{k \cdot \lambda}{b}.$$

Leiten Sie diese Gleichung anhand einer beschrifteten Skizze her. Zur Vereinfachung kann das optische Gitter durch einen Doppelspalt ersetzt werden. (4 BE)

1.2 Zwischen Gitter und Schirm befindet sich zunächst Luft. Der Abstand der Maxima 1. Ordnung auf dem Schirm beträgt 6,9 cm. Ermitteln Sie die Wellenlänge des verwendeten Laserlichts in Luft. (2 BE)

1.3 Nun befindet sich, bei ansonsten gleichem Versuchsaufbau, zwischen Gitter und Schirm Benzol. Der Abstand der Maxima 1. Ordnung beträgt jetzt 4,6 cm. Berechnen Sie die Geschwindigkeit, mit der das Laserlicht Benzol durchläuft sowie die Brechzahl für den Übergang des Laserlichts von Luft in Benzol. (4 BE)

1.4 Nun wird das Laserlicht in der Anordnung von Aufgabe 1.2 durch weißes Glühlicht einer Glühlampe ($400 \text{ nm} \leq \lambda \leq 800 \text{ nm}$) ersetzt. Es kommt zur Überlappung der Maxima 2. und 3. Ordnung. Begründen Sie, dass diese Überlappung nicht von der Gitterkonstante abhängig ist. (2 BE)

2 Röntgenstrahlung

2.1 Beschreiben Sie eine prinzipielle Anordnung zur Erzeugung von Röntgenstrahlung. (2 BE)

2.2 An der Röntgenröhre liegt die Spannung 35 kV an. Die energiereichsten Photonen der Röntgenstrahlung werden erzeugt, wenn die Elektronen ihre kinetische Energie sofort vollständig abgeben. Berechnen Sie die Wellenlänge, die diese Photonen im Vakuum besitzen. (3 BE)

2.3 In einem Experiment emittiert Molybdän Röntgenstrahlung. Die Tabelle beinhaltet Energieniveaus von Molybdän:

Energieniveau	E_1	E_2	E_3
Energie in eV	$-2{,}00 \cdot 10^4$	$-2{,}52 \cdot 10^3$	-227

Ermitteln Sie für die Übergänge $E_3 \rightarrow E_1$ und $E_2 \rightarrow E_1$ die Wellenlängen der emittierten charakteristischen Röntgenstrahlung (3 BE)

Lösung

1.1

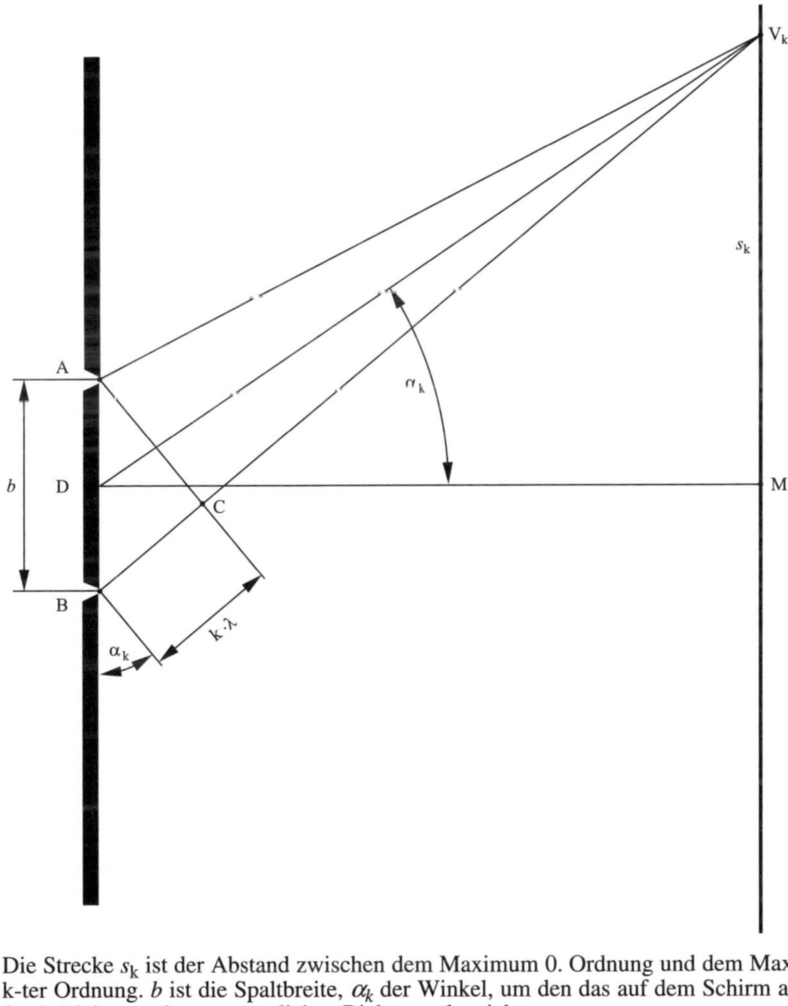

Die Strecke s_k ist der Abstand zwischen dem Maximum 0. Ordnung und dem Maximum k-ter Ordnung. b ist die Spaltbreite, α_k der Winkel, um den das auf dem Schirm auftreffende Licht von der ursprünglichen Richtung abweicht.

Der Gangunterschied BC beim k-ten Maximum beträgt genau das k-fache der Wellenlänge. Da der Spaltabstand verschwindend klein ist gegenüber dem Abstand des Doppelspaltes vom Schirm, kann man die Strecken AV_k und BV_k als parallel ansehen und demzufolge das Dreieck ABC als rechtwinklig. Die beiden Dreiecke ABC und DV_k M sind damit ähnliche Dreiecke. Aus der Zeichnung ist ablesbar:

$$\sin \alpha_k = \frac{k \cdot \lambda}{b}.$$

1.2 Im **RUN**-Modus berechnen Sie b und speichern den Wert unter B ab:

$$b = \frac{1{,}00 \cdot 10^{-3}\ \text{m}}{180} = 5{,}56 \cdot 10^{-6}\ \text{m} \rightarrow \text{Speicher B}$$

Nun berechnen Sie den Ablenkwinkel:

$$\alpha_1 = \arctan \frac{0{,}5 \cdot 0{,}069\ \text{m}}{0{,}30\ \text{m}} = 6{,}56° \rightarrow \text{Speicher W}$$

Dabei wurde berücksichtigt, dass der **Abstand beider Maxima erster Ordnung** gegeben war, also die Strecke von 6,9 cm halbiert werden muss.

Aus der gegebenen Gleichung folgt

$$\lambda_{\text{Luft}} = \frac{b \cdot \sin \alpha_1}{1} = \underline{\underline{6{,}35 \cdot 10^{-7}\ \text{m}}}$$

1.3 Es folgen analoge Rechnungen für den Winkel:

$$\alpha_1 = \arctan \frac{0{,}5 \cdot 0{,}046\ \text{m}}{0{,}30\ \text{m}} = 4{,}38° \rightarrow \text{Speicher W}$$

und auch für die Wellenlänge:

$$\lambda_{\text{Benzol}} = \frac{b \cdot \sin \alpha_1}{1} = 4{,}25 \cdot 10^{-7}\ \text{m}$$

Beim Übergang in ein anderes Medium bleibt die Frequenz unverändert. Sie ist der Quotient aus Lichtgeschwindigkeit und Wellenlänge. Also gilt:

$$\frac{c_{\text{Benzol}}}{\lambda_{\text{Benzol}}} = \frac{c_{\text{Luft}}}{\lambda_{\text{Luft}}} \Rightarrow c_{\text{Benzol}} = \frac{c_{\text{Luft}} \cdot \lambda_{\text{Benzol}}}{\lambda_{\text{Luft}}} = \frac{3{,}0 \cdot 10^{8}\ \text{m} \cdot \text{s}^{-1} \cdot 4{,}25}{6{,}35}$$

$$= \underline{\underline{2{,}0 \cdot 10^{8}\ \text{m} \cdot \text{s}^{-1}}}$$

Für die Brechzahl gilt:

$$n = \frac{c_{\text{Luft}}}{c_{\text{Benzol}}} = \frac{3{,}0}{2{,}0} = \underline{\underline{1{,}5}}$$

1.4 In der folgenden Skizze wird vereinfacht die Überlappung der Spektren veranschaulicht; innerhalb der Spektren steht der Buchstabe v für das kurzwellige violette Licht, der Buchstabe r für das langwellige rote.

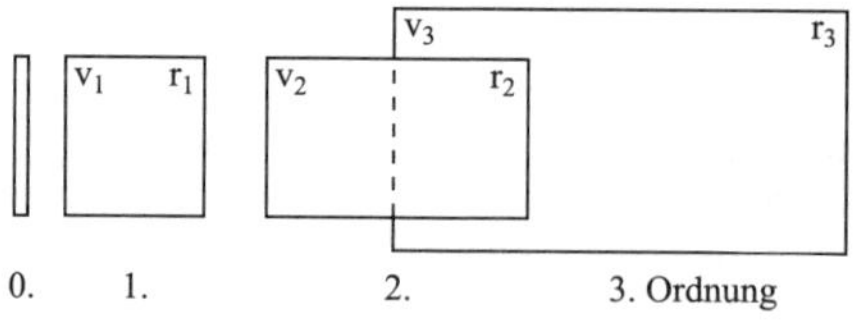

Infolge der Überlappung ist der Winkel, unter dem das Maximum 2. Ordnung des roten Lichtes abgelenkt wird, größer als der Winkel, unter dem das 3. Maximum des violetten Lichtes abgelenkt wird. Daraus folgt schrittweise:

$$\sin\alpha_{r_2} > \sin\alpha_{v_3}$$

$$\frac{2\cdot\lambda_r}{b} > \frac{3\cdot\lambda_v}{b}$$

$$2\cdot 800\text{ nm} > 3\cdot 400\text{ nm}$$

$$1600 > 1200,$$

womit die Unabhängigkeit von b nachgewiesen ist.

Dabei beginnt die Überlappung bereits im Gelben des zweiten Spektrums. Dort beträgt nämlich die Wellenlänge etwa 600 nm, und das Doppelte davon ist gerade das Dreifache von 400 nm, womit das 3. Spektrum mit Violett beginnt.

2.1 In einer Röntgenröhre muss ein Vakuum herrschen. Eine Glühkatode emittiert Elektronen. Durch eine Spannung von mehreren Zehntausend Volt werden diese beschleunigt und treffen auf der Anode auf. Infolge der Abbremsung wird fast die gesamte Energie der Elektronenstrahlung in Wärme umgewandelt (man muss man für eine entsprechende Kühlung sorgen), etwa 1 % der Energie wird in Röntgenstrahlung umgewandelt.

2.2 Aus $e\cdot U = h\cdot f = h\cdot\frac{c}{\lambda}$ folgt

$$\lambda = \frac{h\cdot c}{e\cdot U} = \frac{6{,}625\cdot 10^{-34}\text{ Js}\cdot 3\cdot 10^{8}\text{ m}\cdot\text{s}^{-1}}{1{,}602\cdot 10^{-19}\text{ As}\cdot 35000\text{ V}} = \underline{\underline{3{,}54\cdot 10^{-11}\text{ m}}}$$

2.3 Bei der charakteristischen Strahlung, die abhängig ist vom Anodenmaterial, wird die Energiedifferenz, die bei den Sprüngen der Elektronen zwischen den Elektronenschalen auftreten, in Form von elektromagnetischer Strahlung ausgesendet. Deswegen gilt:

$$\Delta E = h\cdot f = h\cdot\frac{c}{\lambda} \quad\Rightarrow\quad \lambda = \frac{h\cdot c}{\Delta E}$$

$$\lambda_{3\to 1} = \frac{h\cdot c}{E_3 - E_1} = \frac{6{,}625\cdot 10^{-34}\text{ Js}\cdot 3\cdot 10^{8}\text{ m}\cdot\text{s}^{-1}}{(-2{,}27\cdot 10^{2} + 2{,}00\cdot 10^{4})\text{ eV}}$$

$$\lambda_{3\to 1} = \frac{h\cdot c}{\Delta E} = \frac{h\cdot c}{E_3 - E_1} = \frac{6{,}625\cdot 10^{-34}\text{ Js}\cdot 3\cdot 10^{8}\text{ m}\cdot\text{s}^{-1}}{(-2{,}27\cdot 10^{2} + 2{,}00\cdot 10^{4})\cdot 1{,}602\cdot 10^{-19}\text{ As}}$$

$$= \underline{\underline{6{,}3\cdot 10^{-11}\text{ m}}}$$

Sie müssen nun nur in der Klammer des Nenners die Energie von E_3 durch die von E_2 ersetzen und erhalten

$$\underline{\underline{\lambda_{2\to 1} = 7{,}1\cdot 10^{-11}\text{ m.}}}$$

Leistungskurs Physik (Sachsen): Abiturprüfung 2002 (Nachtermin)
Aufgabe C 1: Thermistor

Die Temperaturabhängigkeit des Widerstandes des gegebenen Thermistors soll untersucht und eine Anwendung diskutiert werden. Planen Sie das Experiment gemäß der folgenden Aufgabenstellung und fordern Sie beim Aufsicht führenden Lehrer die erforderlichen Geräte und Hilfsmittel an. An die Reihenschaltung von Thermistor und ohmschen Bauelement wird die konstante Gleichspannung 5,0 V angelegt. Der Widerstand des ohmschen Bauelements wird Ihnen mitgeteilt. Der Thermistor befindet sich in destilliertem Wasser, dessen Temperatur ϑ mit einer Heizplatte erhöht und mit einem Thermometer gemessen werden kann. Zu messen ist die über dem ohmschen Bauelement abfallende Spannung U_R in Abhängigkeit von der Temperatur ϑ.

1 Skizzieren Sie den elektrischen Schaltplan der Experimentieranordnung. (2 BE)

2 Nehmen Sie im Intervall $25\,°C \leq \vartheta \leq 80\,°C$ zehn $U_R(\vartheta)$-Wertepaare auf. (3 BE)
Zeichnen Sie den Graphen der Funktion $U_R(\vartheta)$. (2 BE)

3 Führen Sie eine Fehlerbetrachtung durch (Beurteilen der Genauigkeit der Messwerte sowie der Ergebnisse). (1 BE)

4 R_T sei der Widerstand des gegebenen Thermistors.
Ermitteln Sie eine Funktionsgleichung, die näherungsweise die Abhängigkeit des Widerstandes R_T von der Temperatur ϑ beschreibt. (*Hinweis:* Auf die Angabe der Einheiten kann verzichtet werden.) Geben Sie mit Hilfe der ermittelten Funktionsgleichung die Größe von R_T bei 100 °C an. (4 BE)

5 Mit Hilfe der beiden gegebenen Schaltungen, die jeweils aus einem Heizwiderstand R_H, dem gegebenen Thermistor R_T, einem Transistor Tr, einem einstellbaren Widerstand R_E und einer Gleichspannungsquelle B bestehen, soll die Temperatur von Luft in einem kleinen Behälter auf die konstante Temperatur 100 °C geregelt werden. Erläutern Sie die Wirkungsweise einer der beiden Schaltungen. (3 BE)

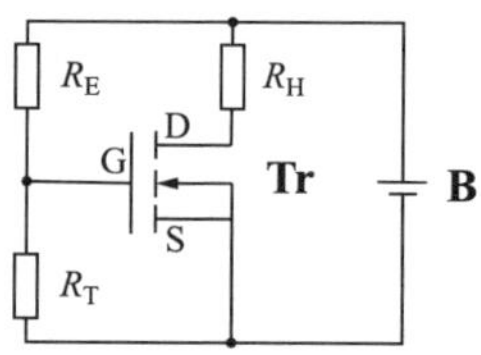

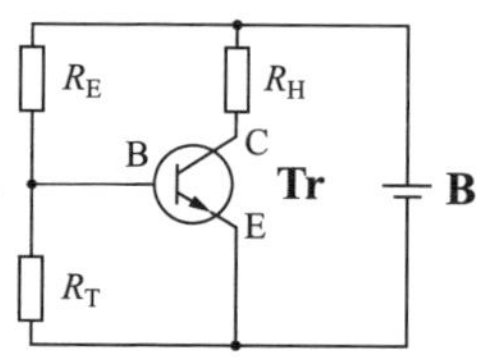

Lösung

Bei diesem Experiment müssen Sie folgende Geräte und Hilfsmittel anfordern:

- 1 Thermistor
- 1 ohmsches Bauelement
- 1 Gleichspannungsquelle
- 1 Potentiometer
- 2 Spannungsmessgeräte
- Verbindungsleiter, Steckbretter
- 1 Heizplatte mit Zubehör
- 1 Becherglas mit Wasser
- 1 Thermometer
- 1 Rührer
- Stativmaterial

1 Diese Schaltskizze müssen Sie angeben: Wollen Sie die Spannung mittels Potentiometerschaltung konstant halten, sollten Sie dies in der Schaltung angeben; dann wäre auch noch das zweite Voltmeter einzutragen, mit dem Sie die konstante Gleichspannung kontrollieren.

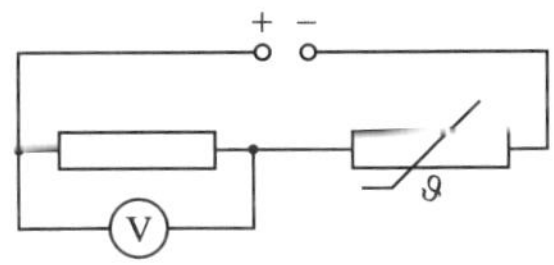

Wichtiger Hinweis: Mittels der Stativteile sollten Sie auf alle Fälle das Gefäß so stabilisieren, dass das Gefäß mit dem heißen Wasser unter keinen Umständen von der Heizplatte herunterfallen kann! Achten Sie darauf, dass Sie die Heizplatte nicht berühren und überlassen Sie nach der Beendigung des Versuches den Abbau dem Aufsicht führenden Lehrer.

2 **Messprotokoll:**

1.	ϑ	25°	30°	35°	40°	45°	50°	55°	60°	70°	80°
2.	U_R in V	0,14	0,15	0,17	0,18	0,20	0,22	0,24	0,26	0,29	0,32
3.	R_T in Ω	347	323	284	268	240	217	198	182	162	146

Die Spannung von 5,0 V wurde konstant gehalten. Das ohmsche Bauelement hatte einen Widerstand von genau 10 Ω; der Wert wird Ihnen vom Lehrer benannt.

Das $\boldsymbol{U_R}$**-**$\boldsymbol{\vartheta}$**-Diagramm** zeichnen Sie ohne Schwierigkeiten.

Die Ergebnisse in der 3. Zeile, d. h. die jeweiligen Widerstandswerte für den Thermistor, erhalten Sie auf folgende Weise:

Es gilt die Spannungsteilerregel:

$$\frac{U_1}{U_2} = \frac{R_1}{R_2},$$

wobei sich der Index 1 auf den Widerstand des ohmschen Bauelementes, der Index 2 auf den Thermistor bezieht. Der Spannungsabfall am Thermistor ist stets die Differenz zwischen 5 V und dem jeweiligen Messwert U_R. Also gilt die Berechnungsgleichung

$$R_T = \frac{(5\text{ V} - U_R)}{U_R} \cdot 10\ \Omega$$

Geben Sie nun im **TABLE**-Modus ein: $Y1 = (5 - X) \div X \times 10$

Dazu: Start: 0.14
End: 0.32
pitch: 0.01

Dadurch erhalten Sie (wegen der Schrittweite 0,01) mehr als die erforderlichen Werte für die Zeile 3 der Tabelle.

3 Wenn man genügend Wasser zu Verfügung hat, dann vollzieht sich der Temperaturanstieg so langsam, dass man nach dem Erreichen des vorgegebenen Temperaturwertes bequem die Spannung ablesen kann. Die Messungen sind insofern ungenau, als man im ersten Drittel der Skala abliest. Aber die Stetigkeit, mit der die gemessenen Spannungswerte zunehmen, lässt auf eine ziemliche Verlässlichkeit schließen.

4 Zur Ermittlung der Funktionsgleichung arbeiten Sie im **STAT**-Modus und tragen in Liste 1 die zehn Temperaturwerte ein und in Liste 2 die in der 3. Zeile stehenden Widerstandswerte.

Die Regression erfolgt nun in folgender Weise:
Drücken Sie [F1] (GRPH [F1] (GPH1), und Sie sehen die Folge der Messpunkte:

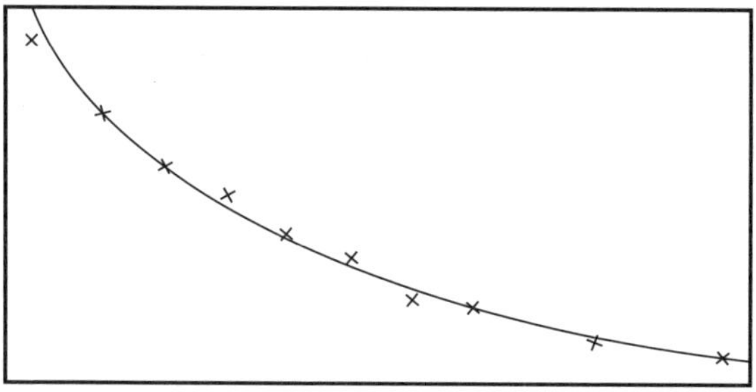

Eine lineare Regression ist in diesem Falle nicht angemessen, also versucht man es mit einer Potenzfunktion:

[F6] (▷), danach [F3] (Pwr). [F6] (DRAW). Der eingezeichnete Graph folgt im wesentlichen den eingetragenen Messpunkten, so dass man sich mit [F5] (COPY) die Funktion $y = 4526{,}00257 \cdot x^{-0{,}7799777}$ ins GRAPH-Menü überträgt. Sie müssen das Betrachtungsfenster erweitern durch Xmax = 100, damit Sie den Widerstand des Thermistors bei 100° C ermitteln können. Erst dann zeichnen Sie mit DRAW den Graphen und ermitteln mit [F5] G-Solv, [F6] (▷) [F1] (Y-CAL) den gesuchten Widerstand:

Geben Sie X = 100 ein, und Sie erhalten für den Widerstandswert des Thermistors: $\underline{\underline{R_{100} = 125\,\Omega}}$.

5 Die zweite Schaltung enthält einen n-p-n-Transistor. Der Widerstand R_E und der Thermistor R_T bilden einen Spannungsteiler. Ist R_T (bei höherer Temperatur) klein, dann fällt an ihm eine geringe Spannung ab, und wegen der geringen Basis-Emitter-Spannung ist der Transistor gesperrt. Da die Grenzschicht CB in Sperrrichtung geschaltet ist, fließt durch den Heizwiderstand R_H kein Strom.

Verringert sich die Temperatur, nimmt R_T zu, so dass sich der Spannungsabfall an ihm vergrößert. Dadurch fließt ein Kollektorstrom und der Heizwiderstand wird vom Strom durchflossen. Die Temperatur am Thermistor erhöht sich, sein Widerstand nimmt ab, so dass der Transistor wieder gesperrt wird.

Mithilfe von R_E lässt sich das Ganze so einstellen, dass die Solltemperatur 100 °C eingehalten wird.

Leistungskurs Physik (Sachsen): Abiturprüfung 2002 (Ersttermin)
Aufgabe C 2: Geradlinig beschleunigte Bewegung

Die folgende Experimentieranordnung wird Ihnen vollständig aufgebaut übergeben.
Es soll durch Messungen und theoretische Betrachtung untersucht werden, ob eine konstante Beschleunigung vorliegt.

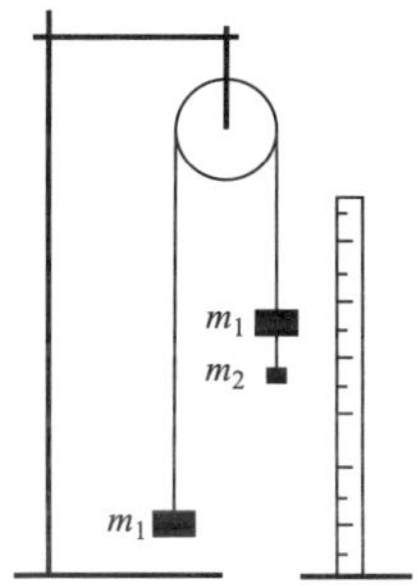

1 Messen Sie die Masse und den Radius der Rolle und bestimmen Sie aus diesen Größen näherungsweise das Trägheitsmoment J der Rolle. (3 BE)

2 Nennen Sie die Art der Bewegung, die sich bei Vernachlässigung der Reibung theoretisch einstellen müsste. (1 BE)

3 Messen Sie für den Bewegungsvorgang vier Weg-Zeit-Wertepaare. Untersuchen Sie, ob sich die Vermutung von 2 bestätigt. (5 BE)

4 Geben Sie die beim Bewegungsvorgang auftretenden Energieumwandlungen an. (2 BE)

5 Für den Zusammenhang zwischen Weg und Zeit gilt unter Vernachlässigung der Reibung:

$$t = \sqrt{\frac{\left(4m_1 + 2m_2 + \frac{2J}{r^2}\right) \cdot s}{m_2 \cdot g}} \qquad (1)$$

Vergleichen Sie ihre Messwerte von Teilaufgabe 3 mit den entsprechenden unter Nutzung der Gleichung (1) berechneten Werten.
Entscheiden und begründen Sie, ob das Ergebnis des Vergleichs mit der Vernachlässigung der Reibung erklärbar ist. (4 BE)

Lösung

Bei diesem Experiment werden Ihnen folgende Geräte und Hilfsmittel bereitgestellt:
- Die abgebildete Anordnung
- 1 Stoppuhr
- 1 Waage
- 1 Lineal zum Messen des Durchmessers der Rolle
- Stativmaterial

1 Die Rolle hat die Form eines Vollzylinders; dessen Trägheitsmoment wird nach der Formel

$$J = \frac{1}{2} \cdot m \cdot r^2 \text{ ermittelt.}$$

Beträgt z. B. $m = 18$ g und $r = 4{,}2$ cm, dann ergibt sich

$$J = \frac{1}{2} \cdot 0{,}018\ \text{kg} \cdot (0{,}042\ \text{m})^2 = \underline{\underline{1{,}6 \cdot 10^{-5}\ \text{kg} \cdot \text{m}^2}}$$

2 Die Gewichtskraft der Zusatzmasse m_2 bewirkt, dass sich das System aller drei Massen durch diese konstante Kraft in Bewegung setzt. Es kommt dadurch zu einer geradlinigen gleichmäßig beschleunigten Bewegung

3 Da Sie den Versuch alleine ausführen müssen, sollten Sie am Messstab im Abstand von 20 cm die Stellen markieren, an denen Sie die Zeiten messen wollen. Halten Sie zu diesem Zweck die linke Masse am Boden fest und bringen Sie die erste Markierung an der Oberkante der rechten Masse an. Von dort aus werden dann vier weiter Markierungen im Abstand von je 20 cm angebracht. Gestartet wird die Bewegung jeweils dadurch, dass die linke Masse am Boden freigegeben wird. Es ist dann auch problemlos eine rasche Wiederholung der Messungen möglich.

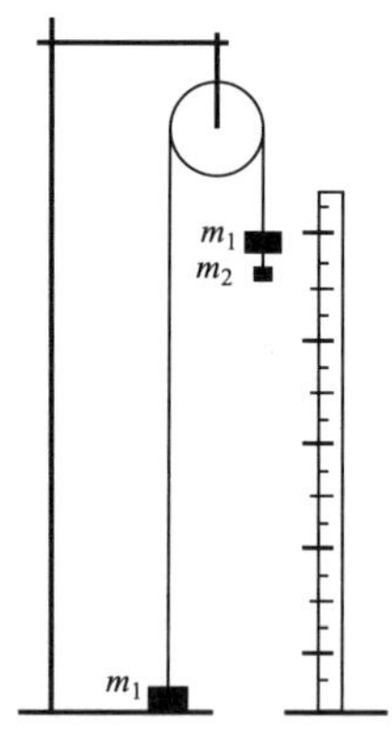

1	s in m	0	0,20	0,40	0,60	0,80
2	t in s	0	1,9	2,6	3,4	3,9

Im **STAT**-Modus geben Sie in Liste 1 die Werte der Zeile 2 und in Liste 2 die von Zeile 1 ein. Dann: [F1] (GRPH) [F1] (GPH1), und Sie sehen die Folge der Messpunkte

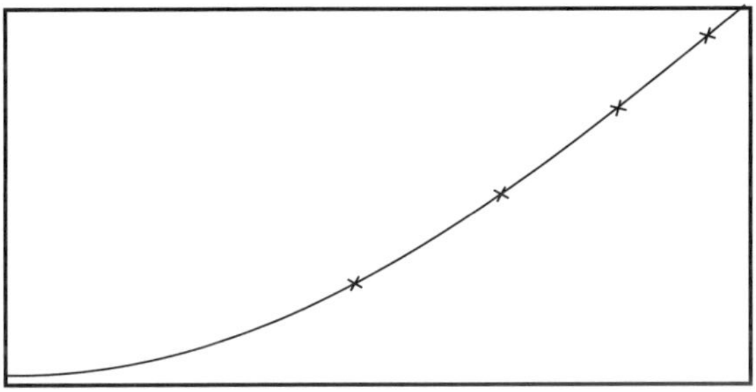

Danach [F3] (X^2) [F6] (DRAW). Der eingezeichnete Graph, Teil einer quadratischen Parabel, folgt im wesentlichen den eingetragenen Messpunkten. Das ist ein Nachweis dafür, dass $s \sim t^2$ ist.

Noch überzeugender wäre es, die jeweilige Beschleunigung nach der Gleichung

$$a = \frac{2 \cdot s}{t^2}$$

zu ermitteln. Dann müssten Sie im **RUN**-Modus eingeben:

2 × List 2 ÷ (List 1)^2 → List 3 [EXE]. „Done" bedeutet, dass die Übertragung der Resultate in Liste 3 erfolgt ist. Sollte zunächst „Ma ERROR" angezeigt werden, dann haben Sie versäumt, vorher das Wertepaar (0/0) in beiden Listen zu löschen; denn die Division durch Null ist ja nicht möglich!

Schließlich sieht man im **STAT**-Modus im Display Folgendes:

(*t* in s)	(*s* in m)	(*a* in m/s^2)
List 1	**List 2**	**List 3**
1,9	0,2	0.1108
2.6	0.4	0.1183
3.4	0.6	0.1138
3.9	0.8	0.1051

Deutlich erkennt man, dass die Beschleunigung nahezu konstant ist. Übrigens: Der Betrag der auftretenden Beschleunigung ist etwa der 90. Teil der Erdbeschleunigung!

4 Bei der Aufwärtsbewegung der linken Masse nimmt deren potenzielle Energie zu, in gleichem Maße nimmt die potenzielle Energie der rechten Masse ab. Die Zusatzmasse verliert ebenfalls potenzielle Energie, aber diese Energie wandelt sich um in kinetische Energie der drei Massen sowie in Rotationsenergie der Rolle.

5 Der Term $\frac{2J}{r^2}$ ist genau die Masse der Rolle, also 18 g. Die beiden gleich großen Massestücke hatten eine Masse von je 100 g, die Zusatzmasse betrug 5 g.
Deswegen muss man für die Klammer unter der Wurzel den Zahlenwert 0,428 einsetzen.

Und im **TABLE**-Modus berechnet man mittels der Gleichung

$$Y1 = \sqrt{\ }(.428 \times X \div (.005 \times 9.81))$$

die vier Zeiten aus, die in der Tabelle nunmehr in der 3. Zeile eingetragen sind:

1	s in m	0	0,20	0,40	0,60	0,80
2	t in s (gemessen)	0	1,9	2,6	3,4	3,9
3	t in s (berechnet)	0	1,3	1,9	2,3	2,6

Deutlich ist zu erkennen, dass die gemessenen Werte sämtlich größer sind als die berechneten. Die Reibung ist eben nicht unerheblich. Und sie bewirkt, dass sich die Rolle langsamer dreht, so dass die Zeiten beim Experiment größer ausfallen. Oder anders argumentiert: Ohne Reibung würde sich die Rolle schneller bewegen und es wären kleinere Zeiten gemessen worden, eben solche, die sich durch die Rechnung ergeben haben.

Interessant ist die Herleitung der gegebenen Berechnungsgleichung (1), denn die Aussagen unter Punkt 4 liefern bereits den Ansatz:

$$m_2 \cdot g \cdot s = \frac{2 \cdot m_1 + m_2}{2} \cdot v^2 + \frac{J}{2} \cdot \omega^2$$

$$m_2 \cdot g \cdot s = \frac{2 \cdot m_1 + m_2}{2} \cdot \left(\frac{2 \cdot s}{t}\right)^2 + \frac{J}{2} \cdot \left(\frac{v}{r}\right)^2 = \frac{2 \cdot m_1 + m_2}{2} \cdot \frac{4 \cdot s^2}{t^2} + \frac{\mathrm{J}}{2} \cdot \left(\frac{2 \cdot s}{r \cdot t}\right)^2$$

$$m_2 \cdot g \cdot s = \frac{2 \cdot m_1 + m_2}{2} \cdot \frac{4 \cdot s^2}{t^2} + \frac{J}{2} \cdot \frac{4 \cdot s^2}{r^2 \cdot t^2} = \left(4 \cdot m_1 + 2 \cdot m_2 + \frac{2 \cdot J}{r^2}\right) \cdot \frac{s^2}{t^2}$$

$$m_2 \cdot g \cdot t^2 = \left(4 \cdot m_1 + 2 \cdot m_2 + \frac{2 \cdot J}{r^2}\right) \cdot s$$

$$t^2 = \frac{\left(4 \cdot m_1 + 2 \cdot m_2 + \frac{2 \cdot J}{r^2}\right) \cdot s}{m_2 \cdot g},$$ und daraus folgt die gegebene Gleichung (1):

$$t = \sqrt{\frac{\left(4 \cdot m_1 + 2m_2 + \frac{2 \cdot J}{r^2}\right) \cdot s}{m_2 \cdot g}}$$ bzw. gemäß Punkt 5 auf Seite 2002-31:

$$\underline{\underline{t = \sqrt{\frac{(4 \cdot m_1 + 2 \cdot m_2 + m_{Rolle}) \cdot s}{m_2 \cdot g}}}}$$

Leistungskurs Physik (Sachsen): Abiturprüfung 2003
Aufgabe A: Mechanik/Elektrizitätslehre

1 Bewegungen

Die Abbildung zeigt den prinzipiellen Aufbau eines Federwurfgeräts. Dieses kann für Experimentierzwecke zum Abschießen kleiner Stahlkugeln verwendet werden. Für die Feder gilt das Kraftgesetz $F = -D \cdot s$, diese ist in der Abbildung nicht gespannt.

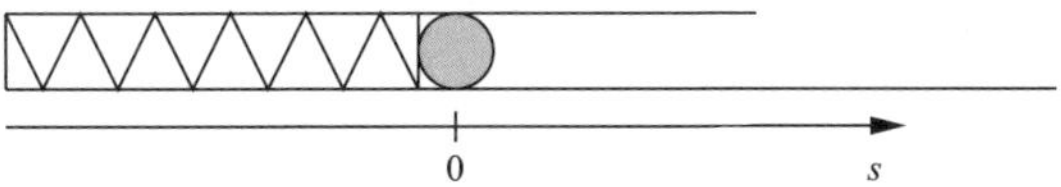

Die Masse der verwendeten Kugel beträgt 6,0 g. Vor dem Abschuss wird diese so in das Wurfgerät eingelegt, dass sie die gespannte Feder gerade berührt. Reibungseffekte werden zunächst vernachlässigt.

1.1 Um die Feder 15 cm zu spannen, wird die Kraft 30 N benötigt.
Geben Sie die Konstante D an.

1.2 Das Gerät wird zunächst zum horizontalen Abschuss verwendet.
Bei dem Test wird die Feder 40 cm gespannt und eine Kugel abgeschlossen. Die Kugel löst sich am Ort $s = 0$ von der Feder.

1.2.1 Ermitteln Sie die Abschussgeschwindigkeit.

1.2.2 Weisen Sie nach, dass die maximale Beschleunigung $1{,}3 \cdot 10^4\ \text{m} \cdot \text{s}^{-2}$ beträgt. (5 BE)

1.2.3 Berechnen Sie die Dauer der Beschleunigungsphase.
(Hinweis: Die Beschleunigungsphase entspricht dem ersten Viertel der Periode eines harmonischen Federschwingers, der zum Zeitpunkt $t = 0$ maximal ausgelenkt wird.)
Zeichnen Sie für diese Phase das $s(t)$-Diagramm.
Skizzieren Sie das zugehörige $v(t)$-Diagramm. (5 BE)

1.3 Das Gerät wird nun zum senkrechten Abschuss nach oben verwendet. Die Steighöhe h wird über dem Ende der gespannten Feder bis zum oberen Umkehrpunkt gemessen.
Ermitteln Sie den zum Erreichen der Steighöhe 2,0 m erforderlichen Federspannweg.

1.4 Nun wird der Luftwiderstand berücksichtigt und vereinfacht angenommen, dass die konstante Reibungskraft F_R wirkt. Leiten Sie eine Gleichung her, mit der sich der Federspannweg aus den Größen F_R, h, D und m berechnen lässt. Nutzen Sie den Energieerhaltungssatz. (4 BE)

2 Bewegung von Teilchen im elektrischen und magnetischen Feld

Ein Strahl gleichartiger Ionen unterschiedlicher Geschwindigkeit dringt senkrecht zu den Feldlinien in ein magnetisches Feld der Flussdichte 0,50 T ein. Das magnetische Feld wird, wie in der Abbildung dargestellt, durch das elektrische Feld eines Plattenkondensators überlagert, so dass nur Ionen der Geschwindigkeit $5{,}0 \cdot 10^5\ \mathrm{m \cdot s^{-1}}$ die Anordnung auf der in der Abbildung dargestellten Bahn durchlaufen.

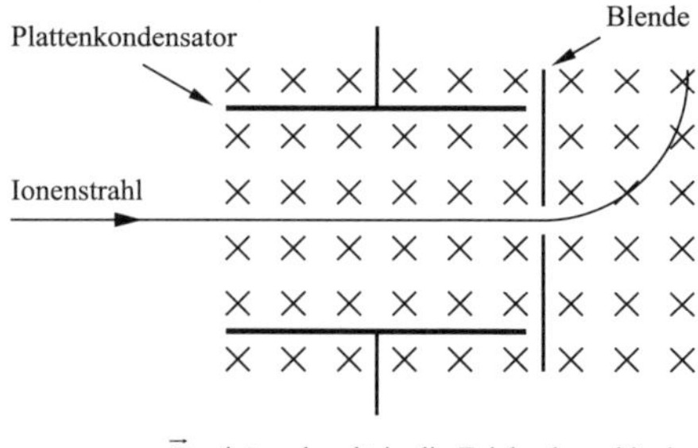

$\vec{B}$ zeigt senkrecht in die Zeichnebene hinein.

2.1 Geben Sie die Richtung des elektrischen Feldes an. Begründen Sie Ihre Aussage.

2.2 Berechnen Sie den Betrag der notwendigen elektrischen Feldstärke.
Leiten Sie die erforderliche Gleichung her. (5 BE)

2.3 Nach dem Passieren der Blende wirkt nur noch das magnetische Feld.
Begründen Sie, dass sich die Teilchen auf einem Kreisbogen bewegen.

Berechnen Sie die spezifische elektrische Ladung $\frac{Q_{\mathrm{Ion}}}{m_{\mathrm{Ion}}}$ der Ionen für den Fall, dass der Radius des Kreisbogens 2,1 cm beträgt. Gehen Sie vom Kräfteansatz aus und stellen Sie Zwischenschritte Ihrer Berechnung dar.

2.4 Nun durchlaufen Protonen unter gleichen Bedingungen die Anordnung.
Vergleichen Sie qualitativ den sich nach der Blende ergebenden Bahnradius der Protonenbahn mit dem der Ionenbahn. Begründen Sie Ihre Aussage. (6 BE)

Lösung

1.1. Das Kraftgesetz ist gegeben; das Minuszeichen entspricht der Tatsache, dass beim Spannen der Feder die Kugel nach links verschoben werden muss, also gilt $s = -15$ cm. Damit folgt zur Berechnung der Federkonstanten

$$D = -\frac{F}{s} = -\frac{30\ \mathrm{N}}{-0{,}15\ \mathrm{m}} = \underline{\underline{200\ \frac{\mathrm{N}}{\mathrm{m}}}}$$

1.2.1 Für die Federspannenergie gilt: $E_{pot} = \frac{1}{2} \cdot F_E \cdot s$.

Diese Energie wird vollständig in kinetische Energie umgewandelt. Also folgt daraus

$$\frac{1}{2} \cdot m \cdot v^2 = \frac{1}{2} \cdot F_E \cdot s \Rightarrow v = \sqrt{\frac{D \cdot s^2}{m}} = \sqrt{\frac{200\ \mathrm{N} \cdot (-0{,}4\ \mathrm{m})^2}{6 \cdot 10^{-3}\ \mathrm{kg}}} = \underline{\underline{73\ \mathrm{m} \cdot \mathrm{s}^{-1}}}$$

1.2.2 $a = \frac{F}{m} = \frac{-D \cdot s}{m} = \frac{-200\ \mathrm{N} \cdot \mathrm{m}^{-1} \cdot (-0{,}4\ \mathrm{m})}{0{,}006\ \mathrm{kg}} = -1{,}3 \cdot 10^4\ \mathrm{m} \cdot \mathrm{s}^{-2}$

1.2.3 Für die Periodendauer eines Federschwingers gilt: $T = 2 \cdot \pi \cdot \sqrt{\frac{m}{D}}$:

Also wird die gesuchte Zeit folgendermaßen berechnet:

$$t = \frac{1}{4} \cdot T = \frac{1}{4} \cdot 2\pi \cdot \sqrt{\frac{m}{D}} = \frac{\pi}{2} \cdot \sqrt{\frac{0{,}006\ \mathrm{kg}}{200\ \mathrm{N} \cdot \mathrm{m}^{-1}}}$$

$$t = \frac{\pi}{2} \cdot \sqrt{\frac{0{,}006\ \mathrm{kg}}{200\ \mathrm{kg} \cdot \mathrm{m} \cdot \mathrm{s}^{-2} \cdot \mathrm{m}^{-1}}} = \underline{\underline{8{,}6 \cdot 10^{-3}\ \mathrm{s}}}.$$

Multiplizieren Sie sogleich mit 4, dann erhalten Sie die Periodendauer T, die Sie als Variable P speichern sollten.

Beabsichtigt ist nämlich bei der grafischen Darstellung und bei weiteren Berechnungen die Benutzung des GTR. Und deswegen speichern Sie auch die Maßzahl der Amplitude –0,4 unter A ab und stellen beim Winkelmaß „Angle" das Bogenmaß „RAD" ein. Unter Berücksichtigung der Tatsache, dass der „Schwinger", nämlich die Kugel, zum Zeitpunkt $t = 0$ maximal ausgelenkt wurde, ergibt sich die Gleichung:

$$s(t) = s(0) \cdot \sin\left(\frac{2\pi}{T} \cdot \left(t + \frac{T}{4}\right)\right).$$

Dabei wurde eine Phasenverschiebung von einer Viertelperiode berücksichtigt.

Im **GRAPH**-Modus müssen Sie dann eingeben:

$$\mathrm{Y1} = \mathrm{A} \sin(2\pi \div \mathrm{P} \times (\mathrm{X} + \mathrm{P} \div 4))$$

Dazu das Betrachtungsfenster:

View Window	
Xmin:	0
max:	P ÷ 4
Scale:	P ÷ 16
Ymin:	−0.4
max:	0.4
Scale:	0.1

Das liefert dann folgende Darstellung:

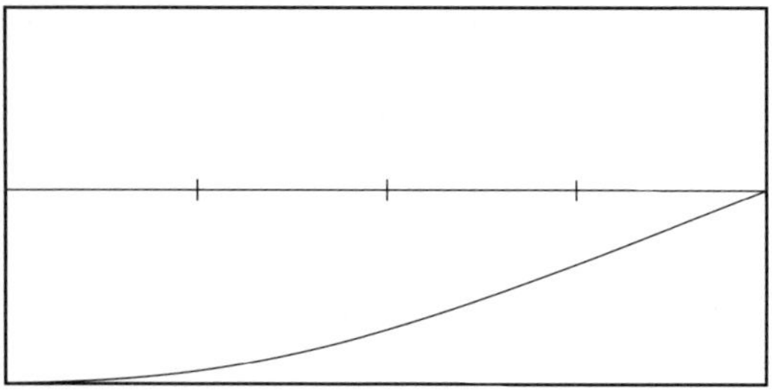

Die Wege (Elongationen) für die Zeitpunkte 0, $\frac{1}{16}T$, $\frac{1}{8}T$, $\frac{1}{16}T$ und $\frac{1}{4}T$ ermitteln Sie im **TABLE**-Modus.

Drücken Sie [F5] (RANG) und geben Sie ein:

Start: 0

End: P ÷ 4

pitch: P ÷ 16

Im Display erscheinen natürlich die entsprechenden Zeiten, ebenso in Spalte 1 unter X. Das **TABLE**-Display sieht dann so aus:

X	Y1	Y'1
0	−0.4	0
2.1E-3	−0.369	27.9
4.3E-3	−0.282	51.6
5.4E-3	−0.153	67.5
8.6E-3	0	73.0

Damit haben Sie mit einem Schlag sämtliche zum Zeichnen erforderlichen Werte:

t	0	$\frac{1}{16}T$	$\frac{1}{8}T$	$\frac{3}{16}T$	$\frac{1}{4}T$
s in m	−0,40	−0,37	−0,28	−0,15	0
v in $\frac{\text{m}}{\text{s}}$	0	28	52	68	73

In der dritten Spalte des Displays erscheinen, falls Sie die 1. Ableitung („Derivative ON") aktiviert haben, die Werte für die Geschwindigkeit. Sie könnten also sogar statt der erforderlichen Skizze das v-t-Diagramms auch zeichnen.

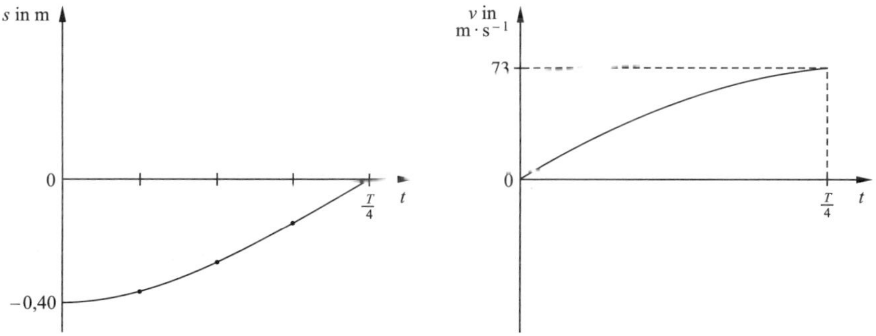

1.3 Ausgangspunkt ist der Energiesatz:

$$\frac{1}{2} \cdot D \cdot s^2 = m \cdot g \cdot h \;\Rightarrow\; s = \sqrt{\frac{2 \cdot m \cdot g \cdot h}{D}} = \underline{\underline{0{,}034 \text{ m}}}$$

1.4 Die eben genannte Energiebilanz wird ergänzt um den Summanden, der die Reibungsarbeit beschreibt:

$$\frac{1}{2} \cdot D \cdot s^2 = m \cdot g \cdot h + F_\text{r} \cdot h \;\Rightarrow\; s = \sqrt{\frac{2 \cdot h \cdot (m \cdot g + F_\text{r})}{D}}$$

2.1 Im rechten Teil der Zeichnung werden die Ionen unter dem Einfluss des Magnetfeldes nach oben abgelenkt. Entsprechend der Rechten-Hand-Regel, die auf die Lorentzkraft angewandt werden muss, ermittelt man, dass die Stromrichtung (Daumen nach rechts!) mit der Richtung des Ionenstrahls übereinstimmt. Also handelt es sich um positiv geladene Ionen. Und diese müssen im elektrischen Feld des Kondensators in Feldrichtung abgelenkt werden. Also ist die obere Platte des Kondensators positiv geladen.

2.2 Die Lorentzkraft und die elektrische Feldkraft haben den gleichen Betrag:

$$Q \cdot v \cdot B = E \cdot Q \quad \Rightarrow \quad E = v \cdot B = 5{,}0 \cdot 10^5 \text{ m} \cdot \text{s}^{-1} \cdot 0{,}50 \text{ V} \cdot \text{s} \cdot \text{m}^{-2} = \underline{\underline{2{,}5 \cdot 10^5 \text{ V} \cdot \text{m}^{-1}}}$$

2.3 Wie oben schon beschrieben, ist es die Lorentzkraft, die die Kreisbahn verursacht, denn die Ionen bewegen sich senkrecht zum Vektor der magnetischen Feldlinien. Dabei wirkt die Lorentzkraft als Radialkraft:

$$Q \cdot v \cdot B = \frac{m \cdot v^2}{r}$$

$$\frac{Q_{\text{Ion}}}{m_{\text{Ion}}} = \frac{v}{B \cdot r} = \frac{5 \cdot 10^5 \text{ m} \cdot \text{s}^{-1}}{0{,}5 \text{ V} \cdot \text{s} \cdot \text{m}^{-2} \cdot 0{,}021 \text{ m}} = 4{,}8 \cdot 10^7 \frac{\text{m} \cdot \text{s}^{-1}}{\text{kg} \cdot \text{m}^2 \cdot \text{s}^{-3} \cdot \text{A}^{-1} \cdot \text{s} \cdot \text{m}^{-2} \cdot \text{m}}$$

$$\frac{Q_{\text{Ion}}}{m_{\text{Ion}}} = 4{,}8 \cdot 10^7 \frac{1}{\text{kg} \cdot \text{s}^{-1} \cdot \text{A}^{-1}} = 4{,}8 \cdot 10^7 \frac{\text{A} \cdot \text{s}}{\text{kg}} = \underline{\underline{4{,}8 \cdot 10^7 \frac{\text{C}}{\text{kg}}}}$$

2.4 Berechnet man die spezifische Ladung eines Protons, so ergibt sich:

$$\frac{Q_\text{p}}{m_\text{p}} = \frac{1{,}602 \cdot 10^{-19} \text{ C}}{1{,}672 \cdot 10^{-27} \text{ kg}} = 9{,}6 \cdot 10^7 \frac{\text{C}}{\text{kg}}$$

Das ist gerade das Doppelte des oben für die Ionen ermittelte Wert. Also gilt:

$$\frac{Q_{\text{Ion}}}{m_{\text{Ion}}} = \frac{1}{2} \frac{Q_\text{p}}{m_\text{p}}$$

$$\frac{v}{B \cdot r_{\text{Ion}}} = \frac{1}{2} \frac{v}{B \cdot r_\text{p}}$$

Und daraus folgt: $\underline{\underline{r_\text{p} = \frac{1}{2} r_{\text{Ion}}}}$

Leistungskurs Physik (Sachsen): Abiturprüfung 2003
Aufgabe B: Strahlenoptik/Kernphysik

1 Prismen werden in optischen Geräten u. a. zur Bildumkehr genutzt.
Ein Glasprisma, dessen Querschnitt ein gleichschenkliges, rechtwinkliges Dreieck darstellt, befindet sich in Luft. Gemäß der Abbildung trifft ein schmales einfarbiges Lichtbündel nahe und parallel zur Auflagefläche auf das Prisma.

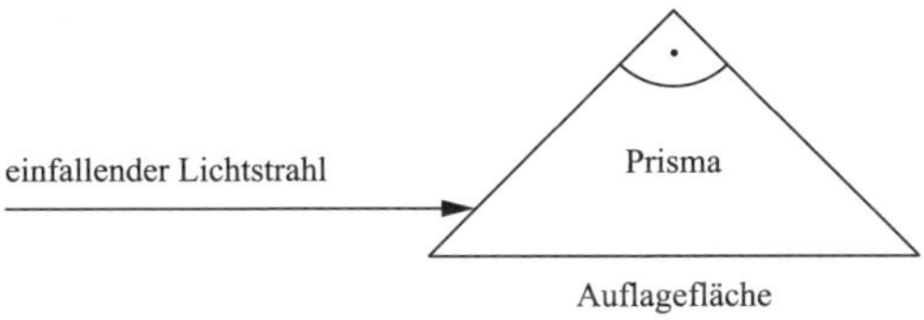

1.1 Nennen Sie zwei Bedingungen, unter denen Totalreflexion auftritt.
Leiten Sie eine Gleichung zur Berechnung des Grenzwinkels der Totalreflexion her.

1.2 Die Brechzahl des Glases beträgt 1,61. Weisen Sie rechnerisch nach, dass Totalreflexion auftritt und das erstmals aus dem Prisma austretende Lichtbündel parallel zum einfallenden verläuft.
Skizzieren Sie den Strahlenverlauf im Prisma und den Verlauf des aus dem Prisma tretenden Lichtstrahls.

1.3 Entscheiden Sie, ob die Richtung des erstmals aus dem Prisma austretenden Lichtbündels von der Brechzahl des Glases abhängt. Begründen Sie Ihre Aussage. (10 BE)

2 Das Isotop Rubidium-87 ist ein β^--Strahler mit der Halbwertzeit $4{,}7 \cdot 10^{10}$ Jahre. Es dient der Bestimmung des Alters von Fossilien. Das durch den radioaktiven Zerfall von Rubidium-87 gebildete Isotop ist stabil und in lebenden Organismen praktisch nicht nachweisbar (enthalten).

2.1 Stellen Sie die Reaktionsgleichung für den Zerfall des Rubidiumisotops auf.

2.2 Berechnen Sie die maximale kinetische Energie, die ein emittiertes β^--Teilchen erreichen kann.
Nennen Sie die Ursache dafür, dass sich die emittierten β^--Teilchen hinsichtlich ihrer kinetischen Energie unterscheiden.
(Kernmassen: $m_{Rb-87} = 1{,}44283511378 \cdot 10^{-25}$ kg
$m_{Sr-87} = 1{,}44282099909 \cdot 10^{-25}$ kg
Ruhmasse eines Elektrons: $m_e = 9{,}10938188 \cdot 10^{-31}$ kg) (4 BE)

2.3 Beschreiben Sie den prinzipiellen Aufbau eines Zählrohrs, mit dem radioaktive Strahlung nachgewiesen werden kann.

2.4 In einem Fossil werden im Mittel neben 1000 Kernen des Isotops Rubidium-87 zwei Kerne des durch radioaktiven Zerfall gebildeten Isotops registriert.
Berechnen Sie das Alter des Fossils.

2.5 Nennen Sie zwei physikalische Vorgänge, die beim Eindringen von β^--Teilchen in die Materie ablaufen können. (4 BE)

Lösung

1.1. Totalreflexion tritt ein beim Übergang des Lichtes vom optisch dichteren ins optisch dünnere Medium. Der Grenzwinkel der Totalreflexion wird erreicht, wenn der Austrittswinkel, der in diesem Falle immer größer ist als der Einfallswinkel im Glas, 90° erreicht. Ist der Winkel im Glas dann größer als dieser Grenzwinkel, wird das Licht total reflektiert, es verlässt in unserem Falle also das Prisma an der Auflagefläche nicht.

Daraus folgt:

$$\frac{\sin\alpha}{\sin 90^\circ} = \frac{1}{n} \quad \Rightarrow \quad \underline{\underline{\sin\alpha_G = \frac{1}{n}}}$$

1.2 $\sin\alpha_G = \frac{1}{1{,}61} = 0{,}621 \quad \Rightarrow \quad \alpha_G = 38{,}4^\circ$

$$\sin\beta = \frac{\sin\alpha}{n} = \frac{\sin 45^\circ}{n} = 0{,}439 \quad \Rightarrow \quad \beta = 26{,}1^\circ$$

Das wäre der Brechungswinkel beim Eintritt des Strahls in die linke Seitenfläche.

Man muss sich nun den Strahlenverlauf im linken Teil des Prismas verdeutlichen und die Winkel einzeichnen, die sich im Zusammenhang mit dem Einfallslot beim Eintritt und dem Einfallslot bei der Reflexion an der Auflagefläche ergeben.

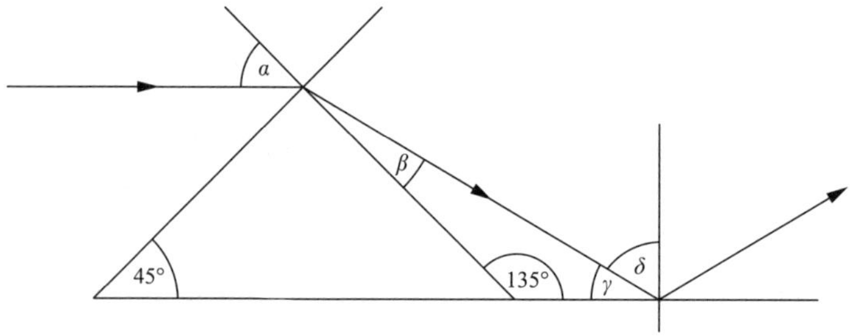

Nun erkennt man:

$$\delta = 90^\circ - \gamma = 90^\circ - (180^\circ - 135^\circ - \beta) = 45^\circ + \beta = 71{,}1^\circ$$

Somit ist gezeigt, dass dieser für die Reflexion an der Auflagefläche in Frage kommende Einfallswinkel größer ist als der Grenzwinkel der Totalreflexion. Da der sich nun ergebende Reflexionswinkel wiederum genau so groß ist, erfolgt das Auftreffen auf der rechten Seitenfläche unter dem Winkel β. Damit verlässt der Lichtstrahl das Prisma unter einem Winkel von wiederum 45°, womit die Parallelität nachgewiesen ist.

Skizze des Strahlenverlaufs:

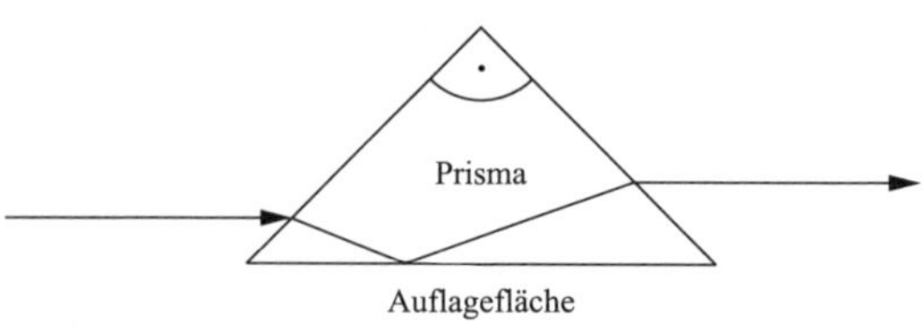

1.3 Da in jedem Fall Totalreflexion eintritt, erfolgt der Austritt in gleicher Weise wie der Eintritt. Es treten gleiche Winkel auf, also erfolgt der Austritt wiederum unter 45°. Die Brechzahl hat keinen Einfluss.

Oder das Ganze rechnerisch:

$$\sin\alpha' = n\cdot\sin\delta = n\cdot\sin\beta = n\frac{\sin\alpha}{n} = \sin\alpha \quad\Rightarrow\quad \underline{\underline{\alpha' = \alpha}}$$

2.1 $^{87}_{37}\text{Rb} \rightarrow {}^{87}_{38}\text{Sr} + {}^{0}_{-1}\text{e} + 1$ Neutrino (bzw. Antineutrino)

2.2 $E = \Delta m\cdot c^2 = (m_{\text{Rb}} - m_{\text{Sr}} - m_{\text{e}})\cdot c^2 = 4{,}5\cdot 10^{-14}\ \text{J} = \dfrac{4{,}5\cdot 10^{-14}\ \text{J}}{1{,}602\cdot 10^{-13}\ \frac{\text{J}}{\text{MeV}}} = \underline{\underline{0{,}28\ \text{MeV}}}$

Bei der Berechnung des Massedefektes wird das Neutrino nicht berücksichtigt, weil ihm keine Masse zugeordnet wird. Es übernimmt aber einen Teil der freiwerdenden Energie, wodurch die Energie der Betateilchen nicht einheitlich ist.

2.3 Den Aufbau beschreiben Sie an Hand Ihrer Aufzeichnung bzw. nach der Darstellung im entsprechenden Lehrbuch.

2.4
$$N = N_0\cdot e^{-\lambda\cdot t}$$
$$\frac{N_0}{N} = e^{\lambda\cdot t}$$
$$\lambda\cdot t = \ln\frac{N_0}{N}$$
$$t = \frac{\ln\frac{N_0}{N}}{\lambda}$$
$$t = \frac{\ln\frac{N_0}{N}}{\ln 2}\cdot T_{\frac{1}{2}}$$

Man kann doch wohl davon ausgehen, dass die ursprüngliche Anzahl der Rubidium-Kerne 1002 betrug, von denen in der Folge zwei Strontiumkerne entstanden sind, so dass die nunmehrige Zahl der Kerne nur noch 1000 beträgt. Mithin:

$$t = \frac{\ln\frac{1002}{1000}}{\ln 2}\cdot 4{,}7\cdot 10^{10}\ \text{a} = \underline{\underline{1{,}4\cdot 10^{8}\ \text{a}}}$$

2.5 Nennen könnten Sie: Streuung, Absorption, Ionisierungsvermögen, Abbremsung.

Leistungskurs Physik (Sachsen): Abiturprüfung 2003
Aufgabe C 1: Elektrizitätslehre

Führen Sie Messungen und Berechnungen an einer Spule sowie an Reihenschaltungen dieser Spule mit Kondensatoren bzw. Kondensatorkombinationen verschiedener Kapazität durch. Die Kapazität der Kondensatoren wird Ihnen mitgeteilt.

Planen Sie die Experimente gemäß der folgenden Aufgabenstellungen und fordern Sie beim Aufsicht führenden Lehrer die erforderlichen Geräte und Hilfsmittel an.

1 Ermitteln Sie durch Stromstärke- und Spannungsmessungen den ohmschen Widerstand der angegebenen Spule sowie den Wechselstromwiderstand (Scheinwiderstand) Z der Spule bei der Frequenz 50 Hz.
Skizzieren Sie den Schaltplan.
Berechnen Sie aus den Messwerten die Induktivität der Spule. (6 BE)

2 Die Spule soll nun im Wechselstromkreis bei 50 Hz mit einem Kondensator der Kapazität C in Reihe geschaltet werden. Stellen Sie (ohne zusätzlich zu experimentieren) die Abhängigkeit des Wechselstromwiderstands der Reihenschaltung von der Kapazität C im Intervall $C_{min} \leq C \leq C_{max}$ grafisch dar. Erfragen Sie dazu beim Aufsicht führenden Lehrer die Kapazitäten C_{min} und C_{max}.
Geben Sie die Kapazität an, bei der der Wechselstromwiderstand der Reihenschaltung minimal ist. (3 BE)

3 Schalten Sie die Spule bei 50 Hz nacheinander mit drei Kondensatoren bzw. Kondensatorkombinationen verschiedener Kapazität in Reihe.
Ermitteln Sie für jede dieser drei Reihenschaltungen durch Stromstärke- und Spannungsmessungen den Wechselstromwiderstand.
Nennen Sie Fehlerquellen.
Hinweis: Bei Parallelschaltung von n Kondensatoren gilt für die Gesamtkapazität die Gleichung $C_{ges} = C_1 + C_2 + C_3 + \dots C_n$.

4 Tragen Sie die Ergebnisse der Aufgabe 3 in Ihr Diagramm von Aufgabe 2 ein. (6 BE)

Lösung

Bei diesem Experiment müssen Sie folgende Geräte und Hilfsmittel anfordern:

- 1 Spannungsquelle für Gleich- und Wechselstrom
- 1 Spannungsmessgerät
- 1 Stromstärkemessgerät
- Verbindungsleiter, Steckbretter
- Verschiedene Kondensatoren
- 1 Spule

1 Im Schaltplan müssen Sie die Spannungs- und Stromstärkemessung berücksichtigen. Alle Messungen sollten mehrfach, vielleicht auch bei verschiedenen Spannungen, wiederholt werden, um jeweils einen geeigneten Mittelwert zu ermitteln. Dies sollte aus Ihrem Protokoll hervorgehen.

Beispielwerte: $R = 150\ \Omega$
$Z = 493\ \Omega$
$X_L = 470\ \Omega \quad (X_L = \sqrt{(Z^2 - R^2)})$
$L = 1{,}5\ \text{H} \quad (X_L = \omega \cdot L)$

2 Werden Ihnen beispielsweise 2 Kondensatoren zu je 1 µF sowie 2 Kondensatoren zu je 4 µF übergeben, dann wird Ihnen mitgeteilt, dass durch geeignete Kombination der Kondensatoren das Intervall für die Kapazität lautet: $0{,}4\ \mu\text{F} \le C \le 10\ \mu\text{F}$.

Für den Wechselstromwiderstand bei Reihenschaltung von R, X_L und X_C gilt:

$$X = \sqrt{R^2 + \left(\omega \cdot L - \frac{1}{\omega \cdot C}\right)^2}$$

Entsprechend geben Sie im **GRAPH**-Modus ein:

Y1 = √(R² + (WL − (WX)^ −1)²)

Im **RUN**-Modus geben Sie den Zahlenwert

150 in den Speicher R (für den ohmschen Widerstand R),

1,5 in den Speicher L (für die Induktivität L) und

314 in den Speicher W (für die Kreisfrequenz ω) ein.

So können Sie die Gleichung Y1 übersichtlicher darstellen, als wenn Sie die Zahlenwerte selbst eingegeben hätten.

Dazu das Betrachtungsfenster:

View Window	
Xmin:	0
max:	$10 \cdot 10^{-6}$
Scale:	10^{-6}
Ymin:	0
max:	8000
Scale:	1000

Abb. 1

Das liefert dann folgende Darstellung:

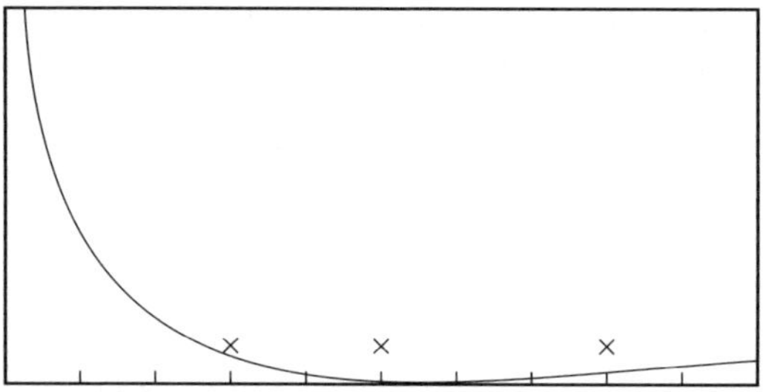

Abb. 2

Das Minimum lässt sich mit dem GTR rasch ermitteln (mittels [F5] (G-Solv) [F3] (MIN):
Bei der Kapazität 6,8 µF ist der Wechselstromwiderstand minimal. Er beträgt 150 Ω.
Da Sie den Kurvenverlauf zeichnen sollten, gehen Sie ins **TABLE**-Menü, wo die Gleichung Y1 bereits steht. Geben Sie ein:

Start: 0
End: $10 \cdot 10^{-6}$
pitch: 10^{-6}

Das **TABLE**-Display sieht dann so aus:

X	Y 1
0	ERROR
1E-6	2717
2E-6	1131
3E-6	609
4E-6	358
5E-6	223
6E-6	161
7E-6	150
8E-6	166
9E-6	190
1E-5	213

Abb. 3

In der 1. Spalte stehen die Maßzahlen der Kapazität von 0 bis 10 µF.
In der 2. Spalte werden die Maßzahlen des in Ohm gemessenen Wechselstromwiderstandes verkürzt wiedergegeben. Aber zum Zeichnen ist das mehr als ausreichend.

Für 0,4 µF könnten Sie mittels Y-CAL zusätzlich ermitteln: $Z = 7492\ \Omega$.

3 Schalten Sie beispielsweise zwei Kondensatoren zu je 4 µF in Reihe, dann ergeben sich rechnerisch 2 µF. Noch einen von 1 µF parallel dazu, so haben Sie 3 µF. Ermitteln Sie durch Spannungs- und Stromstärkemessung im Wechselstromkreis der Wechselstromwiderstand *Z*: Sie erhalten Z = 630 Ω.

Schalten Sie zwei Kondensatoren je 1 µF und einen 4 µF parallel, dann ergeben sich 6 µF. Mit dieser Kombination (natürlich wiederum in Reihe mit der Spule!) ergibt sich Z = 150 Ω.

Nun: Zweimal 4 µF parallel, das ergibt 8 µF, dazu die Spule in Reihe: Z = 170 Ω.

Natürlich können Sie auch andere Kombinationen wählen. Überprüfen Sie die hier angegebenen Gesamtkapazitäten rechnerisch bzw. ermitteln Sie die Gesamtkapazität der von Ihnen gewählten anderen Kondensatorkombinationen.

Wenn Sie diese drei Ergebnisse mit den im TABLE-Modus berechneten Werten vergleichen, so stellen Sie gewisse Abweichungen fest. Dazu sollten Sie sich äußern.

Fehler treten auf bei der Benutzung der Messgeräte, insbesondere, wenn der Zeigerausschlag im ersten Drittel der Skale liegt. Berücksichtigen Sie auch die Güteklasse der Geräte. Die auf den Kondensatoren angegebenen Werte sind auch mit einem Fehler behaftet. Die Fehlerquote insgesamt wird ca. 10 % betragen.

4 Beim Eintragen der Ergebnisse von Aufgabe 3 ins Diagramm werden Sie feststellen, dass die Abweichungen nicht allzu sehr ins Gewicht fallen. Die kleinen Kreuze in Abbildung 2 der Aufgabe 3 machen dies deutlich.

Leistungskurs Physik (Sachsen): Abiturprüfung 2003
Aufgabe C 2: Mechanik

Der skizzierte Versuchsaufbau wird Ihnen vollständig aufgebaut übergeben. Es ist folgendes Experiment durchzuführen.

Der Pendelkörper des Fadenpendels wird so ausgelenkt, dass dessen Schwerpunkt um $h = 5{,}0$ cm angehoben wird. Mit Hilfe eines Anschlags wird die Auslenkhöhe fixiert. Nach dem Loslassen stößt der Hakenkörper in der Gleichgewichtslage die Kugel, die einen Impuls in waagerechter Richtung erhält.

Der Auftreffpunkt der Kugel auf der Tischplatte soll durch einen Abdruck von Kohlepapier auf einem weißen Zeichenblatt sichtbar gemacht werden.

Die Masse der Kugel und die Masse des Pendelkörpers werden Ihnen mitgeteilt.

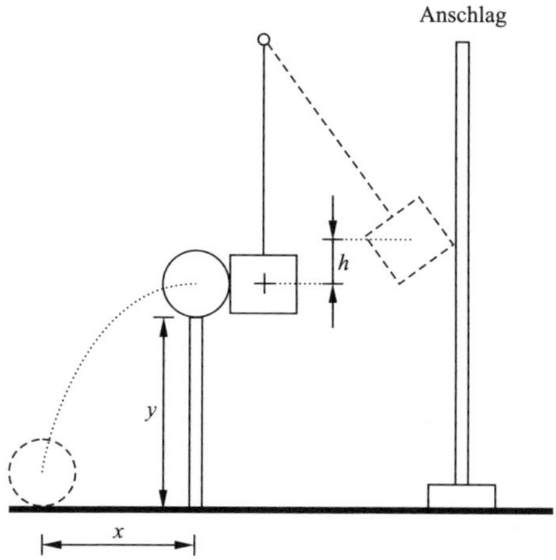

(Skizze nicht maßstabsgerecht)

1 Leiten Sie eine Gleichung zur Berechnung der Abwurfgeschwindigkeit aus der gemessenen Wurfweite her.

2 Bestimmen Sie die Wurfweite aus mindestens fünf Einzelmessungen.
Berechnen Sie daraus die mittlere Abwurfgeschwindigkeit. (7 BE)

3 Ermitteln Sie die Abwurfgeschwindigkeit aus der Höhe h und den Massen von Kugel und Hakenkörper.
Gehen Sie davon aus, dass der Stoß vollkommen elastisch erfolgt.

4 Vergleichen Sie die in den Aufgaben 2 und 3 ermittelten Abwurfgeschwindigkeiten.
Führen Sie eine Fehlerbetrachtung durch. (6 BE)

5 Bei welcher Masse des Pendelkörpers wird seine kinetische Energie bei einem vollkommen elastischen Stoß vollständig auf die Kugel übertragen?
Begründen Sie Ihre Aussage. (2 BE)

Lösung

Bei diesem Experiment wird Ihnen der Versuchsaufbau vollständig übergeben.

1 Aus den beiden Gleichungen $x = v_0 \cdot t$ und $y = -\frac{g}{2} \cdot t^2$ eliminieren Sie die Zeit und erhalten für die Anfangsgeschwindigkeit

$$v_0 = \frac{x \cdot \sqrt{g}}{\sqrt{-2 \cdot y}}.$$

Dabei ist x die Wurfweite und y die Fallhöhe, die vereinbarungsgemäß kleiner Null ist.

2 Als Mittelwert mehrerer Messungen ergibt sich die Wurfweite von 33 cm.
Mit $y = -25$ cm ergibt sich:

$$v_0 = \frac{x \cdot \sqrt{g}}{\sqrt{-2 \cdot y}} = \frac{0{,}33\ \text{m} \cdot \sqrt{9{,}81\ \text{m} \cdot \text{s}^{-2}}}{\sqrt{-2 \cdot (-0{,}25\ \text{m})}} = \underline{\underline{1{,}5\ \text{m} \cdot \text{s}^{-1}}}$$

3 Zunächst ermittelt man die Geschwindigkeit, mit der der Hakenkörper die Kugel trifft:

$$m \cdot g \cdot h = \frac{1}{2} \cdot m \cdot v^2 \quad \Rightarrow \quad v = \sqrt{2 \cdot g \cdot h} = \sqrt{2 \cdot 9{,}81\ \text{m} \cdot \text{s}^{-2} \cdot 0{,}05\ \text{m}} = 1{,}0\ \text{m} \cdot \text{s}^{-1}$$

Da es sich um einen elastischen Stoß handeln soll, gilt für die Geschwindigkeit der Kugel nach dem Stoß die Gleichung

$$u_2 = \frac{(m_2 - m_1) \cdot v_2 + 2 \cdot m_1 \cdot v_1}{m_1 + m_2}.$$

Daraus folgt: $u_2 = \frac{(m_2 - m_1) \cdot 0 + 2 \cdot 50\ \text{g} \cdot 1{,}0\ \text{m} \cdot \text{s}^{-1}}{50\ \text{g} + 12\ \text{g}} = 1{,}6\ \text{m} \cdot \text{s}^{-1}$

4 Beim Vergleich stellt man eine gewisse Abweichung fest. Der Einfluss des Luftwiderstands ist gering; er könnte die geringere experimentell ermittelte Abwurfgeschwindigkeit rechtfertigen. Auch wird der Stoß nicht vollkommen elastisch sein. Auf alle Fälle ist er nicht zentral; denn dann müssten die Verbindungsgerade der Schwerpunkte beider Körper senkrecht auf der Berührungsfläche stehen. Zwischen zwei Kugeln ist der Stoß stets zentral, nicht aber von vornherein bei einer kleinen Kugel und einem größeren Kreiszylinder. Es ist auch problematisch, trotz Verwendung eines Anschlages, die Höhe von 5 cm genau einzuhalten.

5 Wird die Energie vollständig übertragen, so ist die Geschwindigkeit des Hakenkörpers nach dem Stoß, also u_1, gleich Null. Da für diese Geschwindigkeit die Formel

$$u_1 = \frac{(m_1 - m_2) \cdot v_1 + 2 \cdot m_2 \cdot v_2}{m_1 + m_2}$$

gilt und v_2, die Geschwindigkeit der Kugel vor dem Stoß, Null ist, kann u_1 nur Null werden, wenn $\underline{\underline{m_1 = m_2}}$ gilt.

Die Massen von Kugel und Hakenkörper müssten also übereinstimmen.

Leistungskurs Physik (Sachsen): Abiturprüfung 2003 (Nachtermin)
Aufgabe A: Mechanik/Elektrizitätslehre

1. Bewegungen

Gemäß der abgebildeten Versuchsanordnung kann sich ein Experimentierwagen der Masse 0,25 kg beschleunigt bewegen. Der Experimentierwagen wird in der Entfernung 1,5 m von der Rolle zum Zeitpunkt $t = 0$ aus der Ruhelage freigegeben. Zu diesem Zeitpunkt befindet sich der Hakenkörper der Masse 20 g im Abstand von 30 cm über dem Boden.

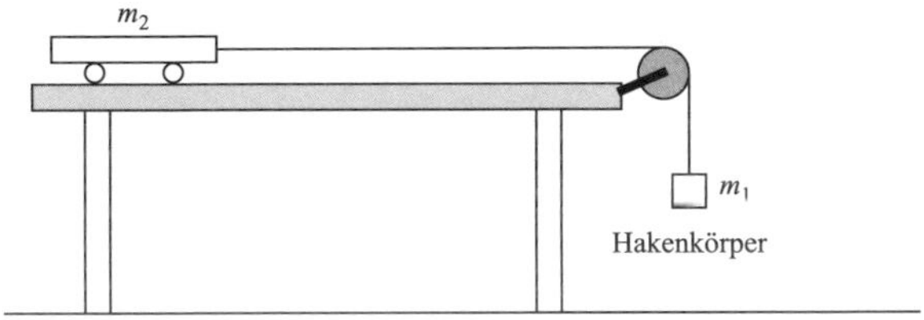

1.1 Zunächst werden die Reibungsverluste sowie die Trägheitsmomente der Rolle und der Räder vernachlässigt. Für die Beschleunigung a des Wagens gilt:

$$a = g \cdot \frac{m_1}{m_1 + m_2}$$

Leiten Sie diese Gleichung her. (2 BE)

1.2 Die Reibung zwischen Wagen und Unterlage wird nun berücksichtigt. Die konstante Reibungskraft beträgt 0,12 N.

1.2.1 Der Wagen bewegt sich gleichmäßig beschleunigt bis zum Aufsetzen des Hakenkörpers auf dem Boden.
Ermitteln Sie die Beschleunigung und die Dauer des Zeitabschnitts, in dem sie wirkt. (4 BE)

1.2.2 Weisen Sie durch geeignete Berechnungen nach, dass der Wagen die Rolle nicht erreicht.
Zeichnen Sie das *s(t)*-Diagramm für die Bewegung des Wagens vom Zeitpunkt $t = 0$ bis zum Stillstand. (6 BE)

1.3 Neben den Reibungsverlusten soll nun auch das Trägheitsmoment der Umlenkrolle berücksichtigt werden. Geben Sie die Energieumwandlungen für den gesamten Bewegungsvorgang qualitativ an. (4 BE)

2.0 Ein Elektronenstrahl dringt unter dem Winkel $\alpha = 45°$ durch eine Öffnung in der positiv geladenen Platte in das homogene Feld eines Plattenkondensators ein.
Die Elektronen treffen in jedem Fall auf der positiven Platte auf. Die Spannung zwischen den Kondensatorplatten beträgt 600 V, der Plattenabstand beträgt 6,0 cm.

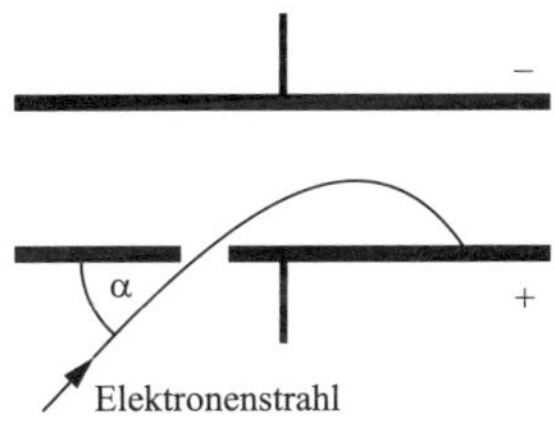

2.1 Begründen Sie qualitativ, dass die Elektronen im Kondensator eine Parabelbahn durchlaufen. (2 BE)

2.2 Die Geschwindigkeit der Elektronen beim Eintritt in das Feld beträgt $1{,}05 \cdot 10^7\ \text{m} \cdot \text{s}^{-1}$. Ermitteln Sie den minimalen Abstand der Elektronen von der negativen Platte Geben Sie Zwischenschritte an. (5 BE)

2.3 Die Geschwindigkeit, mit der die Elektronen in das Feld eintreten, wird nun langsam erhöht. Bestimmen Sie die Geschwindigkeit, bei der die Elektronen die negativ geladene Platte erstmals erreichen. (2 BE)

Lösung

1.1 Die Gewichtskraft der Zusatzmasse ist die beschleunigende Kraft:

$$F_G = m_1 \cdot g$$

Die daraus resultierende Beschleunigung a wirkt auf m_1 und auf m_2. Also gilt

$$m_1 \cdot g = a \cdot (m_1 + m_2).$$

Und daraus folgt:

$$\underline{\underline{a = g \cdot \frac{m_1}{m_1 + m_2}}}.$$

Da der Bruch kleiner ist als 1, ergibt sich eine Maßzahl von a, die kleiner ist als 9,81:

$$a = 9{,}81\ \text{m} \cdot \text{s}^{-2} \cdot \frac{0{,}020\ \text{kg}}{0{,}020\ \text{kg} + 0{,}25\ \text{kg}} = 0{,}73\ \text{m} \cdot \text{s}^{-2}.$$

1.2.1 Wegen der Reibungskraft gilt: $F = F_G - F_R = a_1 \cdot (m_1 + m_2)$. Dabei bedeutet a_1 die nunmehr wirkende Beschleunigung. Und die beträgt dann:

$$a_1 = \frac{m_1 \cdot g - F_R}{m_1 + m_2} = \underline{\underline{0{,}282\ \text{m} \cdot \text{s}^{-2}}} \quad \Rightarrow \quad A$$

Den nicht gerundeten Wert für die Beschleunigung speichern Sie also unter A ab.
So sollten Sie im Folgenden auch mit den Maßzahlen der anderen Größen verfahren, die noch zu ermitteln sind. Dadurch rechnen Sie dann immer mit den Speicherinhalten, brauchen die Zahlenwerte selbst nicht einzugeben und arbeiten darüber hinaus mit nicht gerundeten Werten.
Der gerade berechnete Zahlenwert ist kleiner als der unter 1.1 ermittelte – so war es doch wohl auch zu erwarten!

Für die Beschleunigungsstrecke gilt:

$$s = \frac{a}{2} \cdot t^2 .$$

Diese beträgt genau 0,30 m, das ist die Strecke, die der Hakenkörper bis zum Aufsetzen zur Verfügung hat.

Daraus folgt:

$$t = \sqrt{\frac{2s}{a}} = \sqrt{\frac{2 \cdot 0{,}30\ \text{m}}{A}} = \underline{\underline{1{,}46\ \text{s}}} \quad \Rightarrow \quad D \quad \text{(für „Dauer“)}.$$

1.2.2 Nachdem der Wagen 0,3 m zurückgelegt hat, stehen ihm noch 1,2 m bis zur Rolle zur Verfügung. Nach dem Energiesatz gilt

$$W = F_R \cdot s_B = \frac{1}{2} m_2 \cdot v^2 \qquad (1)$$

s_B ist dabei die Bremsstrecke, die kleiner als 1,2 m ausfallen soll; v ist die Geschwindigkeit am Ende der Beschleunigungsstrecke von 0,30 m. Mithin gilt:

$$v = \sqrt{2 \cdot a \cdot s} = \sqrt{2 \cdot \mathrm{A} \cdot 0{,}30\ \mathrm{m}} = 0{,}41\ \mathrm{m \cdot s^{-1}} \quad \Rightarrow \quad \mathrm{V}$$

Die Gleichung (1) wird umgestellt:

$$s_B = \frac{m_2 \cdot v^2}{2 \cdot F_R} = \frac{0{,}25\ \mathrm{kg} \cdot \mathrm{V}^2}{2 \cdot 0{,}12\ \mathrm{N}} = \underline{\underline{0{,}176\ \mathrm{m}}} \qquad \Rightarrow \quad \mathrm{S}$$

Der Wagen kommt also schon nach etwa 18 Zentimetern zum Stillstand, reichlich einen Meter vor der Rolle.

Um das $s(t)$-Diagramm zeichnen zu können, müssen Sie den Zeitpunkt des Stillstands berechnen; er tritt ein, wenn die Geschwindigkeit null wird.

Also gilt wegen $v = a \cdot t + v_0$:

$$t_B = -\frac{v_0}{a_B}.$$

Dabei ist a_B die Bremsbeschleunigung, die noch zu berechnen wäre.

Aus $F = m \cdot a$ folgt:

$$a_B = \frac{F}{m} = \frac{F_R}{m_2} = \frac{-0{,}12\ \mathrm{N}}{0{,}25\ \mathrm{kg}} = -0{,}48\ \mathrm{m \cdot s^{-2}} \quad \Rightarrow \quad \mathrm{B}$$

Für die Bremszeit gilt dann:

$$t_B = -\frac{\mathrm{V}}{\mathrm{B}} = 0{,}86\ \mathrm{s} \quad \Rightarrow \quad \mathrm{T}$$

Die Endzeit ergibt sich dann als Summe der Speicherwerte von D und T:

$$\mathrm{D} + \mathrm{T} = 2{,}315 \quad \Rightarrow \quad \mathrm{E}$$

Das bedeutet, dass der Wagen nach 2,3 Sekunden ruht.

Beim ersten Bewegungsabschnitt handelt es sich um eine gleichmäßig beschleunigte Bewegung ohne Anfangsgeschwindigkeit, für die allgemein die Gleichung

$s = \frac{1}{2} \cdot a \cdot t^2$ gilt.

Während des zweiten Abschnitts wirkt die Bremsbeschleunigung, die Anfangsgeschwindigkeit und der Anfangsweg sind ungleich null. Also muss folgende Gleichung verwendet werden:

$$s = \frac{1}{2} \cdot a \cdot t^2 + v_0 \cdot t + s_0.$$

Im **GRAPH**-Modus geben Sie also ein:

Y1 = .5AX², [0, D]
Y2 = .5B(X – D)² + V(X – D) + .3, [D, E]

Dabei wird durch die Angabe der beiden Intervalle erreicht, dass der erste Parabelbogen im Intervall $0 \leq t \leq 1{,}46$ s dargestellt wird, der zweite anschließend im Intervall $1{,}46 \leq t \leq 2{,}3$ s.

Vergleichen Sie dazu die Übungsaufgabe 6, Seite Ü-15.

Als Beobachtungsfenster geben Sie am besten ein:

View Window	
Xmin:	0
max:	E
Scale:	0.4
Ymin:	0
max:	0.5
Scale:	0.1

[F6] (DRAW) liefert folgendes Bild:

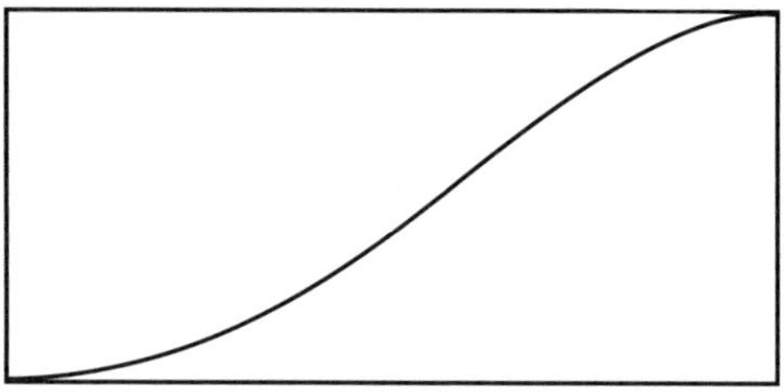

Zum Zeichnen brauchen Sie natürlich mehrere Punktkoordinaten, die Sie nacheinander mittels [F5] (G-Solv) [F5] (▷) [F1] (Y-CAL) abrufen. Die ersten vier Werte für den Weg (bis D = 1,46 s) ermitteln Sie mittels Y1, für die nächsten drei (bis E = 2,3 s) greifen Sie auf Y2 zurück.

Sie erhalten als Wertetabelle:

t in s	0	0,4	0,8	1,2	D	1,8	2,1	E
s in m	0	0,02	0,09	0,20	0,3	0,41	0,47	0,48

Mit diesen Daten lässt sich das Diagramm sehr gut zeichnen.

1.3 Für den ersten Bewegungsabschnitt gilt

$$E_{\text{pot, m}_1} \Rightarrow E_{\text{kin, m}_1+\text{m}_2} + E_{\text{rot, Rolle}} + E_{\text{th}}$$

und für den zweiten Bewegungsabschnitt:

$$E_{\text{kin, m}_2} + E_{\text{rot, Rolle}} \Rightarrow E_{\text{th}}$$

Sie könnten natürlich diese Zusammenhänge auch in Worten beschreiben.
Achten Sie auf die exakte Unterscheidung von m_1 und m_2.

2.1 Die Bewegung der Elektronen im Kondensator ist vergleichbar mit dem schrägen Wurf. Deswegen muss die Bahnkurve Teil einer nach unten geöffneten Parabel sein.
Die Anfangsgeschwindigkeit ist konstant, der „Abwurfwinkel" beträgt 45°, und der konstanten Fallbeschleunigung entspricht die Beschleunigung im homogenen elektrischen Feld.

2.2 **Es erfolgt nun zunächst eine neue Belegung der Speicher:**

$v_0 = 1{,}05 \cdot 10^7\ \text{m} \cdot \text{s}^{-1}$	$1{,}05 \cdot 10^7$	$\Rightarrow$	V
$U = 600\ \text{V}$	600	$\Rightarrow$	U
$s = 0{,}060\ \text{m}$	$0{,}06$	$\Rightarrow$	S
$e = 1{,}602 \cdot 10^{-19}\ \text{As}$	$1{,}602 \cdot 10^{-19}$	$\Rightarrow$	E
$m_e = 9{,}109 \cdot 10^{-31}\ \text{kg}$	$9{,}109 \cdot 10^{-31}$	$\Rightarrow$	M

Entsprechend den Erläuterungen unter 2.1 müssen Sie die „Wurfhöhe" ausrechnen:

$$s_h = \frac{v_0^2 \cdot \sin^2 \alpha}{2 \cdot g} \qquad (2)$$

Natürlich dürfen Sie in diesem Falle nicht den Wert der Fallbeschleunigung einsetzen, sondern berechnen zuvor die Beschleunigung auf ein Elektron im homogenen elektrischen Feld:

$$a = \frac{F}{m} = \frac{Q \cdot E}{m} = \frac{e \cdot \frac{U}{s}}{m} = \frac{e \cdot U}{s \cdot m} = \frac{\text{E} \cdot \text{U}}{\text{S} \cdot \text{M}} = 1{,}76 \cdot 10^{15}\ \text{m} \cdot \text{s}^{-2} \quad \Rightarrow \quad \text{A}$$

Und nun:

$$s_h = \frac{\text{V}^2 \cdot \sin^2 45°}{2 \cdot \text{A}} = 0{,}016\ \text{m} \qquad (3)$$

Diesen Wert müssen Sie noch vom Plattenabstand subtrahieren, denn gefragt ist ja nach dem Abstand von der oberen negativen Platte:
Der minimale Abstand beträgt 4,4 cm.

2.3 Die Gleichung (2) muss umgestellt werden:

$$v_0 = \frac{1}{\sin \alpha} \cdot \sqrt{2 \cdot a \cdot s_h}$$

Die gesuchte Geschwindigkeit berechnen Sie mittels der gespeicherten Größen, als Steighöhe verwenden Sie den gesamten Plattenabstand:

$$v = \frac{1}{\sin 45°} \cdot \sqrt{2 \cdot \text{A} \cdot \text{S}} = \underline{\underline{2{,}05 \cdot 10^7\ \text{m} \cdot \text{s}^{-1}}}$$

Lösung mittels GTR
Diese Lösungsvariante entspricht der Aufforderung bei Frage 2.2, man möge Zwischenschritte angeben.

Sie hätten nämlich auch die Gleichung der „Wurfparabel" verwenden können:

$$y = x \cdot \tan \alpha - \frac{g}{2 \cdot v_0^2 \cdot \cos^2 \alpha} \cdot x^2$$

Im **GRAPH**-Modus geben Sie dann ein:

$Y1 = X\tan 45 - AX^2 \div (2V^2(\cos 45)^2)$

View Window	
Xmin:	0
max:	0.15
Scale:	0.05
Ymin:	0
max:	0.09
Scale:	0.03

Damit wird davon ausgegangen, dass der Kondensator 0,15 m breit ist und das Maximum innerhalb des Kondensators erreicht wird. Der Graph ist wieder eine Parabel, und das Maximum hat die Koordinaten (0,031 / 0,016): Man erhält damit das gleiche Resultat wie bei 2.2.

Durch systematisches Variieren des Wertes für V lässt sich nunmehr auch das Resultat von 2.3 grafisch ermitteln. Sie müssen nur im **RUN**-Modus zwischendurch im Speicher V einen anderen Wert eingeben und dann das Maximum ermitteln. Je näher der Ordinatenwert dem Plattenabstand von 0,06 m kommt, umso genauer haben Sie die Geschwindigkeit ermittelt. Hier einige Beispielwerte:

$$V = 2 \cdot 10^7 \quad \Rightarrow \quad y_{Max} = 0{,}057$$
$$V = 2{,}1 \cdot 10^7 \quad \Rightarrow \quad y_{Max} = 0{,}063$$
$$V = 2{,}05 \cdot 10^7 \quad \Rightarrow \quad y_{Max} = 0{,}060$$

Möglicherweise kommen Sie nicht so schnell zum Ergebnis. Von den Autoren der Prüfungsaufgabe war aber in der Tat „Systematisches Probieren mit dem GTR durch Variieren der Geschwindigkeit in der Parabelgleichung und Untersuchung des Hochpunktes“ als eine Lösungsvariante vorgegeben.

Leistungskurs Physik (Sachsen): Abiturprüfung 2003 (Nachtermin)
Aufgabe B: Atomphysik / Thermodynamik

1 Die in der Atomhülle gebundenen Elektronen eines Quecksilberatoms können nur ganz bestimmte Energiebeträge aufnehmen. Unter den Bedingungen des historischen Franck-Hertz-Versuchs betragen diese 4,9 eV.

1.1 Bei einem solchen Versuch stoßen Elektronen Quecksilberatome. Die kinetische Energie der Elektronen beträgt vor dem Stoß 2,0 eV.
Begründen Sie, dass den Quecksilberatomen dabei nur ein sehr kleiner Anteil Energie übertragen wird. (2 BE)

1.2 Einige wenige Elektronen stoßen mit der kinetischen Energie 6,0 eV Quecksilberatome.
Berechnen Sie die Geschwindigkeit, die die Elektronen nach dem Stoß besitzen sowie die Frequenz der emittierten Photonen. (4 BE)

1.3 Skizzieren Sie ein Schaltbild des Franck-Hertz-Versuchs sowie den Graphen der aus den Messwerten gewonnenen Funktion $I(U)$.
Begründen Sie, dass die Funktion $I(U)$ mehrere Maxima besitzt. (5 BE)

2 Helium der Masse 0,25 kg und der spezifischen Gaskonstante $R_S = 2077\ \text{J} \cdot \text{kg}^{-1} \cdot \text{K}^{-1}$ durchläuft einen thermodynamischen Kreisprozess.
Das Gas besitzt im Ausgangszustand den Druck 1,0 MPa und die Temperatur 500 K. Es durchläuft nacheinander folgende Zustandsänderungen des Kreisprozesses:
- isotherme Expansion auf den Druck 0,1 MPa
- isobare Abkühlung auf das Volumen des Ausgangszustandes
- isochore Erwärmung auf die Temperatur des Ausgangszustandes

2.1 Berechnen Sie das Volumen des Gases im Ausgangszustand. (2 BE)

2.2 Zeichnen Sie das $p(V)$-Diagramm des Kreisprozesses (4 BE)

2.3 Ermitteln Sie die vom System abgegebene Nutzarbeit für einen vollständigen Umlauf.
Hinweis: Der Betrag der Nutzarbeit entspricht der im Diagramm allseitig von den Graphen eingeschlossenen Fläche. (3 BE)

Lösung

1.1 Die kinetische Energie der Elektronen ist zu gering, um eine Anregung der Quecksilberatome zu bewirken. Nur durch elastische Stöße zwischen Elektronen und Quecksilberatomen könnten geringe Energiebeträge übertragen werden. Diese Beträge werden aber auch deswegen sehr bescheiden ausfallen, weil die Masse der Quecksilberatome wesentlich größer ist als die der Elektronen.

1.2 Nach dem Stoß der Elektronen mit den Quecksilberatomen besitzen die Photonen die Energie 4,9 eV; also bleibt den Elektronen nur noch die kinetische Energie 1,1 eV.

Entsprechend der Gleichung $E_{\text{kin}} = \frac{1}{2} \cdot m \cdot v^2$ gilt dann:

$$v = \sqrt{\frac{2 \cdot E_{\text{kin}}}{m_e}} = \sqrt{\frac{2 \cdot 1{,}1 \cdot 1{,}602 \cdot 10^{-19}\ \text{J}}{9{,}109 \cdot 10^{-31}\ \text{kg}}} = \underline{\underline{6{,}2 \cdot 10^5\ \text{m} \cdot \text{s}^{-1}}}$$

Und die Frequenz berechnet man nach der Formel $E = h \cdot f$:

$$f = \frac{E_{\text{Ph}}}{h} = \frac{4{,}9 \cdot 1{,}602 \cdot 10^{-19}\ \text{J}}{6{,}625 \cdot 10^{-34}\ \text{Js}} = \underline{\underline{1{,}2 \cdot 10^{15}\ \text{s}^{-1}}}$$

1.3 Sie finden in Ihren Physiklehrbuch, bestimmt auch in Ihren Aufzeichnungen, genügend Material über den Franck-Hertz-Versuch. Beim Schaltbild achten Sie unbedingt auf die Polung der beiden Spannungsquellen. Der Graph sollte drei Maxima zeigen, damit Sie sich in Ihren Erklärungen darauf beziehen können.

2.1 Gegeben sind neben der Masse von Helium und dessen spezifischer Gaskonstante auch $p_1 = 1{,}0$ MPa und $T_1 = 500$ K.
Man geht von der thermischen Zustandsgleichung des idealen Gases aus:

$$p \cdot V = m \cdot R_S \cdot T \qquad (1)$$

Demzufolge gilt:

$$V_1 = \frac{m_{\text{He}} \cdot R_S \cdot T_1}{p_1} = \underline{\underline{0{,}26\ \text{m}^3}} \quad \Rightarrow \quad \text{V (2)}$$

2.2 Der Druck sinkt isotherm auf $p_2 = 0{,}1$ MPa, beträgt also nur noch den zehnten Teil des Ausgangsdruckes. Dadurch vergrößert sich das Volumen auf das Zehnfache: $V_2 = 2{,}6\ \text{m}^3$.
Nun wird das Volumen isobar ($p_3 = 0{,}1$ MPa) wieder auf den Anfangswert gebracht ($V_3 = 0{,}26\ \text{m}^3$). Die Temperatur beträgt danach $T_3 = 50$ K.

Das Diagramm sieht dann folgendermaßen aus:

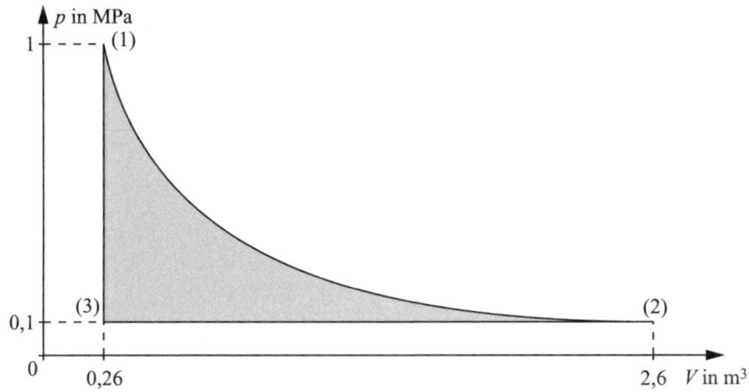

2.3 Zweckmäßig ist die Benutzung des GTR. Zur Ermittlung der Isothermen geht man wieder von der Gleichung (1) aus:

$$p(V) = m_{He} \cdot R_S \cdot T_1 \cdot \frac{1}{V}$$

$$p(V) = 0{,}25\ \text{kg} \cdot 2077\ \text{J} \cdot \text{kg}^{-1} \cdot \text{K}^{-1} \cdot 500\ \text{K}\ \cdot \frac{1}{\text{V}} = 2{,}6 \cdot 10^5\ \text{J} \cdot \frac{1}{\text{V}} \quad \Rightarrow \quad \text{P}$$

Im **GRAPH**-Modus geben Sie ein:

Y1 = P ÷ X – 0.1E6 (3)

Durch den Subtrahenden 0.1E6 verschieben Sie das Flächenstück entsprechend dem Druck $p_2 = 0{,}1$ MPa nach unten, das Flächenstück wird auf der Abszissenachse aufgesetzt. Und beim Fenster berücksichtigen Sie bei den Grenzen das Anfang- und das Endvolumen:

View Window	
Xmin:	0.26
max:	2.6
Scale:	0.5
Ymin:	0
max:	1.E + 06
Scale:	1.E + 05

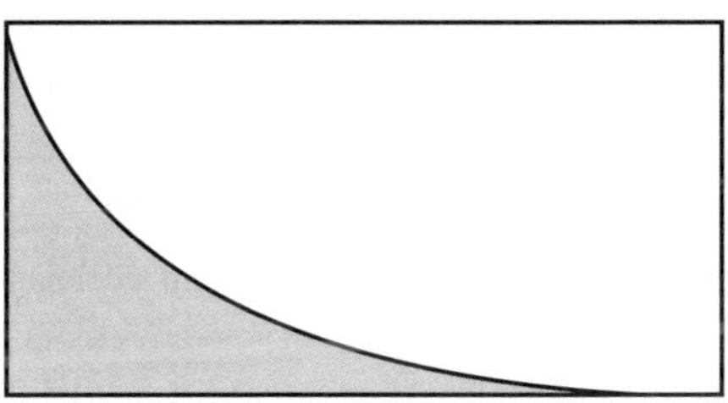

Die Integration liefert den Zahlenwert 363808,7.

Das bedeutet: $\underline{\underline{|W| = 3{,}6 \cdot 10^5\ \text{J}}}$

Die **rechnerische Lösung** sei hier noch dargestellt. Folgt man ihr in der hier aufgezeigten Ausführlichkeit, kommt man zu einem überraschend einfachen Term. Man kann die fortlaufenden Umformungen natürlich – insbesondere unter Prüfungsbedingungen – eher abbrechen.

Ausgangspunkt ist das gezeichnete *p*-*V*-Diagramm. Sie müssen deswegen die rechteckige Fläche unterhalb der schraffierten Fläche subtrahieren:

$$|W| = \int_{V_1}^{V_2} \mathrm{P} \cdot \frac{1}{V} \mathrm{d}V - p_2 \cdot (V_2 - V_1)$$

Integration:

$$|W| = \mathrm{P} \cdot |\ln V|_{V_1}^{V_2} - p_2 \cdot (V_2 - V_1)$$

$$|W| = \mathrm{P} \cdot (\ln V_2 - \ln V_1) - p_2 \cdot (V_2 - V_1)$$

Anwendung eines Logarithmengesetzes:

$$|W| = \mathrm{P} \cdot \ln \frac{V_2}{V_1} - p_2 \cdot (V_2 - V_1)$$

Unter Beachtung von $V_2 = 10 \cdot V_1$:

$$|W| = \mathrm{P} \cdot \ln 10 - p_2 \cdot 9 \cdot V_1$$

Greift man auf die Gleichung (2) zurück und berücksichtigt die Festlegung der Konstanten P unter 2.3, so ergibt sich:

$$|W| = \mathrm{P} \cdot \ln 10 - p_2 \cdot 9 \frac{\mathrm{P}}{p_1}$$

Und schließlich unter Beachtung von $p_1 = 10 \cdot p_2$:

$$|W| = \mathrm{P} \cdot \ln 10 - \frac{9}{10} \mathrm{P} = \mathrm{P} \cdot (\ln 10 - 0{,}9) = \underline{\underline{3{,}6 \cdot 10^5\ \mathrm{J}}}$$

Noch eine dritte Variante soll dargestellt werden. Natürlich soll das nicht heißen, dass Sie während der Abiturprüfung alle drei Lösungswege realisieren. Ich will Sie nur darauf aufmerksam machen, dass es verschiedene Lösungsmöglichkeiten gibt. Ich würde aber keine von vornherein bevorzugen, sondern rate Ihnen, in der Prüfungsvorbereitung alle drei auszuprobieren, sie bei geeigneter Gelegenheit auf andere Sachverhalte zu übertragen und dadurch soviel Sicherheit zu erlangen, um sich unter Prüfungsbedingungen nach kurzem Überlegen für eine Variante zu entscheiden.

Sie gehen also jetzt ins **STAT**-Menü und geben die Druck- und Volumenwerte vom Anfangspunkt bzw. Endpunkt der isothermen Zustandsänderung ein:

(*V* in m³)	(*p* in Pa)
List 1	**List 2**
0.26	1E6
2.6	100000

[F2] (CALC) [F3] (REG) [F6] (◁) [F3] (Pwr) liefert die Potenzfunktion

$$y = 260000 \cdot x^{-1}$$

Diese Funktion kopieren Sie ins **GRAPH**-Menü und ergänzen, wie in Gleichung (3) angegeben:

Y1 = 260000X^ –1 – 0.1E6

Die Integrationsgrenzen 0,26 und 2,6 geben Sie für x_{min} bzw. x_{max} ein und erhalten dann als Ergebnis wie oben: $\underline{\underline{|W| = 3{,}6 \cdot 10^5\ \mathrm{J}}}$.

Leistungskurs Physik (Sachsen): Abiturprüfung 2003 (Nachtermin)
Aufgabe C 1: Elektrizitätslehre/Quantenoptik

Führen Sie Messungen und Berechnungen an zwei verschiedenfarbigen Leuchtdioden (LED) durch. Planen Sie die Experimente gemäß den folgenden Aufgabenstellungen und fordern Sie beim Aufsicht führenden Lehrer die erforderlichen Geräte und Hilfsmittel an.

1 Nehmen Sie die *I(U)*-Kennlinie einer der Leuchtdioden in Durchlassrichtung auf. Messen Sie die Durchlassspannung $U_{D;\,1}$, bei der die Diode zu leuchten beginnt. Die maximal zulässige Stromstärke wird vom Lehrer vorgegeben. Zeichnen Sie die Kennlinie. (6 BE)

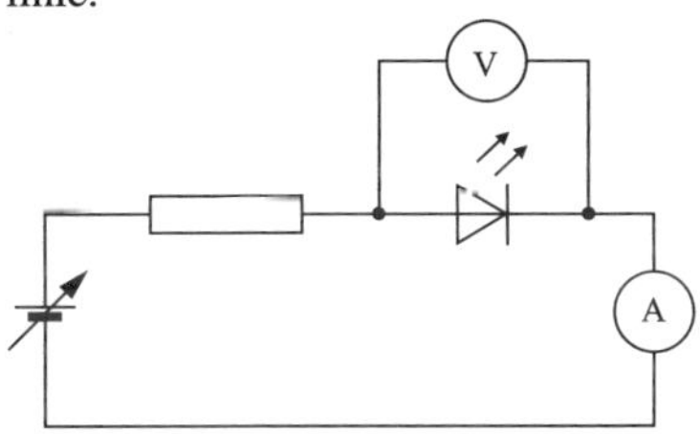

2 Abhängig von den verwendeten Materialien weisen LEDs unterschiedliche Werte für die Durchlassspannung U_D auf.
Ermitteln Sie experimentell ohne erneute Aufnahme der gesamten Kennlinie die Spannung $U_{D;\,2}$ der zweiten Diode. (1 BE)

3 Bei der Durchlassspannung U_D gilt die Energiebilanz $e \cdot U_D = h \cdot f$.
Berechnen Sie unter Verwendung der Wellenlängen des von den Leuchtdioden ausgesandten Lichts und den zwei gemessenen Durchlassspannungen einen Mittelwert für das Planck'sche Wirkungsquantum *h*. Die Wellenlängen werden Ihnen vom Lehrer mitgeteilt. (3 BE)

4 Beschreiben Sie eine Experimentieranordnung zur Bestimmung des Planck'schen Wirkungsquantums auf der Grundlage des äußeren lichtelektrischen Effekts.
Erläutern Sie Durchführung und Auswertung des Experiments. (5 BE)

Lösung

Bei diesem Experiment müssen Sie folgende Geräte und Hilfsmittel anfordern:

- 1 Gleichspannungsquelle (kontinuierlich verstellbar oder Potentiometerschaltung mit einem geeigneten Potentiometer, z. B. 50 Ω)
- 1 Spannungsmessgerät
- 1 Stromstärkemessgerät
- 2 verschiedenfarbige Leuchtdioden
- 1 Schutzwiderstand
- 1 Satz Verbindungsleiter
- Streckbretter

1 Die Schaltskizze ist vorgegeben. Der Aufbau der Schaltung dürfte kaum Probleme bereiten. Beachten Sie, dass die vom Lehrer angegebene maximale Stromstärke nicht überschritten wird.
Die Wellenlänge für diese Diode betrage 750 nm.
Die Messwerte sehen dann so aus:

U in V	0,4	0,8	1,2	**1,6**	1,8	2,0	2,2
I in mA	0,04	0,08	0,13	**0,20**	0,48	8,0	18

Daraus ergibt sich folgende Kennlinie:

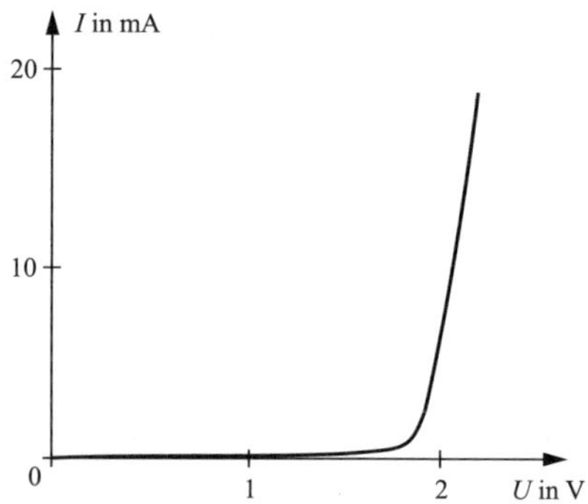

Die beiden Werte, bei denen die Diode zu leuchten beginnt, sind in der Tabelle fett gedruckt.

Also geben Sie an: $\underline{\underline{U_{D;1} = 1{,}6\ \text{V}}}$

2 Setzen Sie nun die zweite Diode ein und ermitteln durch geschicktes Verändern der Spannung den Wert $U_{D;2}$, bei der der Leuchteffekt beginnt.

3 Die Gleichung lautet nach h umgestellt:

$$h = \frac{e \cdot U_D}{f} = \frac{e \cdot U_D \cdot \lambda}{c}$$

$$h = \frac{1{,}602 \cdot 10^{-19}\ \text{As} \cdot 1{,}6\ \text{V} \cdot 750\ \text{nm}}{3 \cdot 10^8\ \text{m} \cdot \text{s}^{-1}} = 6{,}4 \cdot 10^{-34}\ \text{J} \cdot \text{s}$$

Vergleicht man dieses Ergebnis mit dem bekannten Normwert von $6{,}625 \cdot 10^{-34}$ J · s, dann wäre dies schon ein erstaunlich gutes Resultat.
Die gleiche Rechnung führen Sie nun noch mit $D_{U;\,2}$ durch. Danach ermitteln Sie noch den gesuchten Mittelwert.

4 Sie haben im Unterricht das Experiment kennen gelernt, bei dem eine Fotozelle mit verschiedenem monochromatischen Licht bekannter Wellenlänge bestrahlt wird. Die Anode ist gegenüber der Kathode negativ geladen. Durch eine veränderliche Spannungsquelle lässt sich erreichen, dass der Fotostrom zu null wird, auf der Anode also keine Fotoelektronen mehr auftreffen. Bei der Auswertung des Experiments geht man davon aus, dass die Maßzahl der in Volt gemessenen Gegenspannung gleich der Maßzahl der in eV gemessenen maximalen kinetischen Energie der emittierten Elektronen ist.

Man ermittelt also zwei Wertepaare:

f_1 und E_{kin_1} sowie
f_2 und E_{kin_2}

Entsprechend der Einstein'schen Gleichung ergibt sich ein Gleichungssystem:

$$h \cdot f_1 = E_{kin_1} + W_A$$
$$h \cdot f_2 = E_{kin_2} + W_A$$

Durch Subtraktion eliminiert man die Austrittsarbeit und erhält die Berechnungsgleichung für das Plank'sche Wirkungsquantum:

$$h = \frac{E_{kin_1} - E_{kin_2}}{f_1 - f_2}$$

Wegen der Schaltung schauen Sie nach in Ihren Aufzeichnungen bzw. in einem Lehrbuch.

Leistungskurs Physik (Sachsen): Abiturprüfung 2003 (Nachtermin)
Aufgabe C 2: Mechanik

Führen Sie Messungen und Berechnungen an einer rotierenden Kreisscheibe durch, die auf ihrer Achse aus der Ruhelage heraus zwischen zwei Stativstäben eine geneigte Ebene hinab rollt. Der Aufsicht führende Lehrer übergibt Ihnen die vollständig aufgebaute Experimentieranordnung und teilt Ihnen den Durchmesser der Achse mit.

1 Bestimmen Sie durch Weg- und Zeitmessungen den Mittelwert der Beschleunigung, mit der sich der Mittelpunkt der Kreisscheibe die geneigte Ebene hinab bewegt. (6 BE)

2 Berechnen Sie die Geschwindigkeit, die dieser Mittelpunkt nach der Strecke 30 cm besitzt. (2 BE)

3 Zur Berechnung des Trägheitsmoments der rotierenden Kreisscheibe (einschließlich ihrer Achse) gilt die Gleichung:

$$J = \frac{m \cdot {r_A}^2 \cdot (2 \cdot g \cdot \Delta h - v^2)}{v^2} \qquad (r_A = \text{Radius der Achse})$$

Leiten Sie diese Gleichung her.
Begründen Sie qualitativ, dass diese Gleichung nur für kleine Neigungswinkel der Ablaufschienen gilt. (3 BE)

4 Ermitteln Sie das Trägheitsmoment der rotierenden Kreisscheibe. Nutzen Sie dazu die Messwerte von Aufgabe 1 und die Gleichung von Aufgabe 3. Messen Sie weitere benötigte physikalische Größen. (3 BE)

5 Nennen Sie ein technisches Beispiel, bei dem die Rotationsenergie genutzt wird. (1 BE)

Lösung

Die Experimentieranordnung wird Ihnen bei dieser Aufgabe übergeben:
Zwei ca. 80 m lange Stativstäbe sind so angeordnet, dass zwischen beiden eine Scheibe auf deren Achse abrollt. Die Neigung der Laufschienen lässt sich variieren.
Um die unter 1 und 4 notwendigen Messungen ausführen zu können, müssen Sie noch folgende Hilfsmittel anfordern:

- 1 Messstab
- 1 Stoppuhr
- 1 Waage mit Massestücken

1 Markieren Sie den Startpunkt und dann im gleichen Abstand drei weitere Positionen auf den Stativstäben. An diesen Stellen messen Sie die jeweils verstrichene Zeit. Stellen Sie die Neigung gering ein, damit auch die Zeit für die kleinste Messstrecke mehrere Sekunden beträgt. Dadurch verhindern Sie auch, dass die Achse gleitet.
Natürlich messen Sie die Zeiten jeweils mehrmals, Sie lassen die Scheibe also wiederholt vom Start bis zur entsprechenden Stelle abrollen. Die Messwerte sind in der Tabelle zusammengefasst. In der dritten Zeile sind schon die sich ergebenden Beschleunigungswerte eingetragen.

1	s in m	0,15	0,30	0,45
2	t in s	4,0	5,9	7,6
3	a in m/s^2	0,019	0,017	0,016

Auswertung

1. Variante: Da sich die Scheibe gleichmäßig beschleunigt bewegt, müssten Sie von der Gleichung

$$s = \frac{1}{2} \cdot a \cdot t^2$$

ausgehen, um die Beschleunigung mit der umgestellten Gleichung

$$a = \frac{2 \cdot s}{t^2}$$

zu berechnen. Der Mittelwert beträgt dann in unserem Falle

$$\underline{\underline{a = 0{,}017\ \text{m} \cdot \text{s}^{-2}}} \quad \Rightarrow \quad \text{A}$$

2. Variante: **Vergleichen Sie hierzu die Übungsaufgaben 2, 7 und 15.** Geben Sie die in Zeile 2 stehenden Werte im **STAT**-Menü in die Liste 1, die anderen Werte für den Weg in Liste 2 ein:

(t in s)	(s in m)
List 1	**List 2**
4,0	0,15
5,9	0,30
7,6	0,45

Im **RUN**-Modus geben Sie nun ein:

2LIST2 ÷ (LIST1)^2 → LIST3 (EXE)

DONE

In Liste 3 stehen dann die Werte, die schon in der 3. Zeile der Messwerttabelle angegebenen waren.
Aber Sie schauen sich diese Werte gar nicht erst an, sondern ermitteln sogleich den Mittelwert mittels Mean (LIST3) und erhalten:

$$\underline{\underline{a = 0{,}017\ \text{m} \cdot \text{s}^{-2}}} \quad \Rightarrow \quad \text{A}$$

2 Für die Geschwindigkeit gilt $v = \sqrt{2 \cdot a \cdot s}$.

Also berechnen Sie: $v = \sqrt{2 \cdot \mathrm{A} \cdot 0{,}3\ \mathrm{m}} = \underline{\underline{0{,}10\ \mathrm{m} \cdot \mathrm{s}^{-1}}}$ $\Rightarrow$ V

3 Die potentielle Energie der in der Höhe Δh startenden Scheibe wird in kinetische Energie der Translation und in kinetische Energie der Rotation umgewandelt. Also gilt:

$$m \cdot g \cdot \Delta h = \frac{1}{2} \cdot m \cdot v^2 + \frac{1}{2} \cdot J \cdot \omega^2$$

Für die Winkelgeschwindigkeit setzt man den Term $\omega = \frac{v}{r_A}$ ein:

$$m \cdot g \cdot \Delta h = \frac{1}{2} \cdot m \cdot v^2 + \frac{1}{2} \cdot J \cdot \frac{v^2}{{r_A}^2}$$

Und das ergibt:

$$J = \frac{{r_A}^2 \cdot (2 \cdot m \cdot g \cdot \Delta h - m \cdot v^2)}{v^2} = \underline{\underline{\frac{m \cdot {r_A}^2 \cdot (2 \cdot g \cdot \Delta h - v^2)}{v^2}}}$$

Die Einschränkung besteht darin, dass die Achse nicht gleiten darf.

4 Aus der Berechnungsgleichung geht hervor, dass Sie die Masse der Scheibe ermitteln müssen, außerdem Δh. Dazu messen Sie die Höhe des Startpunktes gegenüber der waagerechten Unterlage sowie die Höhe an der Stelle 30 cm (denn für diesen Punkt haben Sie die Geschwindigkeit berechnet) und bilden daraus die Differenz Δh.
Der Radius der Achse wird Ihnen mitgeteilt.

$$m = 15\ \mathrm{g}$$
$$\Delta h = 1{,}8\ \mathrm{cm}$$
$$r_A = 2{,}5\ \mathrm{mm}$$

$$J = \frac{0{,}015\ \mathrm{kg} \cdot (0{,}0025\ \mathrm{m})^2 \cdot (2 \cdot 9{,}81\ \mathrm{m} \cdot \mathrm{s}^{-2} \cdot 0{,}018\ \mathrm{m} - \mathrm{V}^2)}{\mathrm{V}^2}$$

$$J = \underline{\underline{3{,}1 \cdot 10^{-6}\ \mathrm{kg} \cdot \mathrm{m}^2}}$$

5 Als Beispiele können Sie angeben:

- Das Schwungrad bei Verbrennungsmotoren, vor allem bei einer geringen Zahl von Zylindern
- Das Schwungrad bei Maschinen, bei denen die Belastung zeitlich nicht gleichbleibend ist
- Die Töpferscheibe

Leistungskurs Physik (Sachsen): Abiturprüfung 2004
Aufgabe A: Mechanik/Elektrizitätslehre

1 An Beispielen aus dem Motorsport sollen Bewegungen genauer untersucht werden.

1.1 Die Abbildung zeigt die Startaufstellung der Fahrzeuge. Diese stehen in der Startaufstellung um 2,0 m versetzt.

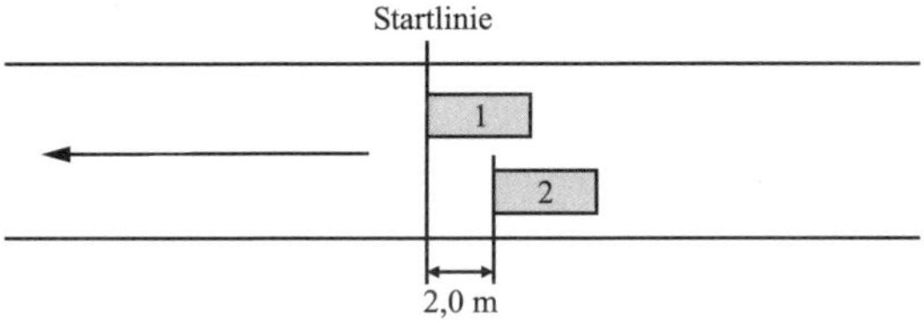

Die Fahrzeuge bewegen sich unmittelbar nach dem Start geradlinig und jeweils mit der konstanten Beschleunigung $9{,}0\ \text{m} \cdot \text{s}^{-2}$. Durch ein besseres Reaktionsvermögen startet der Fahrer des Fahrzeugs 2 um 0,20 s früher.
Bestimmen Sie die Entfernung von der Startlinie, bei der die Frontseiten beider Fahrzeuge genau nebeneinander sind. (4 BE)

1.2 Die Geschwindigkeit eines Fahrzeugs beträgt während des Rennens $240\ \text{km} \cdot \text{h}^{-1}$.
Infolge einer verhängten Strafe verringert der Fahrer mit der konstanten Beschleunigung $-30\ \text{m} \cdot \text{s}^{-2}$ die Geschwindigkeit auf $80\ \text{km} \cdot \text{h}^{-1}$ und fährt mit genau dieser Geschwindigkeit 300 m. Danach beschleunigt er gleichmäßig und erreicht nach 4,0 s seine ursprüngliche Geschwindigkeit.
Ermitteln Sie den Zeitverlust, den diese Strafe mindestens bedeutet, wenn angenommen wird, dass sich das Fahrzeug ohne Strafe mit der konstanten Geschwindigkeit $240\ \text{km} \cdot \text{h}^{-1}$ gleichförmig bewegt hätte. (4 BE)

2 Kräfte in Magnetfeldern/Induktion

2.1 Eine quadratische Leiterschleife (Kantenlänge 2,0 cm) wird gemäß der Abbildung gleichförmig mit der Geschwindigkeit $2{,}0\ \text{cm} \cdot \text{s}^{-1}$ in x-Richtung durch ein homogenes, zeitlich konstantes und örtlich begrenztes Magnetfeld der Stärke 0,10 T bewegt. Zum Zeitpunkt $t = 0$ s befindet sich der untere Abschnitt der Schleife am Ort $x = 0$.
Zeichnen Sie das $U_{\text{ind}}(t)$-Diagramm für das Zeitintervall 0 s bis zu dem Zeitpunkt, zu dem die Leiterschleife das Magnetfeld wieder vollständig verlassen hat.
Stellen Sie Zwischenschritte Ihrer Berechnungen dar.

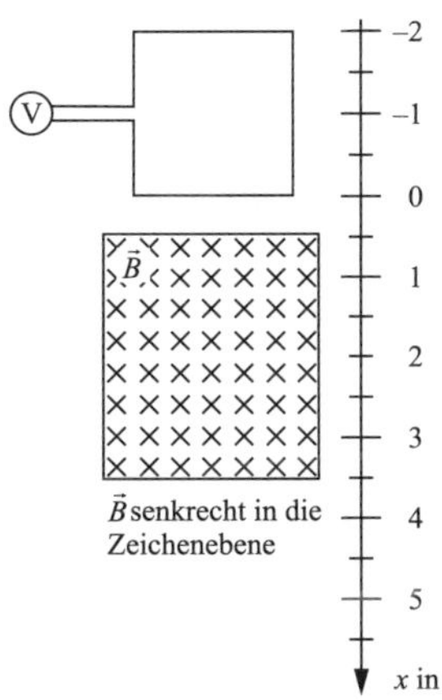

(5 BE)

2.2 Eine von einem Gleichstrom durchflossene Spule mit quadratischem Querschnitt (Kantenlänge 2,0 cm, Windungszahl 100, Masse 0,10 kg), ist gemäß der Abbildung an einer Schraubenfeder (Federkonstante $D = 40\ \text{N} \cdot \text{m}^{-1}$) befestigt und ruht.
Das untere Ende der Feder befand sich ohne angehängte Spule am Ort $x = 0$.

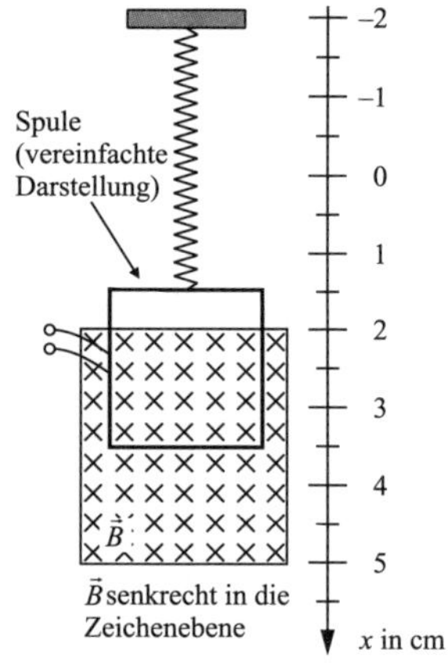

2.2.1 Die Stärke des Magnetfeldes beträgt zunächst 0,10 T. Untersuchen Sie rechnerisch, ob die magnetische Kraft zur Gewichtskraft gleich oder entgegen gerichtet ist. Geben Sie die Richtung der Bewegung der Elektronen im unteren Teil der Spule an und berechnen Sie die Stärke des durch die Spule fließenden Stroms. Weitere notwendige Werte entnehmen Sie der Abbildung. (5 BE)

2.2.2 Die Gleichspannung und das Magnetfeld werden zum Zeitpunkt $t = 0$ abgeschaltet und infolgedessen schwingt die Spule ungedämpft.
Geben Sie die Periodendauer und die x-Koordinaten der Umkehrpunkte für die Unterkante der Spule an.
Skizzieren Sie unter Verwendung dieser Werte das $x(t)$-Diagramm mindestens im Intervall $0 \leq t \leq 1\,\text{s}$. (3 BE)

2.3 In einer ruhenden Spule wird durch ein zeitlich veränderliches Magnetfeld eine Spannung induziert. Dabei gilt:

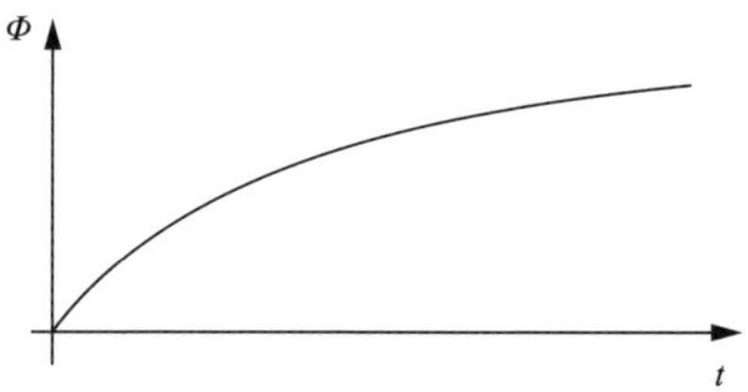

Beschreiben Sie den zeitlichen Verlauf der zugehörigen induzierten Spannung. Begründen Sie. (2 BE)

Lösung

1.1 Im **GRAPH**-Modus geben Sie, das Fahrzeug 1 betreffend, entsprechend der Gleichung

$$s = \frac{a}{2} \cdot t^2$$

ein:

$$Y1 = 4.5X^2$$

Beim Fahrzeug 2 berücksichtigen Sie das frühere Starten um 0,20 Sekunden sowie den Rückstand von 2,0 m:

$$Y2 = 4.5(X + 0.2)^2 - 2$$

Dazu das Betrachtungsfenster:

View Window	
Xmin:	0
max:	2
Scale:	1
Ymin:	–3
max:	5
Scale:	1

Das liefert dann folgende Darstellung:

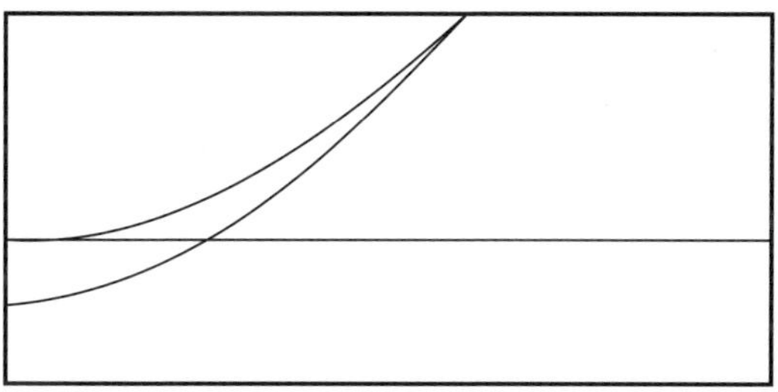

Sie ermitteln dann den Schnittpunkt beider Graphen, denn die Fahrzeuge sollen ja den gleichen Weg zurückgelegt haben: Sie erhalten als Resultat: X = 1,01 und Y = 4,60. Das heißt: Nach reichlich einer Sekunde hat das Fahrzeug 2 das vordere Fahrzeug eingeholt; beide befinden sich **4,6 m von der Startlinie entfernt.**

1.2 Die Maßeinheit der gegebenen Geschwindigkeiten lautet km/h; deswegen dividiert man durch 3,6 und erhält die verträglichere Einheit m/s. Die neuen Maßzahlen werden gleich abgespeichert und später wird mit diesen nicht gerundeten Werten gerechnet:

$$\frac{240}{3,6} = 66,66 \quad \Rightarrow \quad U$$

$$\frac{80}{3,6} = 22,22 \quad \Rightarrow \quad V$$

Für die Zeit des Abbremsens geht man aus von der Gleichung $a = \frac{\Delta v}{\Delta t}$ und rechnet:

$$t = \frac{\Delta v}{a} = \frac{\mathrm{V} - \mathrm{U}}{-30} = 1{,}48\ \mathrm{s} \ \Rightarrow \ \mathrm{B}$$

Der dabei zurückgelegte Weg wird auf die übliche Weise berechnet:

$$\mathrm{s} = \frac{\mathrm{a}}{2} \cdot \mathrm{t}^2 + \mathrm{v}_0 \cdot \mathrm{t} = -15\mathrm{B}^2 + \mathrm{U} \cdot \mathrm{B} = 65{,}84\ \mathrm{m} \quad \Rightarrow \quad \mathrm{S}$$

Nun bewegt sich das Fahrzeug 300 Meter lang gleichförmig:

Aus $v = \frac{\Delta s}{\Delta \mathrm{t}}$ folgt:

$$t = \frac{s}{v} = \frac{300}{\mathrm{V}} = 13{,}5\ \mathrm{s} \ \Rightarrow \ \mathrm{G}$$

Jetzt beginnt die Beschleunigungsphase mit der Dauer von 4 Sekunden:

$$a = \frac{\Delta v}{t} = \frac{\mathrm{U} - \mathrm{V}}{4} = 11{,}1\ \mathrm{m} \cdot \mathrm{s}^{-2} \ \Rightarrow \ \mathrm{A}$$

Daraus lässt sich der Beschleunigungsweg berechnen:

$$s = \frac{a}{2} \cdot t^2 + v_0 \cdot t = \frac{\mathrm{A}}{2} \cdot 4^2 + \mathrm{V} \cdot 4 = 8\mathrm{A} + 4\mathrm{V} = 177{,}8\ \mathrm{m} \quad \Rightarrow \quad \mathrm{E}$$

Wir fassen die Teilergebnisse zusammen:

Gesamtweg: $\mathrm{S} + 300 + \mathrm{E} = 543{,}6\ \mathrm{m} \ \Rightarrow \ \mathrm{W}$

Gesamtzeit: $\mathrm{B} + \mathrm{G} + 4 = 18{,}89\ \mathrm{s} \ \Rightarrow \ \mathrm{Z}$

Für die Berechnung des Zeitverlustes muss die Zeit berechnet werden, die das Fahrzeug ohne Erteilung einer Strafe, also ohne gebremst und beschleunigt zu haben, gebraucht hätte. Es fährt die Strecke von 543,6 m gleichförmig mit der Geschwindigkeit 240 km/h:

$$t = \frac{s}{v} = \frac{\mathrm{W}}{\mathrm{U}} = 8{,}154\ \mathrm{s} \ \Rightarrow \ \mathrm{Y}$$

Der Zeitverlust beträgt also Z – Y = 10,8 Sekunden.

Die folgenden Ausführungen sind für die Prüfungsarbeit wahrscheinlich eher ungeeignet. In der Vorbereitung auf die Prüfung sollten Sie aber schon einmal die Schritte nachvollziehen und sich immer wieder mit den Möglichkeiten des GTR vertraut machen.

Im GRAPH-Modus eröffnen Sie das Beobachtungsfenster:

View Window	
Xmin:	0
max:	20
Scale:	5
Ymin:	0
max:	600
Scale:	100

Geben sie nun als erstes für die Abbremsphase folgende Gleichung ein:

$$Y1 = -15X^2 + UX, [0, B]$$

Im Display sehen Sie den aufsteigenden Ast einer nach unten geöffneten Parabel. Sie verfahren so am besten, dass Sie nach der Eingabe von Y2 und Y3 jeweils das nächste Kurvenstück im Display beobachten. Also:

$$Y2 = V(X - B) + S, [B, B + G]$$

$$Y3 = A \div 2 \times (X - B - G)^2 + V(X - B - G) + S + 300, [B + G, B + G + 4]$$

Nun der Graph des ungebremsten Fahrzeuges:

$$Y4 = UX$$

Und schließlich die Gerade, die den Weg kennzeichnet, wenn das „bestrafte" Fahrzeug die ursprüngliche Geschwindigkeit wieder erreicht hat:

$$Y5 = W$$

Insgesamt entsteht dann folgende Darstellung:

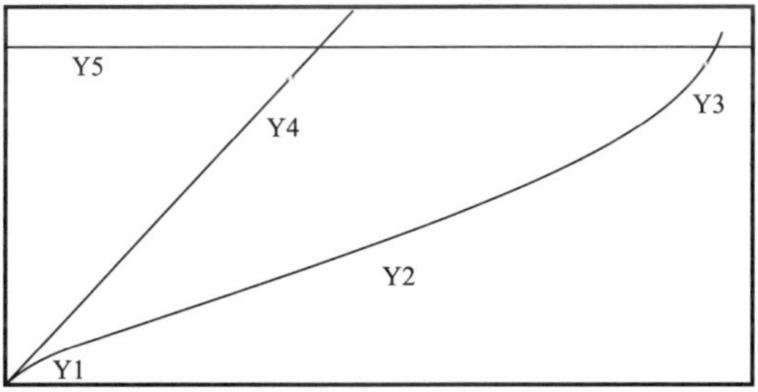

Nun ermitteln Sie den Schnittpunkt zwischen Y4 und Y5:

X = 8,154 s Y = 543,62 m

Ebenso zwischen Y3 und Y5:

X = 18,98 s Y = 543,62 m

Sie erhalten die gleiche Zeitdifferenz wie oben.

2.1 Für die Strecke von 0,5 cm bis zum Eintauchen in das Magnetfeld benötigt die Spule bei der angegebenen Geschwindigkeit genau 0,25 s. Nach einer weiteren Sekunde befindet sich die Spule vollständig im Magnetfeld; die Gesamtzeit beträgt dann zunächst 1,25 s. Nach einer weiteren halben Sekunde beginnt die Spule das Magnetfeld zu verlassen, insgesamt sind dann 1,75 s verstrichen. Vollständig herausgekommen ist sie nach wiederum einer Sekunde (Gesamtzeit damit 2,75 s).

Es empfiehlt sich, zunächst denjenigen Graphen zu skizzieren, der den zeitlich veränderlichen magnetischen Fluss zeigt:

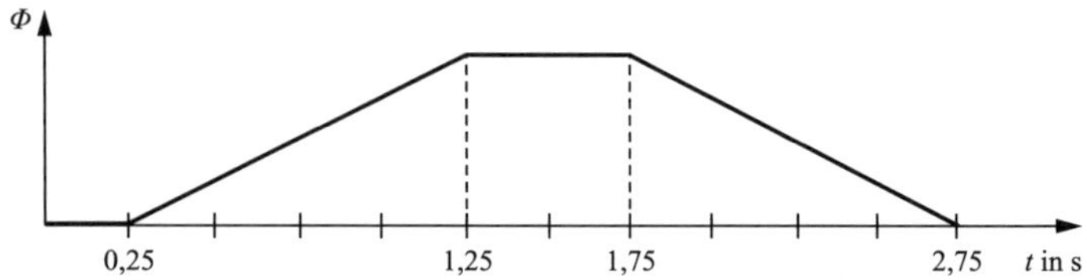

Da das Induktionsgesetz lautet

$$U_{\text{ind}} = -N \cdot \frac{d\Phi}{dt},$$

ergibt sich dann das folgende Diagramm:

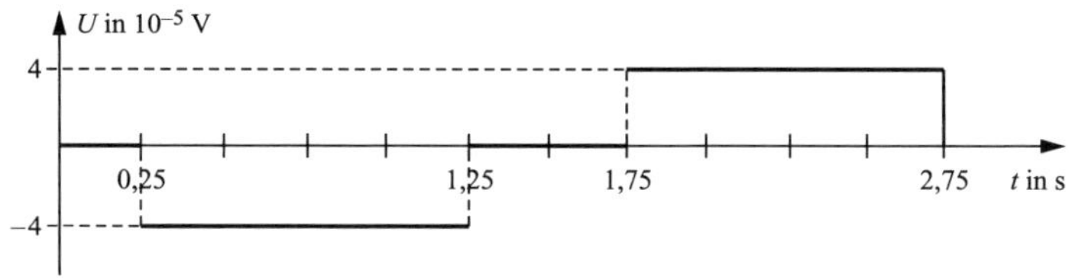

Wichtig ist, dass $U = 0$ ist, falls $\Phi = \text{konstant}$ ist.

Der Betrag der maximalen Spannung lässt sich leicht berechnen:

$$U = B \cdot l \cdot v = 0{,}1\ \text{T} \cdot 2\ \text{cm} \cdot 2\ \text{cm} \cdot \text{s}^{-1}$$

$$U = 0{,}1\ \frac{\text{Vs}}{\text{m}^2} \cdot 0{,}02\ \text{m} \cdot 0{,}02\ \text{m} \cdot \text{s}^{-1} = 4 \cdot 10^{-5}\ \text{V}$$

2.2.1 Zunächst berechnen Sie die Gewichtskraft der Spule:

$$F_G = m \cdot g = 0{,}1\ \text{kg} \cdot 9{,}81\ \text{m} \cdot \text{s}^{-2} = 0{,}981\ \text{N}$$

Das untere Ende der Feder befindet sich in der Abbildung an der Stelle 1,5 cm. Sie wurde also um diese Strecke gedehnt:

$$F_{\text{Feder}} = D \cdot \Delta x = 40\ \text{N} \cdot \text{m}^{-1} \cdot 0{,}015\ \text{m} = 0{,}6\ \text{N}$$

Die magnetische Kraft muss also der Gewichtskraft entgegen gerichtet sein, sie beträgt genau $0{,}981\ \text{N} - 0{,}6\ \text{N} = 0{,}381\ \text{N}$.
Die Elektronen bewegen sich im unteren Teil der Spule gemäß der Rechte-Hand-Regel von rechts nach links.

Für die Stromstärke gilt:

$$I = \frac{F}{B \cdot l} = \frac{0{,}381\ \text{N}}{0{,}1\ \text{T} \cdot 100 \cdot 2\ \text{cm}} = \frac{0{,}381\ \text{N}}{0{,}1\ \text{N} \cdot \text{m}^{-1} \cdot \text{A}^{-1} \cdot 2\ \text{m}} = \underline{\underline{1{,}9\ \text{A}}}$$

Für die Schwingungsdauer eines Federschwingers gilt:

$$T = 2\pi \cdot \sqrt{\frac{m}{D}} = 2\pi \cdot \sqrt{\frac{0{,}1\ \text{kg}}{40\ \text{N} \cdot \text{m}^{-1}}} = \underline{\underline{0{,}31\ \text{s}}}$$

Ohne Stromfluss und ohne Magnetfeld wird die Feder durch die Gewichtskraft der Spule gedehnt:

$$\Delta x = \frac{F_G}{D} = \frac{0{,}981\ \text{N}}{40\ \text{N} \cdot \text{m}^{-1}} = 0{,}025\ \text{m} = 2{,}5\ \text{cm}$$

Wird die Spule am unteren Ende der Feder ($x = 0$) angehängt, befindet sich die Unterkante der Spule bei $x = 2$ cm. Addiert man dazu die gerade berechneten 2,5 cm, so befindet sich die Gleichgewichtslage bei 4,5 cm. Aus der Abbildung ist ersichtlich, dass der obere Umkehrpunkt mit dem Startpunkt (= Abschalten des Magnetfelds) zusammenfällt, und da befindet sich die Unterkante an der Stelle $x = 3{,}5$ cm. Mithin beträgt die Amplitude genau 1 cm, und von der schon genannten Gleichgewichtslage ausgehend, ergibt sich der obere Umkehrpunkt an der Stelle 3,5 cm und der untere Umkehrpunkt an der Stelle 5,5 cm.

Und so sieht dann das *x*-*t*-Diagramm aus:

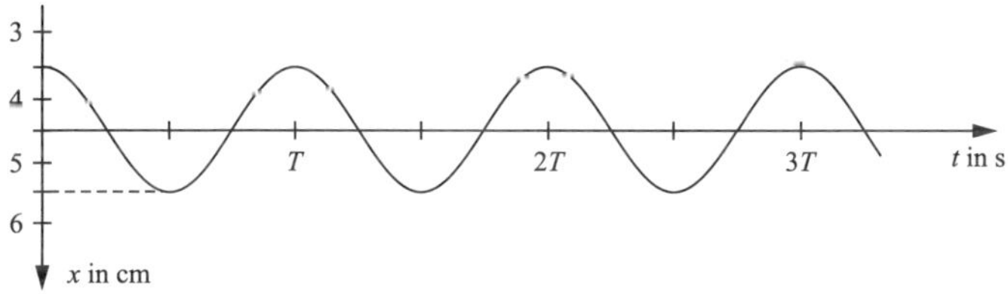

2.3 Sie können sich wieder auf das Induktionsgesetz $U_{\text{ind}} \sim \dot{\Phi}$ berufen. Der Anstieg der Kurve ist positiv, also ist die induzierte Spannung negativ. Zum Zeitpunkt 0 ist der Betrag der Spannung am größten, er nimmt dann allmählich ab.

Sie können natürlich auch den GTR einsetzen, um sich ein Bild von der Spannung zu machen. Da die Kurve einer Wurzelfunktion sehr ähnlich aussieht, geben Sie ein:

Y1 = √X und
Y2 = −d/dx(Y1,X)

Das ergibt im Display:

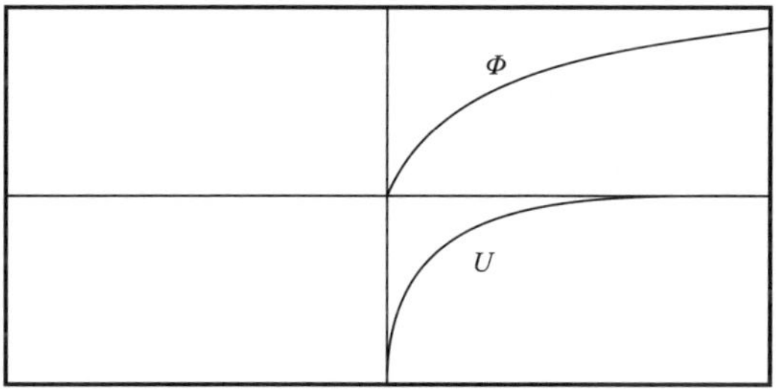

Die obigen Überlegungen sind damit bestätigt worden.

Leistungskurs Physik (Sachsen): Abiturprüfung 2004
Aufgabe B: Wellenoptik/Kernphysik

1 Interferenzphänomene und Polarisation

1.1 Zwei Wellen gleicher Wellenlänge breiten sich parallel aus und interferieren. Geben Sie eine allgemeine Bedingung für den Gangunterschied an, damit es zur maximalen Verstärkung kommt. (1 BE)

1.2 Einfarbiges paralleles Glühlicht trifft auf eine dünne keilförmige Luftschicht, die sich zwischen zwei Glasplatten befindet. Die Glasplatten sind so dick, dass an ihnen keine Interferenz auftritt.

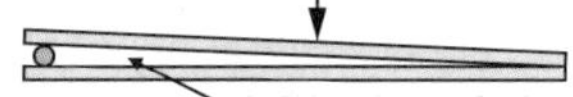

(Abbildung nicht maßstäblich)

Beschreiben Sie ausgehend vom Lichtweg die Entstehung der Interferenz im reflektierten Licht und begründen Sie, dass die Luftschicht dazu hinreichend dünn sein muss. Erklären Sie, dass dunkle und helle Streifen beobachtet werden. (5 BE)

1.3 Ein einfarbiges paralleles Glühlichtbündel fällt so auf eine Grenzfläche, dass reflektiertes und gebrochenes Lichtbündel senkrecht aufeinander stehen. Das reflektierte Licht ist nun vollständig polarisiert. (Brewster'sches Gesetz)

1.3.1 Was versteht man unter polarisiertem Licht? (1 BE)

1.3.2 Weisen Sie nach, dass es in Abhängigkeit von der Stoffkombination und von der Wellenlänge des einfallenden Lichts genau einen Einfallswinkel gibt, für den diese Bedingung erfüllt ist. (2 BE)

2 Ein Kernreaktor ist eine künstliche Strahlenquelle. Durch Sicherheitsmaßnahmen werden die Strahlung abgeschirmt und die radioaktiven Stoffe eingeschlossen.

2.1 Urankerne U-235 werden durch thermische Neutronen, deren Energie kleiner als 0,1 eV sein muss, gespalten. Dabei treten γ-Strahlung und Neutronenstrahlung auf. Bei einer Kernspaltung entstehen die Nuklide Kr-89 und Ba-144.
(Kernmasse U-235: $m_U = 234{,}99346$ u   Kernmasse Kr-89: $m_{Kr} = 88{,}89782$ u
Kernmasse Ba-144: $m_{Ba} = 143{,}89195$ u   Masse der Neutronen: $m_n = 1{,}00866$ u
$1 u = 1{,}66055 \cdot 10^{-27}$ kg)

2.1.1 Geben Sie die Gleichung für die Spaltung an. (1 BE)

2.1.2 Etwa 2,5 % der bei dieser Spaltung freigesetzten Energie entfallen auf die unmittelbar entstandenen Neutronen. Weisen Sie rechnerisch nach, dass diese zur Aufrechterhaltung der Kettenreaktion abgebremst werden müssen. (3 BE)

2.1.3 Das Abbremsen wird durch elastische Stöße der Neutronen mit Atomkernen erreicht. Begründen Sie, dass die im Wasser enthaltenen H-1-Atome besonders geeignet sind. (2 BE)

2.2 Erläutern Sie eine Wechselwirkung von γ-Strahlung mit Materie. (2 BE)

2.3 Die Neutronen können Eisenteile des Reaktorbehälters aktivieren. Dabei entsteht das Nuklid Fe-59, ein β-Strahler mit der Halbwertszeit 45,1 d. Der Reaktor wird abgeschaltet. Ermitteln Sie die Zeit, nach der die Anzahl der Zerfälle pro Sekunde einer unmittelbar vor dem Abschalten des Reaktors zu 100 % aktivierten Menge Eisen auf 1 % gesunken ist. (3 BE)

Lösung

1.1 Der Gangunterschied muss ein ganzzahliges Vielfaches der Wellenlänge betragen. Es muss also gelten:

$$\Delta l = k \cdot 1; \quad k \in \mathbb{N}.$$

1.2 Ein Teil 1 des einfallenden Lichts wird nach dem Eindringen in die obere Glasplatte an deren Unterseite reflektiert und gelangt in das beobachtende Auge. Ein anderer Teil 2 des Lichtstrahls wird an der oberen Seite der unteren Platte reflektiert und gelangt, eine dünne Luftschicht vorausgesetzt, zusammen mit Teil 2 in das Auge. Wäre die Schicht nicht genügend dünn, könnte man die Brechung nicht vernachlässigen; außerdem muss man die Länge der Wellenzüge berücksichtigen. Unter diesen Voraussetzungen können die beiden Lichtanteile miteinander interferieren und ergeben, je nach Schichtdicke, Verstärkung (Helligkeit) oder Auslöschung (Dunkelheit). Der Gangunterschied ergibt sich aus der doppelten Schichtdicke, denn der Teil 2 durchläuft diese Strecke zusätzlich, ehe er wieder mit Teil 1 zusammenkommt. Zu berücksichtigen ist noch der Phasensprung von $\lambda/2$, den Teil 2 bei der Reflexion an der Vorderseite der unteren Platte erfährt. Die Orte gleicher Schichtdicke liegen jeweils längs einer Geraden parallel zur (im Bild) rechten Berührungskante. Dadurch ergeben sich längs dieser Geraden bei der Betrachtung im monochromatischen Licht helle und dunkle Streifen. Je kleiner der Winkel zwischen den beiden Glasplatten ist, umso weiter rücken diese Streifen auseinander.

1.3.1 Enthält das Licht nur Wellenzüge, die in einer bestimmten Ebene schwingen, dann nennt man es linear polarisiert. Das Licht muss also als eine Transversalwelle aufgefasst werden.

1.3.2 Das unter dem Winkel α auf das durchsichtige Medium auftreffende Licht wird unter dem gleichen Winkel reflektiert. Gleichzeitig findet Brechung statt, der Brechungswinkel sei β. Schließen der reflektierte und der gebrochene Strahl einen Winkel von 90° ein, gilt:

$$\alpha + \beta = 90°, \quad \text{also} \quad \beta = 90° - \alpha.$$

Aus dem Brechungsgesetz $\frac{\sin\alpha}{\sin\beta} = n_{1,2}$ folgt dann:

$$\frac{\sin\alpha}{\sin(90° - \alpha)} = \frac{\sin\alpha}{\cos\alpha} = \underline{\underline{\tan\alpha = n_{1,2}}}$$

Der Polarisationswinkel hängt also einerseits von der Art der beiden Medien ab; andererseits ist die Brechzahl abhängig von der Farbe (Wellenlänge) des Lichtes. Beispielsweise gilt für Kronglas die Brechzahl 1,528 für blaues, dagegen 1,511 für rotes Licht.

2.1.1 Die Gleichung für die Spaltung lautet:

$$^{235}_{92}\text{U} + {}^{1}_{0}\text{n} \;\rightarrow\; {}^{89}_{36}\text{Kr} + {}^{144}_{56}\text{Ba} + 3 \cdot {}^{1}_{0}\text{n} + \gamma$$

2.1.2 Sie müssen hierbei den Massendefekt berücksichtigen und die ihm äquivalente Energie berechnen. Unter Beachtung der Reaktionsgleichung gilt dann:

$$E = \Delta m c^2 = (m_U + m_n - m_{Kr} - m_{Ba} - 3 \cdot m_n) \cdot c^2$$

Nun setzen Sie die gegebenen Massen ein und erhalten

$$E = 0{,}18637\ \text{u} \cdot c^2 = 3{,}094767 \cdot 10^{-28}\ \text{kg} \cdot c^2 = 2{,}785 \cdot 10^{-11}\ \text{J} = 1{,}74 \cdot 10^{8}\ \text{eV}$$

Wegen des gegebenen Prozentsatzes multiplizieren Sie mit 0,025 und dividieren durch drei, so dass die Energie je Neutron etwa 1,45 MeV beträgt. Das ist ein Vielfaches der Energie, die die thermischen Neutronen haben sollten. Also müssen die Neutronen gebremst werden.

2.1.3 Beim elastischen Stoß gilt der Impulserhaltungssatz. Die Energieübertragung bei elastischen Stößen zwischen den schnellen Neutronen und den ruhenden Atomkernen des Moderatorenmaterials ist umso größer, je weniger sich die betreffenden Massen unterscheiden. Vorteilhaft sind deswegen Materialien, deren Kerne eine Masse haben, die in der Größenordnung der Neutronenmasse liegen. Dadurch übernimmt der Moderatorkern nahezu die gesamte kinetische Energie des Neutrons. Deswegen sind Wasserstoffkerne besonders geeignet.

2.2 Es sind drei Vorgänge bei der Absorption von Gammastrahlen durch stoffliche Materie zu beobachten: Paarbildung, der Compton- und der Fotoeffekt. Bei der Paarbildung sind energiereiche Quanten in der Lage, ein Elektronen-Positronenpaar entstehen zu lassen. Die Energie des Gammaquants muss dabei wenigstens die doppelte Ruheenergie eines Elektrons, also zweimal 0,51 MeV, betragen. Die überschüssige Energie wird zur kinetischen Energie des Paares.

2.3 Die Anzahl der Zerfälle pro Sekunde ist abhängig von der Zahl der aktiven Kerne. Deswegen rechnen Sie mit dem Zerfallsgesetz:

$$N = N_0 \cdot e^{-\lambda \cdot t}$$

Da die Anzahl der Kerne nur noch der hundertste Teil der ursprünglichen Anzahl beträgt, folgt daraus:

$$\frac{1}{100} \cdot N_0 = N_0 \cdot e^{-\lambda \cdot t}$$

$$\frac{1}{100} = e^{-\lambda \cdot t} = \frac{1}{e^{\lambda \cdot t}}$$

$$e^{\lambda \cdot t} = 100$$

$$\lambda \cdot t = \ln 100$$

$$t = \frac{\ln 100}{\lambda} = \frac{\ln 100}{\frac{\ln 2}{T_{1/2}}} = \frac{\ln 100 \cdot 45{,}1\,\text{d}}{\ln 2} = \underline{\underline{300\ \text{d}}}$$

Natürlich können Sie den GTR einsetzen:

Y1 = e − (ln2 ÷ 45.1)X

View Window	
Xmin:	0
max:	500
Scale:	100
Ymin:	0
max:	1
Scale:	1

Im Display erhalten Sie den zu erwartenden Graphen der e-Funktion.
Geben Sie unter X-CAL ein: Y = 0.01, so wird angezeigt: X = 299.63.
Und das sind wiederum 300 Tage, in denen die Aktivität auf 1 % sinkt.

Leistungskurs Physik (Sachsen): Abiturprüfung 2004
Aufgabe C 1: Mechanik

Führen Sie an einem gleitenden Faden Messungen und Berechnungen durch. Die Experimentieranordnung finden Sie aufgebaut vor. Die Abbildung zeigt den prinzipiellen Experimentieraufbau.

Das System wird aus der Ruhe heraus freigegeben, der Faden gleitet über die Stahloberfläche und die angehängten Körper durchlaufen die Fallstrecke Δh.

Die Massen m_1 und m_2 der beiden Körper und die Länge der Strecke Δh_{max} werden Ihnen mitgeteilt.

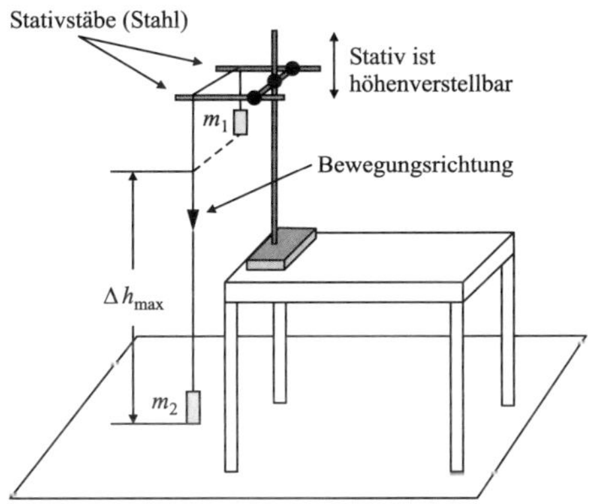

1 Wahlen Sie vier Fallstrecken im Intervall $0{,}40\text{ m} \leq \Delta h \leq \Delta h_{max}$ aus und messen Sie jeweils die Zeitdauer für das Durchlaufen dieser Strecke. (3 BE)

2 Nennen Sie die wesentliche Fehlerquelle. (1 BE)

3 Ermitteln Sie aus ihren Messwerten einschließlich des Wertepaares (0; 0) die Gleichung einer quadratischen Funktion, die näherungsweise die Abhängigkeit $\Delta h(t)$ beschreibt.

(*Hinweis*: Arbeiten Sie mit den Einheiten Meter und Sekunde. Bei der Angabe der Gleichung darf dann auf die Einheiten verzichtet werden.)

Geben Sie mit Hilfe der ermittelten Funktionsgleichung die Endgeschwindigkeit v_{max} für die Fallstrecke Δh_{max} an. (3 BE)

4 Berechnen Sie die Geschwindigkeit für die maximale Fallstrecke Δh_{max} für den reibungsfreien Fall.
Vergleichen Sie das Ergebnis mit dem bei 3 ermittelten Wert für v_{max}.
Begründen Sie den festgestellten Unterschied. (4 BE)

5 Ermitteln Sie näherungsweise die verrichtete Reibungsarbeit für die maximale Fallstrecke. (2 BE)

6 Die Experimentieranordnung wird jetzt gedanklich verändert. Der Faden läuft nicht mehr über die Stativstabe, sondern über eine reibungsfrei gelagerte feste Rolle.
Geben Sie qualitativ an, welche Eigenschaft die Rolle haben muss, damit sich beim Durchlaufen der maximalen Fallstrecke eine größere als die in Aufgabe 3 ermittelte Endgeschwindigkeit einstellt. Begründen Sie. (2 BE)

Lösung

Die Experimentieranordnung wird Ihnen aufgebaut übergeben. Die beiden Massen sind unterschiedlich groß, sodass der Faden aus dünner Angelsehne von allein zu gleiten beginnt. Für ein ungehindertes Gleiten sorgen die beiden Stativstäbe im Abstand von etwa 10 cm. Zusätzlich werden Ihnen übergeben:

- 1 Massestück $m_1 = 50$ g
- 1 Massestück $m_2 = 20$ g
- 1 Messstab

Die maximale Fallhöhe von 1,4 m wird vorgegeben.

1 Das leichte Massestück m_2 befindet sich am Boden. Es ist günstig, den Faden dicht unterhalb des Stativstabes festzuhalten und gleichzeitig mit der Freigabe des Fadens die Stoppuhr zu betätigen. Das Aufschlagen des Massestückes m_1 signalisiert das Ende der Fallzeit.

Δh in m	1,30	1,07	0,76	0,45
t in s	4,1	3,7	3,2	2,0

Achten Sie darauf, dass die Massenstücke möglichst mittels einer Schlaufe befestigt werden, damit sie sich beim Aufsetzen auf den Boden nicht vom Faden lösen können. Dann können Sie auch jede Messung rasch mehrfach wiederholen und so einen brauchbaren Messwert ermitteln.

2 Die Massestücke dürfen keine seitlichen Pendelbewegungen ausführen. Wesentlich ist aber der subjektive Fehler bei diesem Versuch: Die Freigabe des Fadens (das Spreizen der Finger), das gleichzeitige Betätigen der Stoppuhr und das nochmalige Drücken beim Aufschlagen lassen die Vermutung aufkommen, dass das Reaktionsvermögen den größten Einfluss auf die Güte der Messwerte hat.

3 Eingabe der Messwerte im **STAT**-Modus:

List 1	**List 2**
0	0
2,0	0,45
3,2	0,76
3,7	1,07
4,1	1,30

Die Regression liefert die quadratische Funktion:

$$h(t) = 0{,}054x^2 + 0{,}087x + 0{,}01$$

Diese übertragen Sie ins **GRAPH**-Menü und ermitteln anhand des Graphen im Display die zur maximalen Fallhöhe von 1,4 zugehörige Zeit: Mit X-CAL und Y = 1,4 erhalten Sie $t = 4{,}3$ Sekunden. Mit [TRACE] können Sie, bei aktivierter 1. Ableitung (Derivative), die Geschwindigkeit zu diesem Zeitpunkt ablesen:

$$\underline{\underline{v_{max} = 0{,}55 \text{ m} \cdot \text{s}^{-1}}}$$

4 "Reibungsfreier Fall" heißt nicht etwa "freier Fall", sondern das bedeutet, dass der Energieerhaltungssatz in der Form $E_{pot} = E_{kin}$ gelten soll. Und dann gilt:

$$(m_1 - m_2) \cdot g \cdot \Delta h_{max} = \frac{1}{2} \cdot (m_1 + m_2) \cdot v^2$$

$$v = \sqrt{2 \cdot g \cdot \Delta h_{max} \cdot \frac{m_1 - m_2}{m_1 + m_2}} = \sqrt{2 \cdot 9{,}81\ \text{m} \cdot \text{s}^{-2} \cdot 1{,}4\ \text{m} \cdot \frac{50\ \text{g} - 20\ \text{g}}{50\ \text{g} + 20\ \text{g}}} = \underline{\underline{3{,}4\ \text{m} \cdot \text{s}^{-1}}}$$

Das ist erheblich mehr als der unter Teilaufgabe 3 ermittelte Wert. Daran erkennt man, welcher Einfluss die Reibung des Fadens mit den Stativstäben hat.

5 Die Reibungsarbeit ist die Differenz aus der kinetischen Energie beim Idealversuch ohne Reibung und der kinetischen Energie beim Realversuch mit Reibung:

$$W_R = E_{kin,\,ohne} - E_{kin,\,mit} = \frac{1}{2}(m_1 + m_2) \cdot (v^2 - v_{max}{}^2)$$

$$W_R = \frac{1}{2} \cdot 0{,}07\ \text{kg} \cdot (3{,}4^2 - 0{,}55^2) \cdot \text{m}^2 \cdot \text{s}^{-2} = \underline{\underline{0{,}4\ \text{J}}}$$

6 Da Reibung ausgeschlossen sein soll, wird das Abrollen des Fadens nur beeinträchtigt durch das Trägheitsmoment der Rolle. Je kleiner das Trägheitsmoment der Rolle ist, umso weniger kinetische Energie wird umgewandelt in Rotationsenergie. Die Rolle muss also eine geringe Masse m und einen kleinen Durchmesser $2r$ haben, denn für das Trägheitsmoment der Rolle, die man als geraden Vollzylinder auffassen kann, gilt die Gleichung:

$$J = \frac{1}{2} \cdot m \cdot r^2$$

Leistungskurs Physik (Sachsen): Abiturprüfung 2004
Aufgabe C 2: Elektrizitätslehre

Führen Sie Messungen und Berechnungen an einer Spule im Gleichstromkreis und im Wechselstromkreis durch.
Vom Aufsicht führenden Lehrer werden Ihnen die Spule sowie der Eisenkern übergeben.
Fordern Sie die zusätzlich notwendigen Geräte und Hilfsmittel an.

1 Ermitteln Sie durch Strom- und Spannungsmessungen den Ohm'schen Widerstand R und den Wechselstromwiderstand Z (Scheinwiderstand) der Spule ohne Eisenkern bei der Frequenz 50 Hz. Berechnen Sie daraus die Induktivität L der Spule. (7 BE)

2 Ermitteln Sie die Induktivität für vier unterschiedliche Eintauchtiefen s des Eisenkerns in die Spule.
Stellen Sie die Abhängigkeit $L(s)$ in einem Diagramm dar. Nutzen Sie dabei auch das Ergebnis von 1. (5 BE)

3 (*Hinweis*: Lösen Sie die folgende Aufgabe ohne zusätzlich zu experimentieren.)
Diese Spule mit verschiebbarem Eisenkern wird in Reihe mit einer Glühlampe (6 V; 0,4 A) geschaltet. An diese Reihenschaltung kann je nach Eintauchtiefe eine Wechselspannung ($U > 6$ V; 50 Hz) angelegt werden, sodass trotzdem über der Glühlampe die Betriebsspannung 6 V abfällt.
Ermitteln Sie für U das Intervall. Begründen Sie Ihr Vorgehen. (3 BE)

Lösung

Bei diesem Experiment müssen Sie folgende Geräte und Hilfsmittel anfordern:
- 1 Gleichspannungsquelle für Gleich- und Wechselspannung
- 1 Spannungsmessgerät
- 1 Stromstärkemessgerät
- 1 Spule, z. B. mit 3000 Windungen
- 1 zur Spule passender Eisenkern
- 1 Satz Verbindungsleiter
- Steckbretter

1 Messung im Gleichstromkreis:

$$R = \frac{U}{I} = \frac{8{,}6\ \text{V}}{64\ \text{mA}} = \underline{\underline{134\ \Omega}}$$

Messung im Wechselstromkreis:

$$Z = \frac{U_{\text{eff}}}{I_{\text{eff}}} = \frac{7{,}5\ \text{V}}{52\ \text{mA}} = \underline{\underline{144\ \Omega}}$$

Berechnung der Induktivität der eisenfreien Spule:

$$L = \frac{1}{\omega} \cdot \sqrt{Z^2 - R^2} = \frac{1}{2 \cdot \pi \cdot 50\ \text{s}^{-1}} \cdot \sqrt{144^2 - 134^2}\ \Omega = \underline{\underline{0{,}17\ \text{H}}}$$

2 Auf dem Eisenkern bringt man eine Markierung in Zentimeterabständen an. Dadurch kann man, beginnend mit null, die Eintauchtiefe s in mehreren Schritten verändern.

Die Messwerte sehen dann so aus:

Eintauchtiefe s in cm	0	1	2	3	4	5
I in mA	52	47	39	32	25	20

Um die fünf Werte für die Induktivität rasch berechnen zu können, gibt man dann im **TABLE**-Modus die Gleichung

$$\text{Y1} = 1 \div 314 \times \sqrt{\ }((7500 \div \text{X})^2 - 134^2)$$

ein. Dabei wurde für die Kreisfrequenz der Zahlenwert von $2 \cdot 50 \cdot \pi = 314$ eingesetzt. Die Maßzahl der Spannung 7,5 V wurde mit 1000 multipliziert; dafür wird im Nenner für X die Maßzahl der in mA gemessenen Stromstärke verwendet.

Geben Sie unter **RANG** die Werte Start: 20
End: 52
Pitch: 1

ein. So werden sofort 33 Resultate angegeben, von denen Sie sich die sechs erforderlichen auswählen und in die Tabelle eintragen:

Eintauchtiefe s in cm	0	1	2	3	4	5
I in mA	52	47	39	32	25	20
Induktivität L in H	0,17	0,28	0,44	0,61	0,85	1,1

Der erste Wert mit der Maßzahl 0,17 ist eine Bestätigung für den unter 1 schon einmal berechneten Wert.

Daraus ergibt sich folgendes Diagramm:

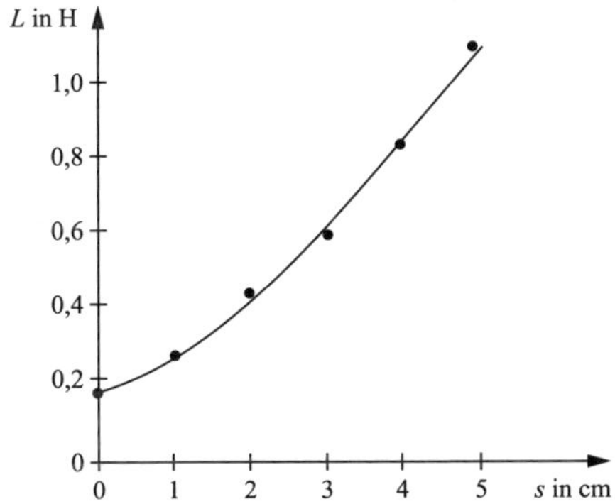

3 Obwohl Sie nicht experimentieren sollen (und wie Sie merken werden, gar nicht dürften!), empfiehlt es sich, den Sachverhalt durch eine Skizze zu veranschaulichen:

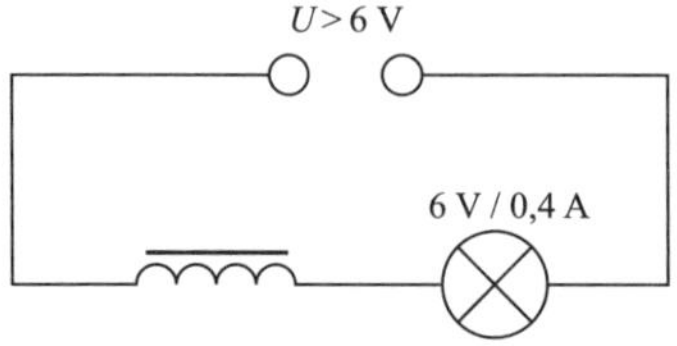

Für die Glühlampe errechnet man den Widerstand durch

$$R = \frac{U}{I} = \frac{6\ \text{V}}{0{,}4\ \text{A}} = 15\ \Omega$$

In Reihe dazu geschaltet ist der Ohm'sche Widerstand der Spule von 134 Ω, ergibt $R_{ges} = 149\ \Omega$. Die Stromstärke darf 0,4 A nicht übersteigen, sonst würde die Glühlampe durchbrennen.

$$U_{\text{eff}} = I_{\text{eff}} \cdot Z = I_{\text{eff}} \cdot \sqrt{R_{\text{ges}}^2 + (\omega \cdot L)^2}$$

Da die Induktivität im Intervall $0{,}17\ \text{H} \le L \le 1{,}1\ \text{H}$ liegt,
geben Sie im **RUN**-Modus ein:

$$U_{\text{eff}} = 0{,}4\sqrt{\ }(149^2 + (314 \times 0.17)^2$$

und erhalten als Ergebnis 63 V.

Den Zahlenwert 0,17 ersetzen Sie nun, dem Intervall entsprechend, durch 1,1 und erhalten 150 V. Sie erhalten damit folgendes Spannungsintervall: $\mathbf{63\ V \le U_{eff} \le 150\ V}$.

Man könnte also unter Beachtung der Eintauchtiefe die Glühlampe mit einer wesentlich größeren Spannung als 6 V betreiben, wenn man die Spule gewissermaßen als Vorwiderstand benutzt. Und Sie merken: mit solch großen Spannungen dürfen Sie im Unterricht nicht experimentieren! Sie sollten auch nicht versuchen, auf eigene Faust zu Hause ein ähnliches Experiment durchzuführen.

Da Sie bestimmt überrascht sind von der Größe der beiden Spannungswerte, sollten Sie – falls die Zeit reicht – eine Probe anschließen. Berechnen Sie beispielsweise die Stromstärke bei der Eintauchtiefe 5 cm. Dann beträgt die Induktivität 1,1 H und es darf die Spannung 150 V verwendet werden. Entsprechend der Gleichung

$$I = \frac{U}{Z}$$

ergibt das:

$$I = \frac{150}{\sqrt{149^2 + (314 \cdot 1{,}1)^2}}\ \text{A} = 0{,}4\ \text{A}$$

Das ist genau die Stromstärke, die die Glühlampe verträgt.

Leistungskurs Physik (Sachsen): Abiturprüfung 2004 (Nachtermin)
Aufgabe A: Mechanik / Elektrizitätslehre

1 Ein Aufzug der Masse 1,8 t fährt nach oben. Das Zugseil ist über eine Trommel von 2,5 m Durchmesser geführt. Während der gesamten Bewegung wirkt auf den Aufzug eine konstante Reibungskraft. Die Abhängigkeit der Winkelgeschwindigkeit der Seiltrommel von der Zeit wird durch das folgende $\omega(t)$-Diagramm beschrieben.

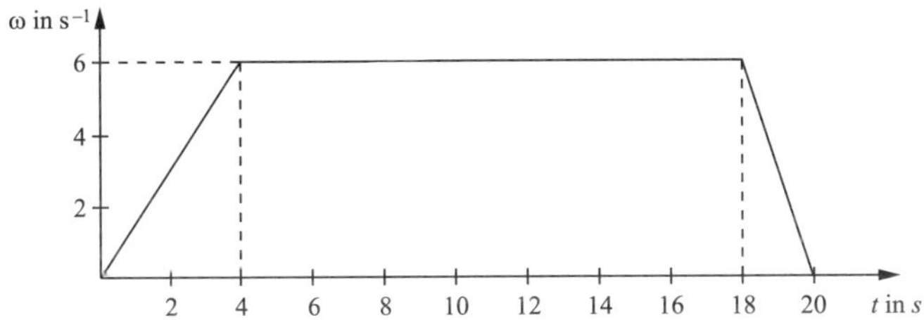

1.1 Ermitteln Sie die Anzahl der Umdrehungen, die die Seiltrommel in den 20 s ausführt. (3 BE)

1.2 Nennen Sie für das Zeitintervall 0 s bis 20 s die Bewegungsarten des Aufzugs. (1 BE)

1.3 Berechnen Sie die jeweils von 0 s bis zu den Zeitpunkten 4 s, 18 s und 20 s zurückgelegten Wege. Skizzieren Sie unter Nutzung dieser Werte das zugehörige $s(t)$-Diagramm für die Bewegung des Aufzugs (Es gilt: $s(0) = 0$). (5 BE)

1.4 Während der ersten 4 Sekunden der Aufwärtsfahrt greift das Zugseil mit der konstanten Kraft 22,1 kN am Aufzug an.
Ermitteln Sie den Betrag der Reibungskraft. (3 BE)

1.5 Berechnen Sie den Betrag der Kraft, mit der das Seil während der letzten zwei Sekunden am Aufzug angreift. (2 BE)

2 Leitungsvorgänge

2.1 Mit steigender Temperatur wächst der elektrische Widerstand von Metallen, der von reinen Halbleitern dagegen sinkt. Erklären Sie dieses unterschiedliche Verhalten beider Stoffgruppen. (4 BE)

2.2 Beschreiben Sie den prinzipiellen Aufbau und erläutern Sie die prinzipielle Wirkungsweise entweder eines bipolaren oder eines unipolaren Transistors. (4 BE)

2.3 Die in Schaltung 1 und 2 enthaltenen Fotowiderstände R_2 sind Bauelemente, deren elektrischer Widerstand bei zunehmender Beleuchtungsstärke sinkt. Beide Schaltskizzen zeigen jeweils das Prinzip der Steuerung einer Straßenbeleuchtung, bei der ein solcher Fotowiderstand in Verbindung mit jeweils einem Transistor genutzt wird.

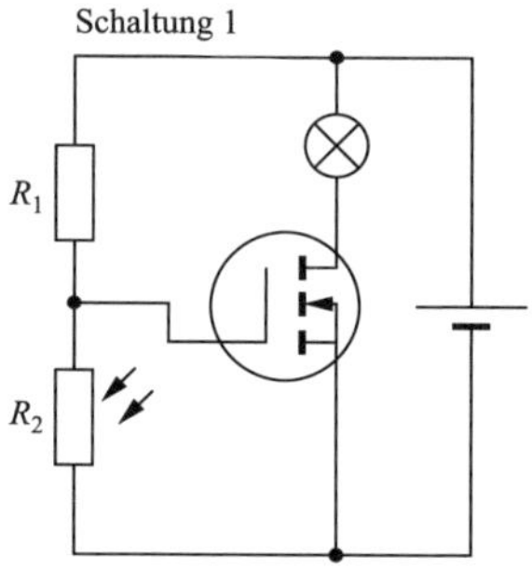

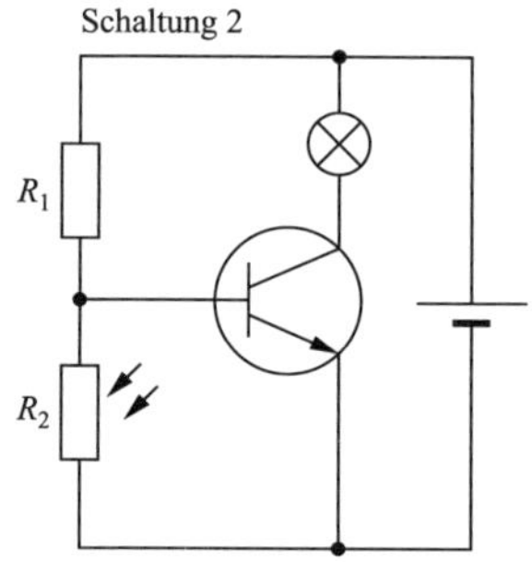

Erläutern Sie die Funktion einer der abgebildeten Schaltungen. (3 BE)

Lösung

1.1 Für die Rotation starrer Körper gilt allgemein für den Drehwinkel:

$$\sigma = \int_{t_1}^{t_2} \omega(t)\mathrm{d}t$$

Daraus folgt, dass die Fläche unter der Kurve in dem gegeben Diagramm dem Drehwinkel entspricht. Wir ermitteln zunächst den Flächeninhalt des Dreiecks:

$$A = \frac{1}{2} \cdot g \cdot h \quad \Rightarrow \quad \sigma_1 = \frac{1}{2} \cdot 4\,\mathrm{s} \cdot 6 \cdot \mathrm{s}^{-1} = 12$$

Da die Einheit der Winkelgeschwindigkeit streng genommen $1\,\mathrm{rad} \cdot \mathrm{s}^{-1}$ heißt, beträgt der Drehwinkel im Intervall $0 \le t \le 4$ s genau 12 rad.
Analog erhält man für die folgende Rechteckfläche und die sich anschließende Dreiecksfläche:

$$\sigma_2 = 14\,\mathrm{s} \cdot 6\,\mathrm{s}^{-1} = 84\,\mathrm{rad} \quad \text{bzw.}$$

$$\sigma_3 = \frac{1}{2} \cdot 2\,\mathrm{s} \cdot 6\mathrm{s}^{-1} = 6\,\mathrm{rad}$$

Der Gesamtdrehwinkel beträgt mithin:

$$\sigma = \sigma_1 + \sigma_2 + \sigma_3 = (12 + 84 + 6)\,\mathrm{rad} = 102\,\mathrm{rad}$$

Die Anzahl n der Umdrehungen ergibt sich nach Division durch 2π:

$$n = \frac{\sigma}{2\pi} \quad \Rightarrow \quad n = \frac{102\,\mathrm{rad}}{2\pi\,\mathrm{rad}} = \underline{\underline{16{,}2}}$$

Die Seiltrommel führt in 20 Sekunden etwa 16 Umdrehungen aus.

1.2 In der ersten Phase bewegt sich der Aufzug gleichmäßig beschleunigt nach oben. Zwischen der 4. und 18. Sekunde bewegt er sich gleichförmig, und in den letzten zwei Sekunden wird er gleichmäßig beschleunigt ($a < 0$) zum Stillstand gebracht.

1.3 Gemäß der Gleichung $s = \sigma \cdot r$ ergibt sich zunächst

$$s_1 = \sigma_1 \cdot r = 12 \cdot 1{,}25 \text{ m} = \underline{\underline{15 \text{ m}}}$$

als Weg nach vier Sekunden. Nach 18 s beträgt der zurückgelegte Weg

$$s_1 + s_2 = (\sigma_1 + \sigma_2) \cdot r = (12 + 84) \cdot 1{,}25 \text{ m} = \underline{\underline{120 \text{ m}}}\,,$$

nach 20 s insgesamt:

$$s_1 + s_2 + s_3 = (\sigma_1 + \sigma_2 + \sigma_3) \cdot r = \sigma \cdot r = 102 \cdot 1{,}25 \text{ m} = \underline{\underline{128 \text{ m}}} \text{ (gerundet)}$$

Das Diagramm sieht dann unter Berücksichtigung der Aussagen unter Teilaufgabe 1.2 so aus (Parabeläste in den Zeitintervallen [0 s; 4 s] bzw. [18 s; 20 s]):

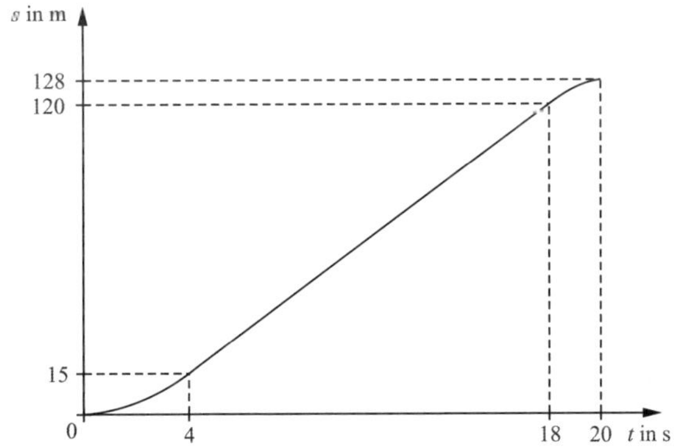

1.4 Während der ersten 4 Sekunden der Aufwärtsfahrt wirkt auf den Aufzug die beschleunigende Kraft $m \cdot a_1$, die sich zusammensetzt aus der gegebenen Zugkraft $F_1 = 22{,}1$ kN abzüglich der Gewichtskraft $m \cdot g$ und der Reibungskraft F_R:

$$m \cdot a_1 = F_1 - m \cdot g - F_R$$

Die Fallbeschleunigung ist bekannt, aber die Beschleunigung a_1 müssen Sie mithilfe der Gleichung

$$s_1 = \frac{1}{2} \cdot a_1 \cdot t_1^2$$

berechnen:

$$a = \frac{2 \cdot s_1}{t_1^2} = \frac{2 \cdot 15 \text{ m}}{(4 \text{ s})^2} = 1{,}875 \text{ m} \cdot \text{s}^{-2}$$

Mithin gilt:

$$F_R = F_1 - m \cdot (a_1 + g)$$
$$F_R = 22{,}1 \cdot 10^3 \text{ N} - 1{,}8 \cdot 10^3 \text{ kg} \cdot (1{,}875 + 9{,}81) \cdot \text{m} \cdot \text{s}^{-2} = 1067 \text{ N} = \underline{\underline{1{,}1 \text{ kN}}}$$

Die Reibungskraft hat einen Betrag von 1,1 kN.

1.5 Der Betrag der Beschleunigung während der letzten 2 s ist im Vergleich zum Ergebnis in Teilaufgabe 1.4 doppelt so groß, denn die gleiche Änderung der Winkelgeschwindigkeit erfolgt nunmehr in 2 s statt in 4 s: $a_3 = 2 \cdot a_1$. Die zugehörige Kraft hat aber jetzt das entgegengesetzte Vorzeichen und bremst zusammen mit der Gewichtskraft und der inzwischen bekannten Reibungskraft die Bewegung des Aufzugs ab:

$$m \cdot a_3 = F_3 + m \cdot g + F_R$$

$$F_3 = m \cdot (2a_1 - g) - F_R$$

$$F_3 = 1{,}8 \cdot 10^3 \text{ kg} \cdot (2 \cdot 1{,}875 + 9{,}81) \text{ m} \cdot \text{s}^{-2} - 1{,}1 \cdot 10^3 \text{ N} = \underline{\underline{-12 \text{ kN}}}$$

Die im Zeitintervall [18 s; 20 s] angreifende Kraft hat den Betrag 12 kN.

2.1 In **Metallen** existiert ein Kristallgitter gleichartiger positiver Ionen. Innerhalb des Metalls sind die Außenelektronen der Metallatome frei beweglich. Steigt die Temperatur, so nimmt die Amplitude der Gitterschwingungen zu. Es kommt also zu häufigeren Zusammenstößen der Leitungselektronen mit den Gitterbausteinen, wodurch der Stromfluss stärker behindert wird, was einer Zunahme des Widerstandes entspricht.
Halbleiter verhalten sich bei niedrigen Temperaturen wie Isolatoren. Bei höheren Temperaturen verlassen einzelne Elektronen die Atombindung, dadurch kann ein Strom fließen. Die gleichzeitig entstehenden Defektelektronen tragen auch zum Leitungsmechanismus bei. Zunahme der Temperatur bewirkt also eine Zunahme der Konzentration von Ladungsträgern und damit eine Abnahme des Widerstands des Halbleitermaterials. Es fällt kaum ins Gewicht, dass dabei auch die Beweglichkeit der freien Ladungsträger abnimmt.

2.2 Der in der Schaltung 2 von Teilaufgabe 2.3 dargestellte Transistor ist ein bipolarer npn-Transistor. Er besteht aus einem Silizium-Einkristall, der durch Dotierung in drei Bereiche geteilt wird: den Emitter E(n), die Basis B(p) und den Kollektor C(n). Der pn-Übergang BC wird in Sperrrichtung betrieben. Es fließt deswegen zunächst kein Kollektorstrom, auch wenn eine Spannung $U_{CE} > 0$ angelegt wird. Erst wenn ein Basisstrom fließt, wird die dünne Basisschicht von Ladungsträgern überflutet und es fließt ein Kollektorstrom. So lässt sich bei konstanter Kollektorspannung die Kollektorstromstärke durch kleine Änderungen der Basisstromstärke steuern.

2.3 Erläuterung der Funktionsweise von Schaltung 2:
Bei Dunkelheit nimmt der Widerstand R_2 zu, ebenso der Spannungsabfall über R_2. Damit ist der Transistor auf Durchgang geschaltet und die Lampe leuchtet.
Bei Helligkeit ist der Widerstand R_2 gering, es fällt eine kleine Spannung ab zwischen Basis und Emitter. Wegen der Sperrrichtung im Kollektorstromkreis fließt kein Strom, somit erlischt die Lampe.

Leistungskurs Physik (Sachsen): Abiturprüfung 2004 (Nachtermin)
Aufgabe B: Optik / Thermodynamik

1 Mithilfe der abgebildeten Versuchsanordnung kann die Abhängigkeit der Brechzahl von der Wellenlänge des einfallenden Lichts untersucht werden.
Ein schmales Bündel weißen Glühlichts (Vakuumwellenlängen 400 nm $\leq \lambda \leq$ 750 nm) durchläuft einen halbkreisförmigen Glaskörper (α = 35,00°). Das gebrochene Licht fällt nach dem Durchlaufen einer schmalen Spaltblende auf die Cäsiumschicht einer Vakuumfotozelle (Ablösearbeit für Cäsium 1,94 eV). Diese ist an ein entsprechendes Messsystem angeschlossen.

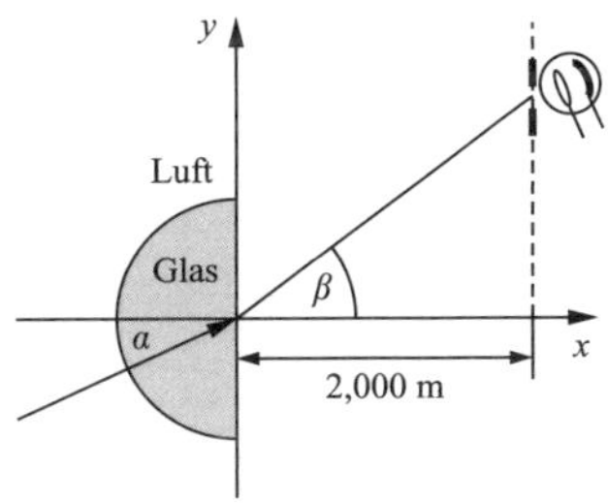

Abbildung nicht maßstäblich

Spaltblende und Vakuumfotozelle werden auf einer Parallelen zur *y*-Achse bewegt. Bei bestimmten *y*-Koordinaten wird die maximale kinetische Energie der Fotoelektronen bestimmt:

y in m	3,136	3,144	3,181	3,236	3,308
E_{kin} in eV	0,201	0,331	0,582	0,905	1,160

1.1 Erläutern Sie eine experimentelle Methode, mit der die maximale kinetische Energie der Fotoelektronen bestimmt werden kann. (3 BE)

1.2 Ermitteln Sie den Wellenlängenbereich des einfallenden Lichts, in dem Elektronen aus der Cäsiumschicht herausgelöst werden. (3 BE)

1.3 Berechnen Sie zu allen Wertepaaren der Messwerttabelle jeweils die zugehörigen Vakuumwellenlängen und die Brechzahlen. (4 BE)

1.4 Zeichnen Sie den Graphen der Funktion $n(\lambda)$ in dem durch Messung untersuchten Intervall. Der Schnittpunkt der Koordinatenachsen soll die Koordinaten (390 nm, 1,450) haben. (2 BE)

1.5 Begründen Sie die Abhängigkeit der Brechzahl von der Wellenlänge mithilfe des Huygens'schen Prinzips. (2 BE)

2 Ein ideales Gas durchläuft den im $V(T)$-Diagramm dargestellten Kreisprozess.

$V_2 = V_3 = 48\,\text{cm}^3$
$V_4 = 16\,\text{cm}^3$
$T_1 = T_2 = 1200\,\text{K}$
$p_3 = 18\,\text{MPa}$
$p_1 = 45\,\text{MPa}$

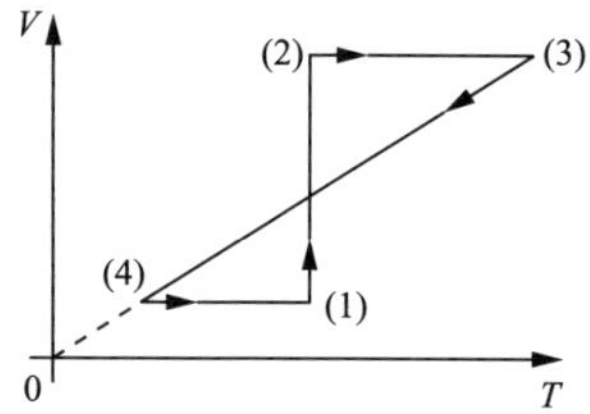

2.1 Geben Sie die fehlenden Zustandsgrößen p, V und T für die Zustände (1), (2), (3) und (4) an. (3 BE)

2.2 Skizzieren Sie das zugehörige $p(V)$-Diagramm und markieren Sie die Zustände (1) bis (4). (2 BE)

2.3 Begründen Sie, dass während der Zustandsänderung von (1) nach (2) Wärme zugeführt werden muss. (1 BE)

Lösung

1.1 Sie könnten z. B. die so genannte Gegenfeldmethode erläutern, bei der die Spannung gemessen wird, gegen die die Elektronen gerade noch anlaufen können und die Anode (negativ geladen!) erreichen. Die Maßzahl der in Volt gemessenen Spannung ist gleich der Maßzahl der in eV gemessenen kinetischen Energie der Elektronen.

1.2 Die Energie der Photonen $h \cdot f$ des einfallenden Lichts muss mindestens so groß sein wie die Ablösearbeit W_A:

$$h \cdot f \geq W_A \;\Rightarrow\; h \cdot \frac{c}{\lambda} \geq 1{,}94\text{ eV} \;\Rightarrow\; \lambda \leq \frac{h \cdot c}{1{,}94\text{ eV}}$$

$$\lambda \leq \frac{6{,}626 \cdot 10^{-34}\,\text{J} \cdot \text{s} \cdot 2{,}998 \cdot 10^{8}\,\text{m} \cdot \text{s}^{-1}}{1{,}94\text{ eV} \cdot 1{,}602 \cdot 10^{-19}\text{ J} \cdot (\text{eV})^{-1}} = 639\text{ nm}$$

Bei der Angabe des Intervalls müssen Sie berücksichtigen, dass in dem verwendeten Glühlicht die kleinste Wellenlänge 400 nm beträgt:

$$\underline{\underline{400\text{ nm} \leq \lambda \leq 639\text{ nm}}}$$

1.3 Da die gegeben Werte in einer Tabelle vorgegeben sind, bietet sich der **STAT**-Modus des GTR für die Berechnung von λ und n an. Also übertragen Sie die Werte in Listen:

y in m	E_{kin} in eV
List 1	**List 2**
3.136	0.201
3.144	0.331
3.181	0.582
3.236	0.905
3.308	1.160

Zunächst erfolgt die Berechnung der Wellenlänge. Entsprechend der Einstein'schen Gleichung

$$h \cdot f = E_{kin} + W_A \quad \Rightarrow \quad \frac{h \cdot c}{\lambda} = E_{\text{kin}} + W_{\text{A}}$$

folgt für die Vakuumwellenlänge:

$$\lambda = \frac{h \cdot c}{E_{\text{kin}} + 1{,}94 \text{ eV}}$$

Im **RUN**-Modus geben Sie entsprechend ein:

$$6.626 \cdot 10^{-34} \times 2.998 \cdot 10^{8} \div ((\text{List } 2 + 1.94) \times 1.602 \times 10^{-19}) \;\rightarrow\; \text{List } 3$$

In Liste 3 stehen dann die Wellenlängen als Vielfache von 10^{-7} m; in der folgenden Übersicht sind die Maßzahlen in Nanometer angegeben:

y in m	E_{kin} in eV	**λ in nm**
List 1	**List 2**	**List 3**
3.136	0.201	**579**
3.144	0.331	**546**
3.181	0.582	**492**
3.236	0.905	**436**
3.308	1.160	**400**

Der Übergang der Lichtwellen erfolgt von Glas nach Luft, also gilt:

$$n = \frac{\sin \beta}{\sin \alpha}$$

Sie müssen zunächst den Brechungswinkel berechnen:

$$\tan^{-1}(\text{List } 1 \div 2.000) \;\rightarrow\; \text{List } 4$$

Nun können Sie die Brechzahlen ermitteln:

$$\sin \text{ List } 4 \div \sin 35.00 \;\rightarrow\; \text{List } 5$$

Die Ergebnisse lauten:

y in m	E_{kin} in eV	**λ in nm**	β	***n***
List 1	**List 2**	**List 3**	**List 4**	**List 5**
3.136	0.201	**580**	57,47	**1,470**
3.144	0.331	**546**	57,54	**1,471**
3.181	0.582	**492**	57,84	**1,476**
3.236	0.905	**436**	58,28	**1,483**
3.308	1.160	**400**	58,84	**1,492**

1.4 Vor dem Zeichnen schauen Sie sich den Graphen auf dem Display an. Um n als Funktion von λ darstellen, geben Sie am besten im **STAT**-Modus nach [F6] (SET) mit [F2] (GPH2) für StatGraph2 ein:

X-List :List 3

Y-List :List 5

Es empfiehlt sich GPH2 zu benutzen, weil in GPH1 üblicherweise X-List die Liste 1 und Y-List die Liste 2 zugeordnet sind. Und wenn Sie in irgendeiner Situation rasch etwas grafisch darstellen wollen, dann greifen Sie doch auf GPH1 zurück, wo die meist verwendete Zuordnung gespeichert ist.

Mit [EXIT] gehen Sie nun zurück ins alte Menü und drücken [F2] (GPH2); dadurch erhalten Sie die nebenstehende Darstellung.

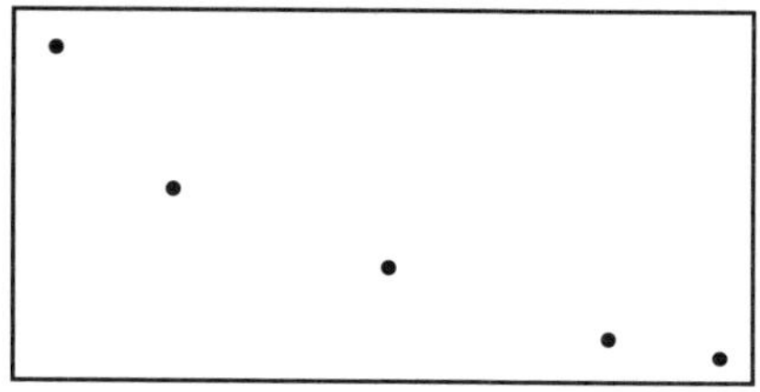

Rufen Sie das sich ergebende Betrachtungsfenster auf, dann erkennen Sie, dass der Schnittpunkt der Koordinatenachsen (391 nm; 1,464) lautet. Beim Zeichnen müssen Sie den in der Aufgabe vorgegeben Schnittpunkt (390 nm; 1,45) berücksichtigen, der sich aber nur geringfügig von dem im Display unterscheidet. Ihre Zeichnung muss dann so aussehen:

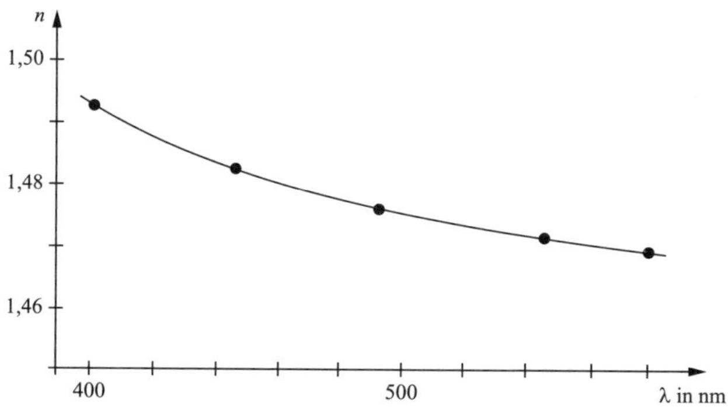

1.5 Das Huygens'sche Prinzip besagt, dass man jeden von einer Wellenfront getroffenen Punkt als Ausgangspunkt einer Elementarwelle auffassen kann. Die Einhüllende aller Elementarwellen ergibt die neue Wellenfront.

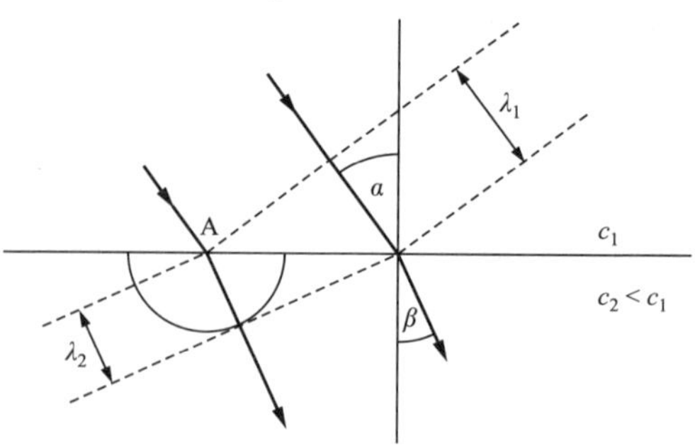

Die waagrechte Linie in der Abbildung trennt die beiden Medien, die sich hinsichtlich der Ausbreitungsgeschwindigkeit für Wellen und damit in ihrer Brechzahl unterscheiden. Mit $c_1 > c_2$ gilt

$$\frac{n_1}{n_2} = \frac{c_2}{c_1}$$

bzw. in unserem Beispiel (Übergang Glas–Luft):

$$n = \frac{c_1}{c_2}$$

Für die Wellenlängen der einfallenden und gebrochenen Welle gilt ebenfalls $\lambda_1 > \lambda_2$. Entsprechend fällt der Halbkreis um A kleiner aus und die Einhüllende, in diesem Falle die Tangente, macht die Brechung deutlich. Enthält nun die Welle (das ankommende Licht) verschiedenen Wellenlängen, so ergibt sich jeweils eine andere Brechzahl.

2.1 Es empfiehlt sich, die gegebenen und die gesuchten Größen zu tabellieren:

Zustand	p in MPa	V in cm³	T in K
(1)	45	$\boldsymbol{V_1}$	1200
(2)	$\boldsymbol{p_2}$	48	1200
(3)	18	48	$\boldsymbol{T_3}$
(4)	$\boldsymbol{p_4}$	16	$\boldsymbol{T_4}$

Die Zustandsänderung (1) → (2) ist eine isotherme,
die Zustandsänderung (2) → (3) ist eine isochore,
die Zustandsänderung (3) → (4) ist eine isobare und
die Zustandsänderung (4) → (1) ist eine isochore Zustandsänderung.

Für die Zustandsänderung (3) → (4) ist eine Begründung vonnöten: Es besteht nicht nur ein linearer Zusammenhang zwischen V und T, sondern wegen der gestrichelten Verlängerung der Geraden bis zum Ursprung gilt Proportionalität zwischen beiden Größen, und nur bei isobaren Zustandsänderungen gilt: $V \sim T$.

Nun zur Berechnung:

$$V_1 = V_4 = \underline{\underline{16\,\text{cm}^3}}$$

Damit tritt bei (1) → (2) (isotherm) eine Verdreifachung des Volumens ein, also verringert sich der Druck auf ein Drittel:

$$\underline{\underline{p_2 = 15\,\text{MPa}}}$$

Für (2) → (3) gilt $p \sim T$, also vergrößert sich die Temperatur um den Faktor $\frac{18}{15}$:

$$\underline{\underline{T_3 = 1440\,\text{K}}}$$

Da (3) → (4) isobar ist, gilt:

$$p_4 = p_3 = \underline{\underline{18\,\text{MPa}}}$$

Gleichzeitig gilt $V \sim T$, also verringert sich die Temperatur um den Faktor $\frac{16}{48}$:

$$\underline{\underline{T_4 = 480\,\text{K}}}$$

In der Tabelle sind nun alle Größen bekannt:

Zustand	p in MPa	V in cm^3	T in K
(1)	45	**16**	1200
(2)	**15**	48	1200
(3)	18	48	**1440**
(4)	**18**	16	**480**

2.2 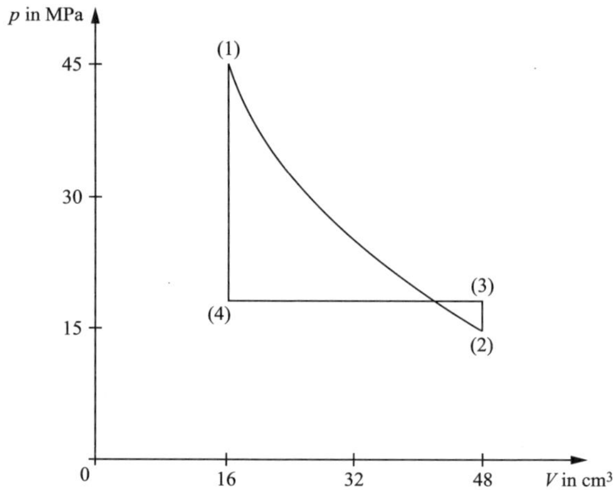

2.3 Der erste Hauptsatz der Thermodynamik lautet $\Delta U = Q + W_{mech}$. Im Falle einer isothermen Zustandsänderung erfolgt keine Änderung der inneren Energie, also gilt wegen $\Delta U = 0$: $W_{mech} = -Q$. Da bei der isothermen Expansion vom Gas mechanische Arbeit verrichtet wird, gilt $W_{mech} < 0$. Also muss Q positiv sein. Das bedeutet wiederum, dass dem Gas Wärme zugeführt werden muss.

Leistungskurs Physik (Sachsen): Abiturprüfung 2004 (Nachtermin)
Aufgabe C 1: Mechanik

Führen Sie Messungen und Berechnungen an einem speziellen Fadenpendel durch. Die abgebildete Experimentieranordnung wird Ihnen bereitgestellt. Die Größe des Neigungswinkels β bezüglich der Horizontalen beträgt 30°. Die Maximallänge ℓ_{max} des Pendels wird Ihnen mitgeteilt.

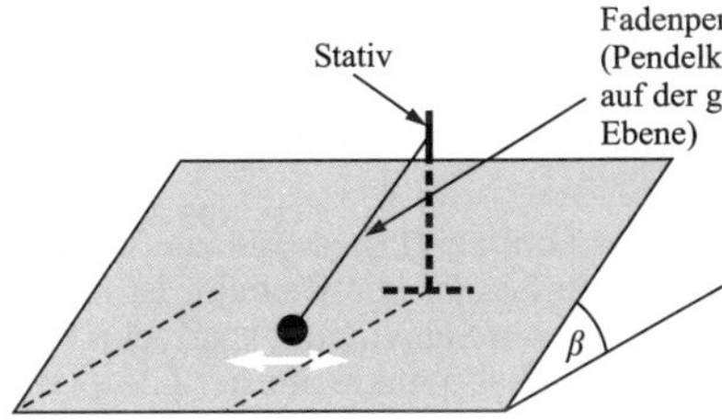

1 Lenken Sie das Fadenpendel um $\varphi = 10°$ aus. Geben Sie es frei und beobachten Sie den Schwingungsvorgang.
Skizzieren Sie das $\varphi(t)$-Diagramm für den Zeitraum vom Loslassen bis zum Zeitpunkt 3 T. (3 BE)

2 Ermitteln Sie experimentell für die Längen ℓ_{max} und $0{,}5 \cdot \ell_{max}$ die Periodendauer des Fadenpendels. (2 BE)

3 Für die Periodendauer gilt bei kleinen Auslenkwinkeln und unter Vernachlässigung von Reibungseinflüssen die Gleichung:

$$T = 2 \cdot \pi \sqrt{\frac{\ell}{g \cdot \sin\beta}}$$

Begründen Sie, ausgehend vom Grenzfall $\beta = 90°$, deren Gültigkeit. (2 BE)

4 Berechnen Sie unter Nutzung der Gleichung von Teilaufgabe 3 die Periodendauern für ℓ_{max} und $0{,}5 \cdot \ell_{max}$.
Nennen Sie zwei Gründe für auftretende Abweichungen von Ihren Messwerten aus Teilaufgabe 2. (3 BE)

5 Zeichnen Sie für den reibungsfreien Fall und die konstante Länge ℓ_{max} den Graphen der Funktion $T(\beta)$. Markieren Sie die Asymptote und den Minimumpunkt.
Begründen Sie, dass Asymptote und Minimumpunkt auftreten. (5 BE)

Lösung

Die Experimentieranordnung wird Ihnen aufgebaut übergeben, dazu eine Stoppuhr sowie ein Messstab.
Für die Durchführung als **Hausexperiment** empfiehlt sich eine Stahlkugel mit einer Masse von möglichst über 50 g. Einen dünnen Faden verknoten Sie hinter einem kleinen Stück Klebestreifen und kleben ihn auf der Kugel auf. Ein Brett (z. B. ein Einlegeboden) mit den Maßen von ungefähr 80 cm × 30 cm wird mithilfe von Büchern schräg aufgestellt. Den Winkel von 30° erreichen Sie, wenn die Höhe gerade die Hälfte der Länge beträgt (wegen $\sin 30° = 0{,}5$).

1 Steht Ihnen ein verglastes Bild zur Verfügung, dann können Sie die Kugel auf der Glasplatte rollen lassen. Die Reibung ist recht klein und das Pendel kommt frühestens nach zehn messbaren Schwingungsperioden zur Ruhe. Mit einem geeigneten Stift könnte man sogar die Umkehrpunkte auf der Glasplatte markieren. Sie sollen aber nur die gedämpften Schwingung skizzieren (beginnend im Umkehrpunkt, mindestens drei Perioden):

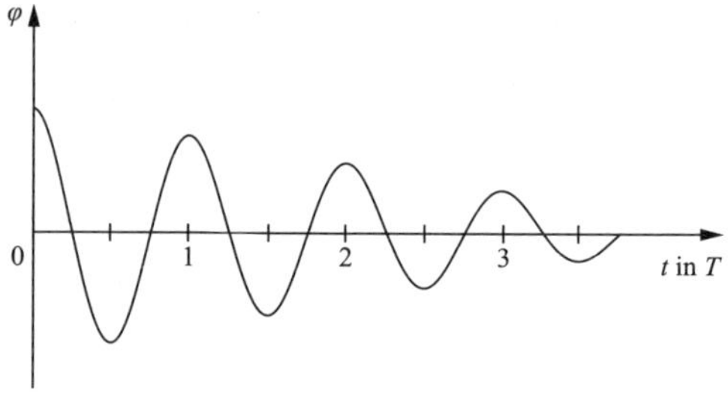

2 Messen Sie die Zeit t für eine bestimmte Anzahl (z. B. $n = 10$) von Schwingungen und ermitteln Sie daraus die Periodendauer.
Beispiel:

$$T_1 = 2{,}4 \text{ s bei } \ell = \ell_{max} = 0{,}66 \text{ m}$$
$$T_2 = 1{,}7 \text{ s bei } \ell = 0{,}5 \cdot \ell_{max} = 0{,}33 \text{ m}$$

3 Für den Grenzfall $\beta = 90°$ schwingt die Kugel frei, es handelt sich um ein normales Fadenpendel, und die Formel geht über in die bekannte Gleichung für die Schwingungsdauer eines Fadenpendels (diese Gleichung gilt ohnehin nur für kleine Ausschläge):

$$T = 2\pi \cdot \sqrt{\frac{\ell}{g}}$$

Rollt die Kugel auf der geneigten Ebene, dann wirkt statt der Fallbeschleunigung g nur deren Komponente g_H parallel zum Hang (siehe nebenstehende Skizze.).

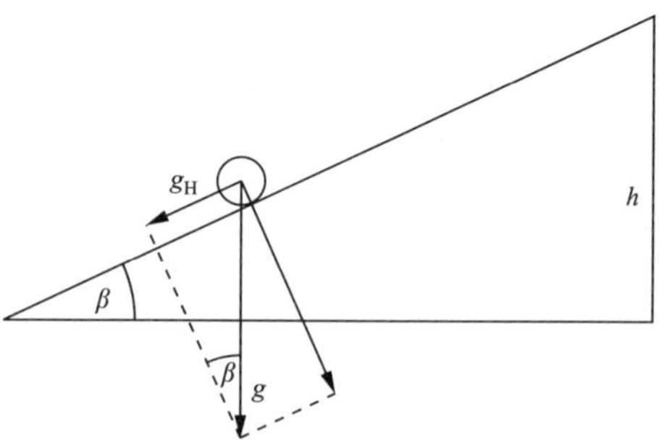

Es gilt:

$$\sin\beta = \frac{g_H}{g} \quad \Rightarrow \quad g_H = g \cdot \sin\beta$$

Für den anderen Grenzfall $\beta = 0°$ kommt keine Schwingung mehr zustande, T würde laut Gleichung über alle Grenzen wachsen.

4 Die vergleichbaren berechneten Werte lauten 2,31 s bzw. 1,63 s. Die Abweichungen betragen rund 0,1 s bzw. etwa 5 %. Das spricht für eine geringe Reibung. Einen Einfluss auf die Abweichung könnte auch ein nicht genau eingestellter Winkel haben. Subjektive Einflüsse beim Messen der Zeit dürften sich kaum auswirken.

5 Geben Sie im **TABLE**-Modus ein:

Y1 = 2π×√ (0.66 ÷ (9,81 · sin X))

Dann können Sie die für das Zeichnen notwendigen Werte abrufen:

β	0°	15°	30°	45°	60°	75°	90°
T in s	–	3,20	2,31	1,94	1,75	1,66	1,63

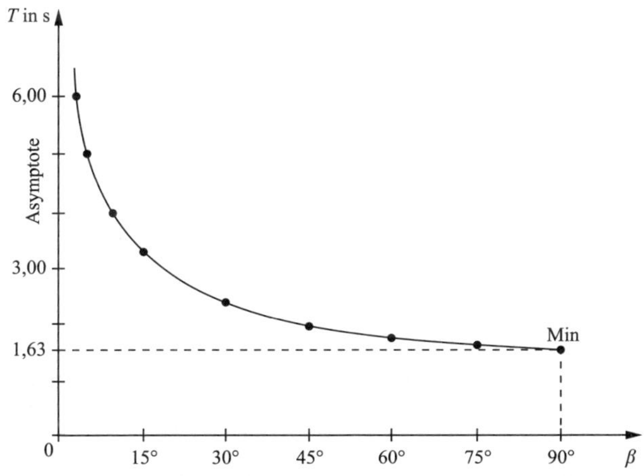

Asymptote ist die Ordinatenachse, weil gilt (vgl. Teilaufgabe 2):

$$\lim_{\beta \to 0} T = \infty$$

Der Minimumpunkt wird erreicht für $\beta = 90°$, da hier die rücktreibende Beschleunigung maximal wird, $g_H = g$. Die minimale Periodendauer beträgt 1,63 s.

Im **GRAPH**-Modus können Sie sich das alles noch anschauen: Die Funktion ist schon eingegeben. Da der Minimumpunkt am rechten Ende des Definitionsbereichs liegt, müssen Sie für den maximalen x-Wert eine Zahl größer als 90 wählen. Das ist zwar physikalisch sinnlos, aber nur so können Sie den Minimumpunkt mit dem GTR ermitteln.

Leistungskurs Physik (Sachsen): Abiturprüfung 2004 (Nachtermin)
Aufgabe C 2: Strahlenoptik

Führen Sie Messungen und Berechnungen an einer Sammellinse durch. Planen Sie die Experimente gemäß den folgenden Aufgabenstellungen und fordern Sie beim Aufsicht führenden Lehrer die erforderlichen Geräte und Hilfsmittel an.

1 Ermitteln Sie experimentell die Brennweite f einer Sammellinse. Beschreiben Sie Ihr Vorgehen. (5 BE)

2 Analysieren Sie Fehlerquellen, die das Ergebnis der von Ihnen gewählten Versuchsdurchführung wesentlich beeinflussen. (2 BE)

3 Diese Sammellinse soll einen Gegenstand der Größe 20 mm reell und auf das Dreifache vergrößert abbilden. Ermitteln Sie die Gegenstandsweite und die Bildweite. (3 BE)

4 Bauen Sie die abgebildete Experimentieranordnung auf. Betrachten Sie den Gegenstand und sein Bild von oben mit nur einem Auge.

4.1 Verschieben Sie den Gegenstand solange vertikal, bis Bild und Gegenstand gleich groß erscheinen. Messen Sie den eingestellten Abstand d vom Gegenstand zur Linse.

4.2 Verschieben Sie den Gegenstand weiter bis zur Linse. Beschreiben Sie, wie sich dabei die Bildgröße ändert.

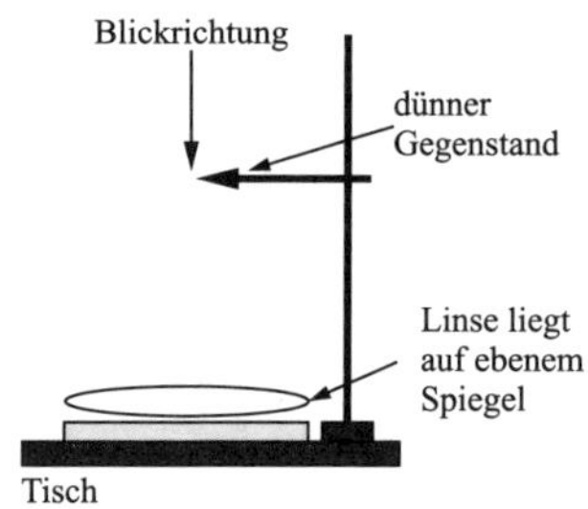

(3 BE)

5 Für den in Teilaufgabe 4.1 untersuchten Fall wird ein im Brennpunkt der Sammellinse befindlicher Gegenstandspunkt genau wieder in diesem Punkt abgebildet. Beweisen Sie diese Behauptung unter Verwendung einer Skizze des Strahlenverlaufs. (2 BE)

Lösung

Bei diesem Experiment mussten Sie folgende Geräte und Hilfsmittel anfordern:
- 1 Sammellinse
- 1 ebener Spiegel
- 1 optische Bank mit Zubehör
- Stativmaterial
- 1 dünner Gegenstand
- 1 Messstab

1 Auf einem Auffangschirm werden reelle Bilder eines Gegenstands aufgefangen. Nach der Messung von Gegenstands- und Bildweite kann man mittels der Linsengleichung die Brennweite berechnen. Vergleichen Sie dazu die Übungsaufgabe 7 auf Seite Ü-17 in diesem Buch. Sie können natürlich auch die Bessel'sche Methode anwenden, die in der Abituraufgabe auf Seite 2001-26 beschrieben ist.

Hausexperiment: Benutzen Sie eine brennende Kerze als Gegenstand und als Auffangschirm eine helle Wand. Eine Lupe steht Ihnen bestimmt zur Verfügung. Selbst wenn Sie nur grob die Entfernungen messen können, erhalten Sie recht brauchbare Ergebnisse, wie die folgenden Messwerte zeigen:

Gegenstandsweite in cm	20	21	22	44
Bildweite in cm	105	70	58	25
Brennweite in cm	16,8	16,2	16,0	15,5

Das ergibt eine Brennweite von rund 16 cm.

2 Es fällt schwer, die Schärfe eines Bilds richtig zu beurteilen. Dadurch ist es meist fragwürdig, die Position der Linse bei feststehendem Auffangschirm zentimetergenau festzulegen bzw. den Auffangschirm (bei feststehender Linse) genau so zu positionieren, dass das Bild hundertprozentig scharf erscheint. Auch in diesem Fall ist die Messung der Gegenstandsweite s bzw. der Bildweite s' mit Fehlern behaftet, wie überhaupt in der Physik jede Messung mit Fehlern behaftet ist.

3 Wenn das reelle Bild die dreifache Größe gegenüber dem Gegenstand haben soll, dann folgt aus dem Abbildungsmaßstab

$$\frac{y}{y'} = \frac{s}{s'},$$

dass auch $s' = 3 \cdot s$ betragen muss. Aus der Abbildungsgleichung ergibt sich dann:

$$\frac{1}{f} = \frac{1}{s} + \frac{1}{3 \cdot s} = \frac{4}{3 \cdot s} = \frac{4}{s'}$$

Die Bildweite beträgt also das Vierfache der Brennweite: $\underline{\underline{s' = 64\,\text{cm}}}$

Die Gegenstandsweite ist genau der dritte Teil davon: $\underline{\underline{s = 21{,}3\,\text{cm}}}$

Zufälligerweise liegt dieses Wertepaar zwischen dem zweiten und dritten Wertepaar der obigen Messwerttabelle. Man kann also davon ausgehen, dass man die Aufgabe richtig gelöst hat.

4.1 Wenn Sie das Experiment zu Hause durchführen, legen Sie die Linse auf einen ebenen Spiegel. Stellen Sie daneben aufrecht ein Lineal und betrachten Sie beispielsweise die Spitze eines Bleistifts. Sie werden überrascht sein: Die gesuchte Entfernung ist etwa so groß wie die Brennweite, die Sie vorher ermittelt haben! Also geben Sie an:

$$\underline{\underline{d = 16\,\text{cm}}}$$

4.2 Beim Annähern an die Linse nimmt die Bildgröße zu. Bei etwa 8 cm wird das Bild immer unschärfer, es verschwimmt und ist dann als aufrechtes, vergrößertes Bild wieder zu sehen. Kommt man der Linse noch näher, wird es immer kleiner, bis es beim Aufliegen auf der Linse mit dem Gegenstand gewissermaßen zusammenfällt.

5 Die vom Brennpunkt ausgehenden Lichtstrahlen (Brennpunktsstrahlen) werden durch die Linse so gebrochen, dass Sie nach der Brechung parallel zur optischen Achse verlaufen. Sie treffen also rechtwinklig auf dem Spiegel auf und werden in sich reflektiert. Wenn Sie nunmehr von der anderen Seite die Linse passieren, werden sie in Richtung Brennpunkt gebrochen, d. h. alle von F in Richtung Linse gehenden Strahlen gelangen zum Brennpunkt zurück.

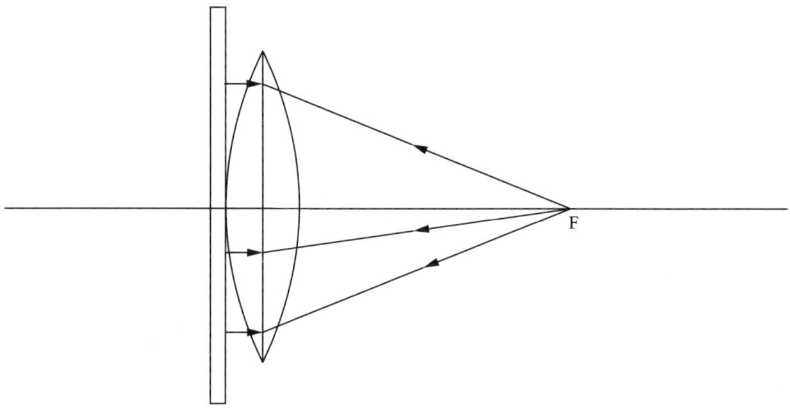

Leistungskurs Physik (Sachsen): Abiturprüfung 2005
Aufgabe A: Mechanik/Elektrizitätslehre

1 Ein Körper wird zum Zeitpunkt 0 s abgeworfen. Die Wurfbewegung wird aufgezeichnet und in einem x-y-Koordinatensystem ausgewertet. Der Wurf endet am Ort $A(x_{max}; 0)$.

t in s	0	0,30	0,60	0,90	1,20	1,50
x in m	0	2,95	5,90	8,85	11,8	14,8
y in m	2,00	3,62	4,36	4,22	3,20	1,26

1.1 Geben Sie die Gleichung einer Funktion an, die diese Wurfbahn beschreibt. (Auf die Angabe der Einheiten darf verzichtet werden.)
Geben Sie Wurfweite x_{max} und Wurfhöhe y_{max} an und bestimmen Sie den Abwurfwinkel. (5 BE)

1.2 Die Abwurfgeschwindigkeit beträgt $v_0 = 12{,}0\ \text{m} \cdot \text{s}^{-1}$.
Zeichnen Sie die vektorielle Zerlegung der Abwurfgeschwindigkeit in horizontale und vertikale Komponente. Geben Sie den Maßstab an. (2 BE)

1.3.1 Beschreiben Sie qualitativ, wie sich potenzielle und kinetische Energie im Verlauf der Bewegung ändern. Begründen Sie. (4 BE)

1.3.2 Skizzieren Sie die Graphen der Funktionen $E_{kin}(t)$ und $E_{pot}(t)$ in einem gemeinsamen Koordinatensystem. Kennzeichnen Sie im Koordinatensystem den Zeitpunkt, zu dem der Gipfelpunkt durchlaufen wird. (3 BE)

2 Spule im Gleichstromkreis

2.1 Bei Ausschaltvorgängen können in Spulen hohe Selbstinduktionsspannungen entstehen. Erklären Sie diese Erscheinung. (2 BE)

2.2 Die Induktivität einer Spule soll unter Nutzung eines Kondensators und einer Diode ermittelt werden.

2.2.1 Zunächst wird mit Schaltung 1 die Kapazität des Kondensators bestimmt.
Der verwendete Kondensator besteht aus zwei im Abstand $d = 2{,}0$ mm parallel angeordneten Metallplatten der Fläche $A = 10\ \text{cm}^2$. Der Raum zwischen beiden Platten ist vollständig durch eine isolierende Kunststoffscheibe ausgefüllt.
Der Kondensator wird an eine Spannungsquelle angeschlossen, ein am Kondensator angeschlossenes Spannungsmessgerät zeigt die Spannung $U_1 = 56$ V an.

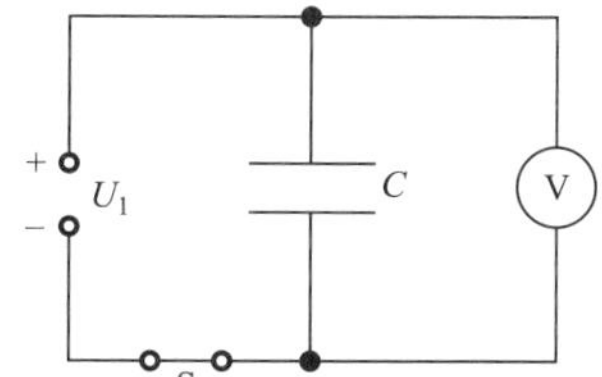

Schaltung 1

Nun wird die Spannungsquelle abgeklemmt und die Kunststoffscheibe entfernt. Das Spannungsmessgerät zeigt jetzt die Spannung $U_2 = 98$ V an.
Begründen Sie, dass $U_2 > U_1$ gilt, und berechnen Sie die Kapazität des mit der Kunststoffscheibe ausgefüllten Kondensators. (4 BE)

2.2.2 Unter Nutzung von Schaltung 2 sowie der bei 2.2.1 ermittelten Kapazität wird nun die Induktivität der Spule bestimmt.

Hinweise:
Der ohmsche Widerstand der Spule wird nicht berücksichtigt.
Dioden lassen in Sperrrichtung praktisch keinen Stromfluss zu. Deshalb ist der Kondensator vor dem Öffnen des Schalters nicht geladen.

Der Schalter S wird geöffnet.

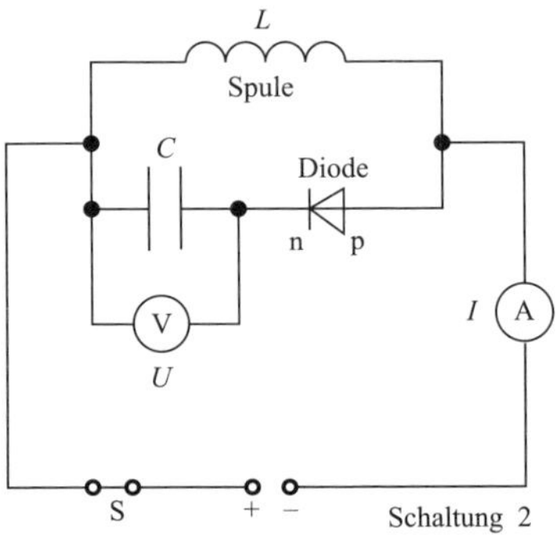

Schaltung 2

a) Das Spannungsmessgerät zeigt nun eine Spannung U an. Erklären Sie. Welche Seite (bezogen auf die Abbildung) des Kondensators trägt den Minuspol? (3 BE)

b) Die Energie des magnetischen Feldes der Spule wird vollständig in Energie des elektrischen Feldes des Kondensators umgewandelt. Leiten Sie eine Gleichung zur Berechnung der Induktivität der Spule aus U, I und C her. (2 BE)

Lösung

1.1 Im **STAT**-Modus geben Sie ein

List 1	List 2
0	2,0
2,95	3,62
5,90	4,36
8,85	4,22
11,8	3,20
14,8	1,26

Die Regression liefert die quadratische Funktion

$$\underline{\underline{y(x) = -0{,}0506x^2 + 0{,}698x + 1{,}999}}$$

Dies übertragen Sie ins **GRAPH**-Menü (siehe Betrachtungsfenster).

View Window	
Xmin:	0
max:	20
Scale:	1
Ymin:	0
max:	5
Scale:	1

Der Graph ist die Wurfparabel.

Die Wurfweite ermitteln Sie mittels ROOT:

$$\underline{\underline{x_{max} = 16{,}2 \text{ m}}}$$

Die Wurfhöhe ermitteln Sie mittels MAX:

$$\underline{\underline{y_{max} = 4{,}41 \text{ m}}}$$

Haben Sie die 1. Ableitung aktiviert (Derivative: On), dann drücken Sie einfach auf [F1] (Trace); an der Stelle $x = 0$ beträgt die erste Ableitung 0,6983. Das ist der Tangens des Anstiegswinkels. Für den Abwurfwinkel erhalten Sie also

$$\underline{\underline{\alpha = 35^\circ}} \rightarrow \text{ Speicher A}$$

1.2

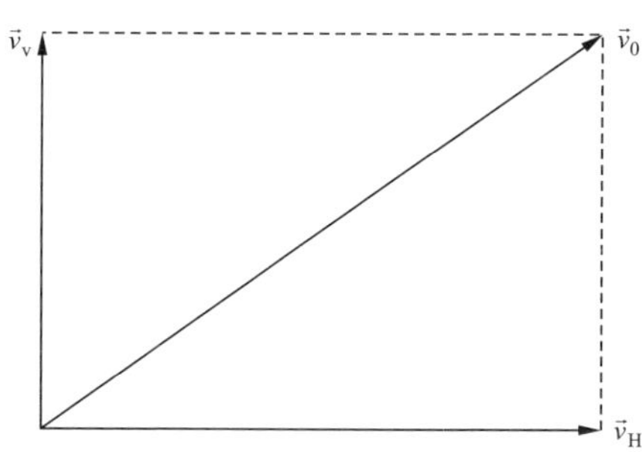

Maßstab: 1 cm $\triangleq$ 2 $\text{m} \cdot \text{s}^{-1}$

1.3.1 In zwei Meter Höhe besitzt der Körper potenzielle Energie, wegen der Anfangsgeschwindigkeit auch kinetische Energie. Mit zunehmender Höhe nimmt die potenzielle Energie zu, erreicht im Gipfelpunkt ihr Maximum und verringert sich bis zum Erreichen des Erdbodens auf null. Die kinetische Energie nimmt nach dem Abwurf ab, denn die Geschwindigkeit verringert sich bis zum Erreichen des Gipfelpunktes. Dort ist aber nur die vertikale Komponente der Geschwindigkeit null, die horizontale nicht. Also ist dort die kinetische Energie am kleinsten, aber nicht etwa null. Anschließend bewegt sich der Körper längs der Wurfparabel abwärts, seine Geschwindigkeit vergrößert sich und die kinetische Energie nimmt bis zum Auftreffen zu.

1.3.2

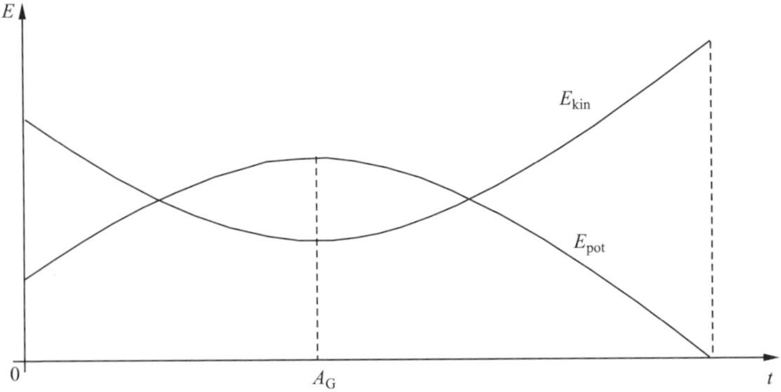

Kontrollmöglichkeit: Wenn Sie die Maßzahl der Geschwindigkeit, nämlich 12, im Speicher V und die Maßzahl der Fallbeschleunigung, nämlich 9,81, im Speicher G ablegen, dann können Sie die Gleichung für die Wurfparabel beim schrägen Wurf im Graph-Menü unmittelbar eingeben:

$$Y2 = \tan A \times X - G \div (2V^2 \times (\cos A)^2) \times X^2 + 2$$

Ordnen Sie dem Graph dieser Funktion die Farbe Orange zu, dann wird im Display der Graph von Y1 anschließend durch den andersfarbigen Graphen von Y2 überdeckt. Damit haben Sie eine Bestätigung für ihr gesamtes Vorgehen bei Teilaufgabe 1.1.

2.1 Fließt durch die Spule ein Gleichstrom, dann baut sich um die Spule ein Magnetfeld auf. Beim Ausschalten bewirkt die induzierte Selbstinduktionsspannung, dass der Strom in der gleichen Richtung weiterfließt. Der Betrag der Selbstinduktionsspannung hängt von der zeitlichen Änderung der Stromstärke ab. Da beim Ausschalten diese Zeitspanne sehr klein ist, entsteht ein erheblicher Spannungsstoß.

2.1.1 Durch den Anschluss an die Spannungsquelle wird der Kondensator aufgeladen, er trägt die Ladung Q. An der Größe dieser Ladung ändert sich nichts, auch wenn der Kondensator abgeklemmt wird und die Kunststoffscheibe entfernt wird. Aus der Definitionsgleichung für die Kapazität eines Kondensators

$$C = \frac{Q}{U}$$

folgt, dass bei konstanter Ladung Q gilt:

$$U \sim \frac{1}{C}$$

Durch das Entfernen der Kunststoffplatte verringert sich die Kapazität, also muss die Spannung steigen. Aus der genannten Definitionsgleichung und der Gleichung für die Kapazität eines Plattenkondensators folgt:

$$C = \varepsilon_0 \cdot \varepsilon_r \cdot \frac{A}{d}$$

$$\Rightarrow \quad Q = \varepsilon_0 \cdot \varepsilon_r \cdot \frac{A}{d} \cdot U$$

Da sich die Ladung nicht verändert, gilt demzufolge:

$$\varepsilon_0 \cdot 1 \cdot \frac{A}{d} \cdot U_1 = \varepsilon_0 \cdot \varepsilon_r \cdot \frac{A}{d} \cdot U_2$$

$$\Rightarrow \quad \varepsilon_r = \frac{U_1}{U_2} = \frac{98}{56} = 1{,}75$$

Nun können Sie die Kapazität berechnen:

$$C = \varepsilon_0 \cdot \varepsilon_r \cdot \frac{A}{d} = 8{,}854 \cdot 10^{-12} \frac{\mathrm{A \cdot s}}{\mathrm{V \cdot m}} \cdot 1{,}75 \cdot \frac{10 \cdot 10^{-4}\ \mathrm{m}^2}{0{,}002\ \mathrm{m}} = \underline{\underline{7{,}7\ \mathrm{pF}}}$$

2.2.2 a) In Teilaufgabe 2.1 wurde die Entstehung hoher Selbstinduktionsspannung beim Ausschalten einer stromdurchflossenen Spule erklärt. Der Stromfluss ist der ursprünglichen Stromrichtung entgegengerichtet, deswegen ist die Diode in Durchlassrichtung geschaltet und der Kondensator wird aufgeladen, sodass das Spannungsmessgerät eine Spannung anzeigt. Den Minuspol trägt die linke Seite des Kondensators.

b) Die Terme für die Energie des magnetischen Feldes der stromdurchflossenen Spule und für die elektrische Energie des geladenen Kondensators werden einander gleichgesetzt:

$$\frac{1}{2} \cdot L \cdot I^2 = \frac{1}{2} \cdot C \cdot U^2$$

Daraus folgt die Berechnungsgleichung:

$$\underline{\underline{L = \frac{C \cdot U^2}{I^2}}}$$

Leistungskurs Physik (Sachsen): Abiturprüfung 2005
Aufgabe B: Optik/Thermodynamik

1 Unter Nutzung eines optischen Gitters der Gitterkonstante 0,05 mm soll in einem Experiment das kontinuierliche Spektrum des weißen Lichts einer Glühlampe erzeugt werden.

1.1 Beschreiben Sie eine mögliche Experimentieranordnung und erklären Sie deren Funktionsprinzip.
Begründen Sie, dass ein Spektrum entsteht. (6 BE)

1.2 Das kontinuierliche Spektrum 1. Ordnung (Wellenlängenbereich $400\ \text{nm} \leq \lambda \leq 780\ \text{nm}$) soll eine Breite von mindestens 1 cm haben.
Untersuchen Sie rechnerisch, ob sich dies mit der in 1.1 beschriebenen Experimentieranordnung auf einem Tisch der Länge 1,2 m realisieren lässt. (3 BE)

2 Im Universum gibt es interstellare Gas- und Staubwolken, in denen das Element Wasserstoff enthalten ist.

2.1 Nenne Sie zwei Aussagen, die das Bohr'sche Atommodell bezüglich des Wasserstoffatoms macht. (2 BE)

2.2 Ein Wasserstoffatom befindet sich im Grundzustand. Geben Sie den Betrag der Energie an, die mindestens auf das Hüllenelektron übertragen werden muss, um das Atom zu ionisieren.
Ein Photon der Frequenz $5{,}0 \cdot 10^{16}$ Hz überträgt seine Energie vollständig auf ein Elektron im Grundzustand. Berechnen Sie die Geschwindigkeit des herausgelösten Elektrons. (3 BE)

2.3 Bestimmte Wolken bestehen aus Wasserstoffmolekülen. Die Temperatur der Wolken beträgt 25 K. In einem Kubikzentimeter befinden sich 500 Moleküle.
Die Masse eines Moleküls beträgt $3{,}35 \cdot 10^{-27}$ kg.
(spezifische Glaskonstante für Wasserstoff: $R = 4{,}1 \cdot 10^3\ \text{J} \cdot \text{kg}^{-1} \cdot \text{K}^{-1}$)

2.3.1 Weisen Sie rechnerisch nach, dass der Druck in der Molekülwolke $1{,}7 \cdot 10^{-13}$ Pa beträgt. (2 BE)

2.3.2 Eine Wolke verdichtet sich vom Zustand 1 ($10 \cdot 10^{55}\ \text{m}^3$; $1{,}7 \cdot 10^{-13}$ Pa; 25 K) innerhalb eines großen Zeitraums zum Zustand 2. Die Abbildung zeigt das $p(V)$-Diagramm der Verdichtung.

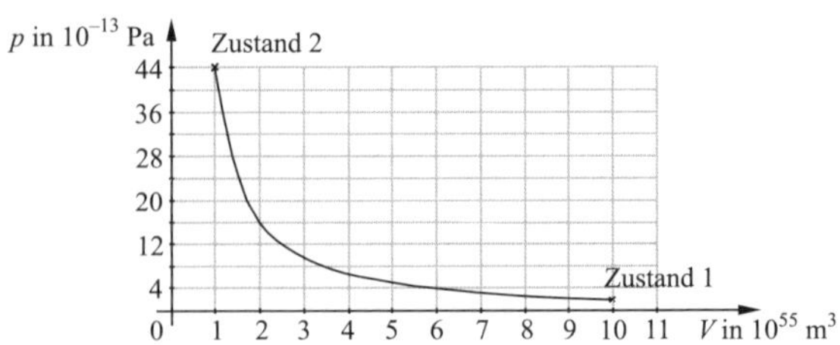

Berechnen Sie die Temperatur T_2.
Ermitteln Sie die Volumenarbeit. (4 BE)

Lösung

1.1 Die Experimentieranordnung wird auf einem Stativstab als optische Bank aufgebaut: Zunächst eine Experimentierleuchte mit einer Kondensorlinse und einem Leuchtspalt, dann eine Sammellinse, es folgt ein Rahmen zur Aufnahme des Gitters und schließlich ein Auffangschirm. Zunächst wird (ohne Gitter) der Spalt auf dem Auffangschirm scharf abgebildet. Bringt man sodann das Gitter zwischen Linse und Auffangschirm in den Strahlengang des Lichtes, so entstehen farbige Beugungsspektren. Gemäß der Interferenzgleichung

$$\sin\alpha_n = \frac{n \cdot \lambda}{b}$$

wird das Licht unterschiedlich stark gebeugt. So entstehen bei der Verwendung weißen Glühlichts kontinuierliche Spektren.

1.2 Für die Abstände der Maxima im Spektrum 1. Ordnung vom direkten Spaltbild gilt (mit e: Abstand Gitter–Schirm):

$$s_1 = \frac{\lambda \cdot e}{b}$$

Bezeichnet man die Wellenlänge 780 nm mit λ_{rot} und die Wellenlänge 400 nm mit λ_{viol}, dann ergibt sich für die Breite des Spektrums folgende Gleichung:

$$s_{1,\,rot} - s_{1,\,viol} = (\lambda_{rot} - \lambda_{viol}) \cdot \frac{e}{b}$$

Für die Breite soll 1 cm = 0,01 m gelten. Umgestellt und eingesetzt erhalten wir:

$$e = \frac{b \cdot (s_{1,\,rot} - s_{1,\,viol})}{\lambda_{rot} - \lambda_{viol}} = \frac{0{,}05 \cdot 10^{-3}\ \text{m} \cdot 0{,}01\ \text{m}}{(780 - 400) \cdot 10^{-9}\ \text{m}} = 1{,}32\ \text{m}$$

Das bedeutet, dass der Tisch von 1,2 m Länge nicht ausreicht, um ein Spektrum der geforderten Breite entstehen zu lassen.

2.1 Die Aussagen Bohrs werden meist als Postulate formuliert:
- Die Elektronen bewegen sich nur auf strahlungsfreien Bahnen.
- Es existiert nur eine diskrete Anzahl solcher Bahnen.
- Energie wird nur abgestrahlt beim sprunghaften Übergang von einer kernferneren Bahn zu einer kernnäheren Bahn.

2.2 Die Energiebilanz für absorbiertes Licht lautet $E = h \cdot f$, für die Spektrallinien des Wasserstoffatoms gilt die Serienformel

$$f = R_y \cdot \left(\frac{1}{n^2} - \frac{1}{m^2}\right)$$

Einsetzen in die Energiebeziehung liefert:

$$E = h \cdot R_y \cdot \left(\frac{1}{n^2} - \frac{1}{m^2}\right)$$

Da das Wasserstoffatom zunächst im Grundzustand ist, beträgt $n = 1$. Um das Atom zu ionisieren, muss das Elektron gewissermaßen auf eine unendlich ferne Bahn gebracht werden, also strebt der zweite Summand in der Kammer gegen null. Daraus folgt:

$$E_{\text{Ionisierung}} = h \cdot R_y = 6{,}626 \cdot 10^{-34}\,\text{J} \cdot \text{s} \cdot 3{,}288 \cdot 10^{15}\,\text{s}^{-1} = 2{,}18 \cdot 10^{-18}\,\text{J} = \underline{\underline{13{,}6\,\text{eV}}}$$

Das ist der bekannte Wert für die Ionisierungsenergie des Wasserstoffatoms.

Für die kinetische Energie des Elektrons muss gelten:

$$\frac{1}{2} \cdot m_e \cdot v^2 = E_{\text{Photon}} - E_{\text{Ionisierung}} \quad \Rightarrow \quad v = \sqrt{\frac{2 \cdot (E_{\text{Photon}} - E_{\text{Ionisierung}})}{m_e}}$$

$$v = \sqrt{\frac{2 \cdot h \cdot (f_{\text{Photon}} - R_y)}{m_e}} = \sqrt{\frac{2 \cdot 6{,}626 \cdot 0^{-34}\,\text{J} \cdot \text{s} \cdot (50 - 3{,}288) \cdot 10^{15} \cdot \text{s}^{-1}}{9{,}11 \cdot 10^{-31}\,\text{kg}}}$$

$$= \underline{\underline{8{,}2 \cdot 10^{6}\,\text{m} \cdot \text{s}^{-1}}}$$

2.3.1 Es gilt die thermische Zustandsgleichung des idealen Gases:

$$p \cdot V = m \cdot R \cdot T$$

Umstellen ergibt:

$$p = \frac{m \cdot R \cdot T}{V} = \frac{500 \cdot 3{,}35 \cdot 10^{-27}\,\text{kg} \cdot 4{,}1 \cdot 10^{3}\,\text{J} \cdot \text{kg}^{-1} \cdot \text{K}^{-1} \cdot 25\,\text{K}}{10^{-6}\,\text{m}^3} = \underline{\underline{1{,}7 \cdot 10^{-13}\,\text{Pa}}}$$

2.3.2 Jetzt brauchen Sie die thermische Zustandsgleichung in der Form

$$\frac{p_1 \cdot V_1}{T_1} = \frac{p_2 \cdot V_2}{T_2} \quad \Rightarrow \quad T_2 = \frac{p_2 \cdot V_2 \cdot T_1}{p_1 \cdot V_1} = \frac{44 \cdot 10^{-13}\,\text{Pa} \cdot 1{,}0 \cdot 10^{55}\,\text{m}^3 \cdot 25\,\text{K}}{1{,}7 \cdot 10^{-13}\,\text{Pa} \cdot 10 \cdot 10^{55}\,\text{m}^3} = \underline{\underline{65\,\text{K}}}$$

Die Werte vom Zustand 1 sind gegeben, die vom Zustand 2 lesen Sie aus dem Diagramm ab.

Zustand	V in m³	p in Pa
	List 1	**List 2**
1	$10 \cdot 10^{55}$	$1{,}7 \cdot 10^{-13}$
2	$1 \cdot 10^{55}$	$44 \cdot 10^{-13}$

Im **STAT**-Menü geben Sie die Werte ein und führen eine Regression durch (Pwr). Die Funktion $y = 2{,}28 \cdot 10^{66} \cdot x^{-1{,}41}$ übertragen Sie ins **GRAPH**-Menü und installieren nebenstehendes Fenster.

Die Integration liefert dann den Wert für den Betrag der Volumenarbeit:

$$\underline{\underline{W = 6{,}5 \cdot 10^{43}\,\text{J}}}$$

View Window	
Xmin:	1.0E + 55
max:	10E + 55
Scale:	1 E + 55
Ymin:	1.7E − 13
max:	44E − 13
Scale:	4E − 13

Sie könnten natürlich dem Diagramm noch weitere Wertepaare entnehmen, um die Regression zu verbessern. Sie erhalten aber nur eine geringfügige Änderung des Resultats.

Wählt man z. B. die beiden Punkte mit den Maßzahlen (6 | 4) und (2 | 16), dann ergibt sich lediglich im Ergebnis statt der Maßzahl 6,5 die Maßzahl 6,7, die Größenordnung ist unverändert.

Leistungskurs Physik (Sachsen): Abiturprüfung 2005
Aufgabe C 1: Mechanische Schwingungen

Führen Sie Untersuchungen an einem Fadenpendel durch.
Die vollständig aufgebaute Experimentieranordnung (siehe Abbildung) sowie alle weiteren zum Experimentieren notwendigen hilfsmittel werden Ihnen vom Aussicht führenden Lehrer übergeben.

1. Mit dem gegebenen Pendel, das im Ausgangszustand die unbekannte Länge ℓ_0 hat, soll die Fallbeschleunigung experimentell bestimmt werden. Die Pendellänge soll dabei nicht direkt gemessen werden.

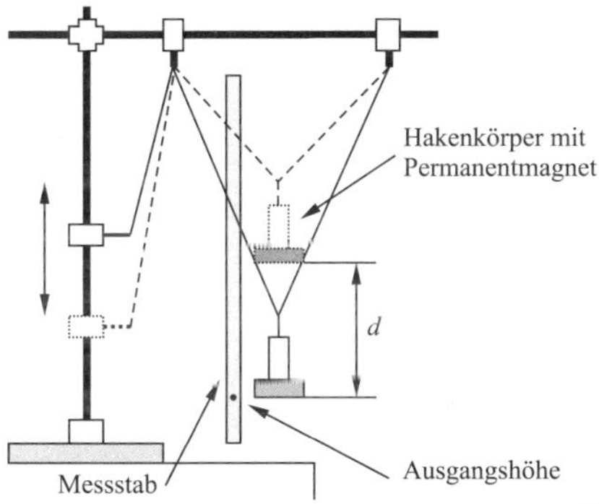

1.1 Lenken Sie das Pendel um etwa 5° aus und messen Sie die Periodendauer T_0.

Hinweis:
Achten Sie darauf, dass die Ruhelage des Pendelkörpers stets senkrecht unter der Mitte beider Auf hängepunkte liegt. (2 BE)

1.2 Verringern Sie die Pendellänge um $d = 10{,}0$ cm. Messen Sie die Periodendauer T.
Messen Sie für vier weitere Längenänderungen ($d = 20{,}0$ cm; 30,0 cm; 50,0 cm; 70,0 cm) jeweils die Periodendauer. Beachten Sie, dass d stets auf die Ausgangshöhe bezogen werden muss. (2 BE)

1.3 Zeichnen Sie das $d(T)$-Diagramm.
Tragen Sie auch das Wertepaar (T_0; 0) ein. (2 BE)

1.4 Für die Funktion $d(T)$ gilt die Gleichung $d = -\frac{g}{4\pi^2} \cdot T^2 + \ell_0$.
Leiten Sie die Gleichung her. (2 BE)

1.5 Ermitteln Sie unter Nutzung Ihre Messwertepaare und der Gleichung von Aufgabe 1.4 die Fallbeschleunigung. (2 BE)

2 Stellen Sie nun die Länge des Pendels so ein, dass der Pendelkörper etwa 1 mm über dem gegebenen Blech aus Nichteisenmetall (liegt am Experimentierplatz bereit) frei schwingen kann. Lenken Sie den Pendelkörper um etwa 5° aus und beobachten Sie die Amplitudenänderung.
Führen Sie anschließend das Experiment ohne Blech durch.
Geben Sie an, bei welchem Teilversuch eine größere Dämpfung auftritt.
Erklären Sie das experimentelle Ergebnis. (3 BE)

3 Erläutern Sie die Notwendigkeit der Schwingungsdämpfung an einem technischen Beispiel. (2 BE)

Lösung

Die Experimentieranordnung wird Ihnen aufgebaut übergeben, dazu eine Stoppuhr, ein Blech aus Nichteisenmetall sowie ein Messstab.

1.1 Messen Sie die Zeit t für eine bestimmte Anzahl (z. B. $n = 10$) von Schwingungen und ermitteln Sie daraus die Periodendauer.

Beispiel: $T_0 = 1{,}82$ s

1.2 Die gemessenen Werte sind im **STAT**-Modus in das folgende Listenschema in den Spalten 1 und 2 eingetragen.

T in s	d in m
List 1	**List 2**
1,71	0,1
1,58	0,2
1,44	0,3
1,22	0,5
0,68	0,7

1.3 Vor dem Zeichnen können Sie sich den Graphen anschauen, Sie müssen nur zweimal die Taste [F1] drücken.
Zeichnung: siehe Abbildung rechts.

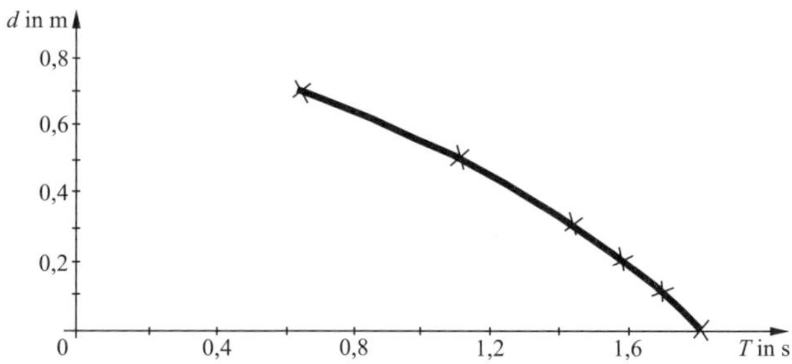

1.4 Für die Periodendauer gilt allgemein $T = 2\pi \cdot \sqrt{\frac{\ell}{g}}$. Insbesondere gilt:

$$T_0 = 2\pi \cdot \sqrt{\frac{\ell_0}{g}} \qquad (1)$$

$$\text{bzw.} \quad T = 2\pi \cdot \sqrt{\frac{\ell_0 - d}{g}} \qquad (2)$$

Quadriert man die Gleichung (2), so erhält man nacheinander:

$$T^2 = 4\pi^2 \cdot \frac{\ell_0 - d}{g}$$

$$\frac{g}{4\pi^2} \cdot T^2 = \ell_0 - d \qquad (3)$$

$$\underline{\underline{d = -\frac{g}{4\pi^2} \cdot T^2 + \ell_0}}$$

1.5 Quadriert man die Gleichung (1) und löst nach der Pendellänge auf, so erhält man:

$$\ell_0 = \frac{g}{4\pi^2} \cdot T_0^2$$

Diesen Term setzt man in die Gleichung (3) ein:

$$\frac{g}{4\pi^2} \cdot T^2 = \frac{g}{4\pi^2} \cdot T_0^2 - d$$

$$\frac{g}{4\pi^2} \cdot T^2 - \frac{g}{4\pi^2} \cdot T_0^2 = -d$$

$$\frac{g}{4\pi^2} \cdot (T^2 - T_0^2) = -d$$

$$\frac{g}{4\pi^2} \cdot (T_0^2 - T^2) = d$$

$$g = \frac{4\pi^2 \cdot d}{T_0^2 - T^2}$$

Im **RUN**-Modus geben Sie ein:

$4\pi^2 \times$ List 2 $\div$ (1.82² − (List 1)²) $\rightarrow$ List 3

Im **STAT**-Display sehen Sie in der dritten Spalte die Ergebnisse.
Im gleichen Modus geben Sie ein: Mean(List 3) und erhalten für die Maßzahl der Fallbeschleunigung den Mittelwert 9,7382.

Ergebnis:

$$\overline{g} = 9{,}7 \text{ m} \cdot \text{s}^{-2}$$

T in s	d in m	g in $\text{m} \cdot \text{s}^{-2}$
List 1	**List 2**	**List 3**
1,71	0,1	10,166
1,58	0,2	9,676
1,44	0,3	9,560
1,12	0,5	9,591
0,68	0,7	9,696

2 Schwingt der Pendelkörper samt Permanentmagnet in geringem Abstand z. B. über einer 1 cm dicken Aluminiumplatte, so ist die Dämpfung sofort erkennbar: nach wenigen Schwingungen kommt der Pendelkörper zur Ruhe. Ohne Blech schwingt das Pendel nur ganz schwach gedämpft.

Erklärung: Infolge der Relativbewegung zwischen Magnet und Metall kommt es zur Induktion von Wirbelströmen, die gemäß dem Lenz'schen Gesetz stets so gerichtet sind, dass der Ursache ihrer Entstehung entgegengewirkt wird. Also wird die Pendelbewegung gebremst.

3 Bei Messgeräten muss man die Schwingung des Zeigers dämpfen, damit der Messwert rasch und nicht erst nach mehreren Hin- und Herbewegungen des Zeigers angezeigt wird. Mit dem Zeiger ist deswegen eine Aluminiumscheibe verbunden, das sich zwischen den Polen eines Dauermagneten bewegen kann. Diese Methode hat den großen Vorteil, dass keinerlei mechanische Haftkraft auftritt.

Ein anderes Beispiel ist der so genannte Stoßdämpfer bei Fahrzeugen.

Leistungskurs Physik (Sachsen): Abiturprüfung 2005
Aufgabe C 2: Strahlenoptik

Untersuchen Sie die seitliche Verschiebung eines weißen Lichtbündels, das eine mit Wasser gefüllte Küvette der Dicke *d* durchdringt.
Planen Sie das Experiment gemäß der folgenden Aufgabenstellung und fordern Sie beim Aufsicht führenden Lehrer die erforderlichen Geräte und Hilfsmittel an.
Bei allen Berechnungen bleibt die Wandung der Küvette unberücksichtigt.

1 Stellen Sie in ein mit Wasser gefülltes Becherglas schräg ein Trinkröhrchen. Betrachten Sie das Trinkröhrchen aus verschiedenen Blickwinkeln von oben.
Beschreiben Sie Ihre Beobachtungen. (2 BE)

2 Durchläuft das Lichtbündel einer Optikleuchte schräg einer wassergefüllte Küvette, erfolgt eine Ablenkung (siehe Abbildung).

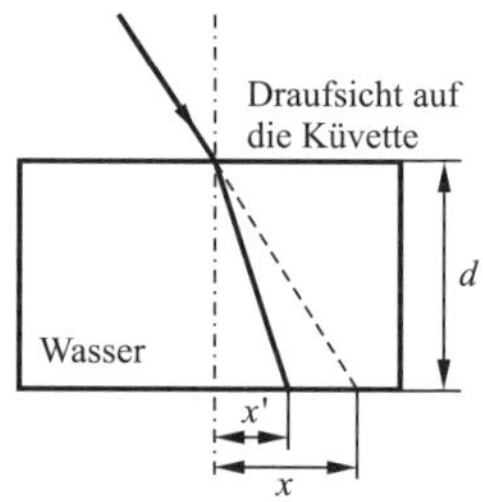

Für die Brechzahl der Flüssigkeit gilt:

$$n = \frac{x}{x'} \cdot \sqrt{\frac{x'^2 + d^2}{x^2 + d^2}}$$

Leiten Sie diese Gleichung her. (3 BE)

3 Ihnen wird eine Experimentieranordnung vollständig aufgebaut übergeben.
Bestimmen Sie mit dieser und der in Aufgabe 2 angegebenen Gleichung jeweils die Brechzahl von Wasser für drei verschiedene Werte *x*. Berechnen Sie den Mittelwert der Brechzahl. (5 BE)

4 Führen Sie eine Fehlerbetrachtung durch. (1 BE)

5 Licht der Frequenz $4{,}61 \cdot 10^{14}$ Hz geht von Glas ($n_G = 1{,}60$) in Wasser ($n_W = 1{,}33$) über.
Berechnen Sie die Wellenlängenänderung des Lichts. (4 BE)

Lösung

Bei diesem Experiment werden Ihnen alle Geräte und Hilfsmittel übergeben.

1 Sie sollten feststellen, dass das Trinkröhrchen geknickt erscheint und diese Beobachtung genauer beschreiben. Ändern Sie hierzu die Blickrichtung etwas ab.

2 Das Brechungsgesetz, bezogen auf Luft, lautet:

$$\frac{\sin\alpha}{\sin\beta} = n$$

Sie sollten eine Skizze anfertigen (wie in nebenstehender Abbildung gezeigt), in der Einfalls- und Brechungswinkel gekennzeichnet sind. Außerdem sind die Eckpunkte zweier rechtwinkliger Dreiecke eingetragen.

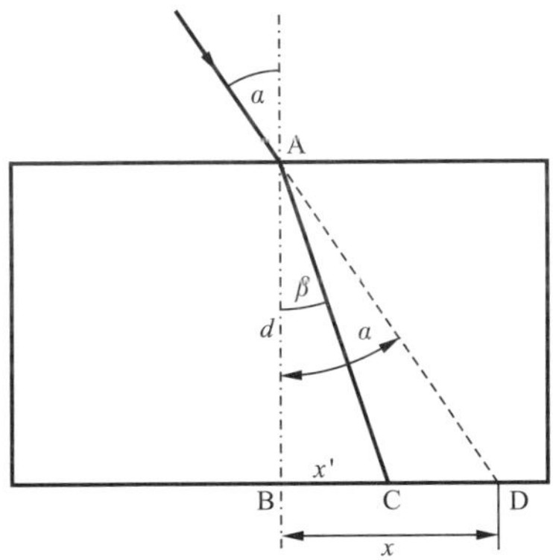

Im Dreieck ABD gilt $\sin\alpha = \dfrac{x}{\sqrt{x^2 + d^2}}$,

im Dreieck ABC: $\sin\beta = \dfrac{x'}{\sqrt{x'^2 + d^2}}$

Eingesetzt ins Brechungsgesetz ergibt sich die gegebene Gleichung:

$$n = \frac{x \cdot \sqrt{x'^2 + d^2}}{x' \cdot \sqrt{x^2 + d^2}} = \frac{x}{x'} \cdot \frac{\sqrt{x'^2 + d^2}}{\sqrt{x^2 + d^2}}$$

3 In der Seitenansicht der Experimentieranordnung erkennen Sie die auf der optischen Bank stehende Leuchte und die Küvette.

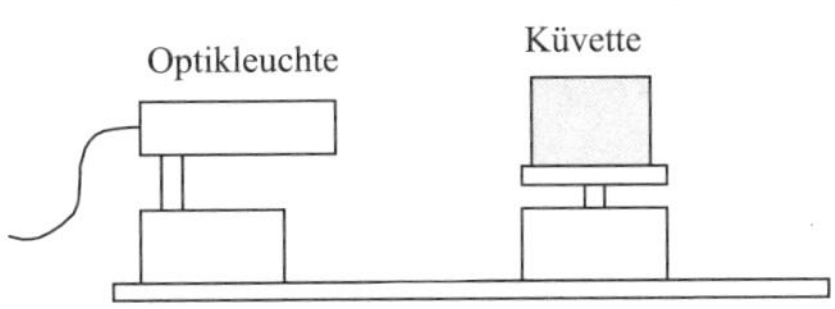

Auf der der Leuchte zugewandten Seite der Küvette ist schwarzes Papier geklebt, in dessen Mitte sich ein senkrechter Spalt von etwa 1 mm Breite befindet. Auf der abgewandten Seite der Küvette ist transparentes Millimeterpapier geklebt, sodass Sie, ausgehend von der gekennzeichneten Mitte, die Strecken x und x' ablesen können. Die Küvette ist bis zur halben Spalthöhe mit Wasser gefüllt. Die Küvette befindet sich auf einem kleinen Drehtisch und kann seitlich geschwenkt werden.

Messwerte und berechnete Brechzahlen (Breite der Küvette $d = 40$ mm):

x in mm	6	10	15	20
x' in mm	5	7	11	14
Brechzahl n	1,20	1,41	1,32	1,35

Mittelwert für die Brechzahl:

$$\underline{\underline{\bar{n} = 1{,}32}}$$

4 Die große Streuung der in der dritten Zeile der Messwerttabelle stehenden Werte macht deutlich, dass der Versuch mit einem erheblichen Fehler behaftet ist (Messfehler gehen insgesamt quadratisch in die Berechnung von n ein). Es ist schwierig, das Spaltbild so schmal zu machen, dass man etwa noch halbe Millimeter ablesen könnte. Die Messreihe verdeutlicht, dass bei kleinen Abständen der Fehler besonders hoch ausfällt. Sie brauchen nur einmal bei dem ersten Wertepaar die 5 mm durch 4,5 mm ersetzen und Sie erhalten für n den Wert 1,33, was natürlich wünschenswert wäre! Umgekehrt erhalten Sie aber mit der Maßzahl 5,5 den Wert 1,09!

Andererseits lässt bei größerem Einfallswinkel die Schärfe der Lichtstreifen auf dem Millimeterpapier merklich nach.

5 Bezeichnet man
- die Wellenlänge des Lichtes im Vakuum mit λ_V,
- die Wellenlänge des Lichtes in Glas mit λ_G,
- die Wellenlänge des Lichtes in Wasser mit λ_W und
- die Lichtgeschwindigkeit im Vakuum mit c_V,

so ergibt sich für die Änderung der Wellenlänge:

$$\Delta\lambda = \lambda_W - \lambda_G = \frac{\lambda_V}{n_W} - \frac{\lambda_V}{n_G} = \lambda_V \cdot \left(\frac{1}{n_W} - \frac{1}{n_G}\right)$$

Wegen $c = f \cdot \lambda$ lässt sich λ_V durch den Bruch $\frac{c_V}{f}$ ersetzen:

$$\Delta\lambda = \frac{c_V}{f} \cdot \left(\frac{1}{n_W} - \frac{1}{n_G}\right)$$

$$\Delta\lambda = \frac{2{,}998 \cdot 10^8 \text{ m} \cdot \text{s}^{-1}}{4{,}61 \cdot 10^{14} \text{ s}^{-1}} \cdot \left(\frac{1}{1{,}33} - \frac{1}{1{,}60}\right) = \underline{\underline{82{,}5 \text{ nm}}}$$

Sie können natürlich auch schrittweise vorgehen, zunächst also die Vakuumwellelänge berechnen: $\lambda_V = 650$ nm. Die Wellenlänge in Wasser beträgt dann $\lambda_W = 489$ nm, die in Glas $\lambda_G = 407$ nm, sodass sich wiederum die Wellenlängenänderung $\Delta\lambda = 82$ nm ergibt.

Leistungskurs Physik (Sachsen): Abiturprüfung 2005 (Nachtermin)
Aufgabe A: Mechanik / Elektrizitätslehre

1 Zwei Körper mit den Massen m_1 und m_2 bewegen sich entlang einer horizontalen Geraden aufeinander zu und stoßen mit den Geschwindigkeiten v_1 und v_2 zentral und unelastisch zusammen.

1.1 Begründen Sie, dass die mechanische Gesamtenergie abnimmt. (1 BE)

1.2 Im abgebildeten Ort-Zeit-Diagramm ist die Bewegung beider Körper dargestellt. Körper 1 hat die Masse 1,0 kg. Die Bewegung von Körper 2 beginnt zum Zeitpunkt $t = 1{,}0$ s am Ort $s = 0$. Die Kraft, die den Körper 2 gleichmäßig beschleunigt, wirkt nur im Intervall $1{,}0 \text{ s} \leq t \leq 3{,}0$ s.

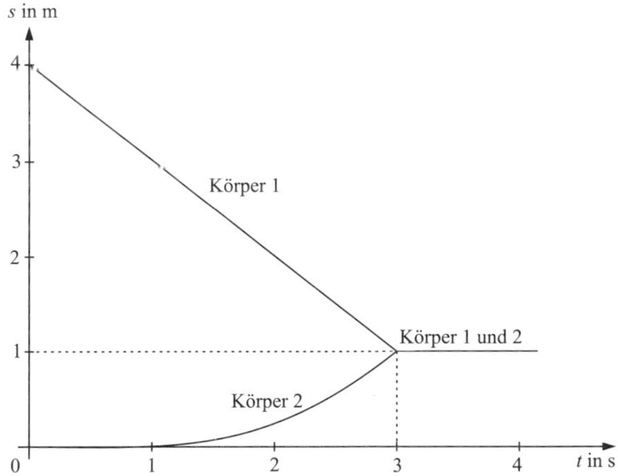

1.2.1 Ermitteln Sie die Geschwindigkeiten v_1 und v_2 sowie die gemeinsame Geschwindigkeit u nach dem Stoß. (4 BE)

1.2.2 Berechnen Sie die Masse von Körper 2. (2 BE)

1.3 Das $u(m_2)$-Diagramm zeigt den Zusammenhang zwischen der Geschwindigkeit unmittelbar nach dem unelastischen Stoß und der Masse von Körper 2.
Begründen Sie, dass eine Nullstelle und eine Asymptote existieren.
Geben Sie den Grenzwert $\lim_{m_2 \to 0} u(m_2)$ an.

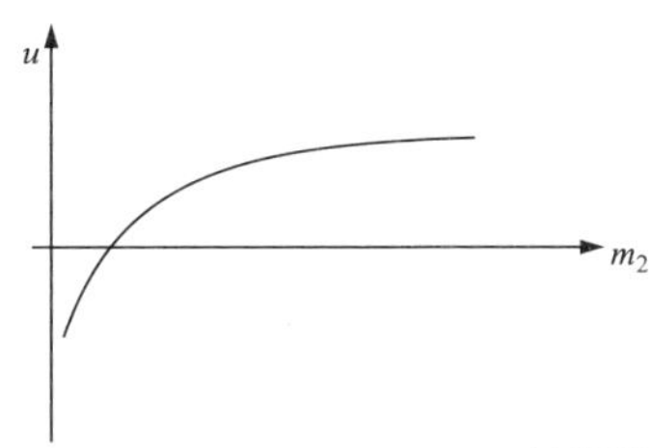

(4 BE)

2 Elektrisches Feld

Die Unterseite einer Gewitterwolke befindet sich zunächst 4,50 km über dem Erdboden. Wolke und Erdboden werden als Plattenkondensator mit der Plattenfläche 90,0 km^2, der Dielektrizitätszahl $\varepsilon_{rel} = 1$ und der Ladung Q aufgefasst. Die elektrische Feldstärke beträgt $1{,}30 \cdot 10^5 \frac{N}{C}$, sodass die Entladung durch einen Blitz unmittelbar bevorsteht.

2.1 Erläutern Sie, wie sich aus dem Feldlinienbild eines geladenen Plattenkondensators Aussagen bezüglich des Vektors der elektrischen Feldstärke gewinnen lassen. (2 BE)

2.2 Geben Sie die Kapazität dieses Kondensators, den Betrag der elektrischen Spannung zwischen Wolke und Erdboden und die Ladung Q an. (3 BE)

2.3 Untersuchen Sie, ob die im elektrischen Feld gespeicherte Energie ausreicht, eine Glühlampe mit einer Leistung von 100 W ein Jahr lang zu betreiben. (4 BE)

2.4 Die Unterseite der Wolke sinkt auf die Höhe 4,00 km. Gleichzeitig erhöht sich die Luftfeuchtigkeit, sodass die Dielektrizitätszahl zunimmt.

2.4.1 Für die elektrische Feldstärke in einem Plattenkondensator gilt:

$$E = \frac{Q}{\varepsilon_0 \cdot \varepsilon_{rel} \cdot A}$$

Leiten Sie diese Gleichung her. (3 BE)

2.4.2 Begründen Sie, dass bei alleiniger Betrachtung der elektrischen Feldstärke eine Blitzentladung jetzt weniger wahrscheinlich ist.

Hinweis:
Je größer die elektrische Feldstärke ist, desto größer ist auch die Wahrscheinlichkeit für eine Entladung durch einen Blitz. (2 BE)

Lösung

1.1 Beim unelastischen Stoß zweier Körper bleiben die Verformungen erhalten. Die kinetische Energie nach dem Stoß ist geringer als die Energie vor dem Stoß, die Differenz wird in Arbeit und Wärme umgewandelt.

1.2.1 Körper 1 bewegt sich offenbar gleichförmig, deswegen gilt:

$$v_1 = \frac{\Delta s}{\Delta t} = \frac{(1\text{ m} - 4\text{ m})}{3\text{ s}} = \underline{\underline{-1{,}0\ \frac{\text{m}}{\text{s}}}}$$

Körper 2 bewegt sich gleichmäßig beschleunigt, es gilt:

$$v_2 = \frac{2 \cdot s}{t} = \frac{2 \cdot 1{,}0\text{ m}}{2{,}0\text{ s}} = \underline{\underline{1{,}0\ \frac{\text{m}}{\text{s}}}}$$

Nach 3 Sekunden bewegen sich beide mit einer gemeinsamen Geschwindigkeit weiter. Der Graph im $s(t)$-Diagramm hat den Anstieg null, also gilt:

$$\underline{\underline{u = 0}}$$

1.2.2 Wegen $u = 0$ muss in der Gleichung

$$u = \frac{m_1 \cdot v_1 + m_2 \cdot v_2}{m_1 + m_2}$$

der Zähler verschwinden:

$$u = 0 \quad \Leftrightarrow \quad m_1 \cdot v_1 + m_2 \cdot v_2 = 0 \qquad (*)$$

Daraus folgt:

$$m_2 = -\frac{m_1 \cdot v_1}{v_2} = -\frac{1{,}0\text{ kg} \cdot (-1{,}0\text{ m} \cdot \text{s}^{-1})}{1{,}0\text{ m} \cdot \text{s}^{-1}} = \underline{\underline{1{,}0\text{ kg}}}$$

1.3 Die **Nullstelle** bedeutet physikalisch, dass die gemeinsame Geschwindigkeit u nach dem unelastischen Stoß null ist. Das entspricht im Prinzip dem Fall 1.2.1. Allerdings muss nicht unbedingt $m_1 = m_2$ sein. Vielmehr gilt die unter 1.2.2 genannte Gleichung (∗), d. h., im Fall der Nullstelle müssen die beiden Impulse $m_1 \cdot v_1$ und $m_2 \cdot v_2$ den gleichen Betrag, aber entgegengesetztes Vorzeichen haben. Letzteres bedeutet, dass sich beide Körper aufeinander zu bewegen müssen. Durch geeignete Wahl der Massen und Geschwindigkeiten ist es immer möglich, die Bedingung (∗) zu erfüllen.

Die **Asymptote** verläuft parallel zur Abszissenachse im Abstand v_2; denn wenn m_2 über alle Grenzen wächst, bewegt sich der Körper 2, ungeachtet des Stoßes mit Körper 1, mit der ihm eigenen Geschwindigkeit v_2 weiter.

Die formale Rechnung bestätigt dieses Ergebnis:

$$\lim_{m_2 \to \infty} u(m_2) = \lim_{m_2 \to \infty} \frac{m_1 \cdot v_1 + m_2 \cdot v_2}{m_1 + m_2} = \lim_{m_2 \to \infty} \frac{m_2 \cdot \left(\frac{m_1 \cdot v_1}{m_2} + v_2 \right)}{m_2 \cdot \left(\frac{m_1}{m_2} + 1 \right)}$$

$$= \lim_{m_2 \to \infty} \frac{\frac{m_1 \cdot v_1}{m_2} + v_2}{\frac{m_1}{m_2} + 1} = \lim_{m_2 \to \infty} \frac{0 + v_2}{0 + 1} = \underline{\underline{v_2}}$$

Der **Grenzwert** für $m_2 \to 0$ bedeutet, dass der Körper 2 gar nicht vorhanden ist. Dann bewegt sich der Körper 1 ungehindert mit der Geschwindigkeit v_1 weiter. Im $u(m_2)$-Diagramm entspricht diesem Geschwindigkeitswert die Ordinate des Schnittpunkts des Graphen mit der Ordinatenachse.

Anmerkung: Sie können diese Ergebnisse bequem mit Ihrem grafischen Taschenrechner überprüfen: Setzen Sie die unter Teilaufgabe 1.2 ermittelten Zahlenwerte in die Bestimmungsgleichung für u ein und stellen Sie die Funktion

$$\text{Y1} = (1 \times (-1) + \text{X} \times 1) \div (1 + \text{X})$$

im **GRAPH**-Modus dar. Nullstelle, Asymptote und Schnittpunkt mit der Ordinatenachse werden anschaulich bestätigt.

2.1 Zwischen den Kondensatorplatten bildet sich ein homogenes elektrisches Feld aus. Die Richtung des Feldstärkevektors stimmt überein mit der Richtung der auf einen positiv geladenen Körper wirkenden Kraft. Der Abstand der Feldlinien ist ein Maß für die elektrische Feldstärke.

2.2 Für die **Kapazität** gilt die Gleichung:

$$C = \varepsilon_0 \cdot \varepsilon_{\text{rel}} \cdot \frac{A}{d}$$

Setzt man die gegebenen Größen ein, so ergibt sich:

$$C = 8{,}86 \cdot 10^{-12} \frac{\text{A} \cdot \text{s}}{\text{V} \cdot \text{m}} \cdot 1 \cdot \frac{90 \cdot (10^3)^2 \cdot \text{m}^2}{4\,500\ \text{m}} = \underline{\underline{177\ \text{nF}}}$$

Aus $E = \frac{U}{d}$ folgt für die **Spannung**:

$$U = E \cdot d = 1{,}30 \cdot 10^5\ \frac{\text{N}}{\text{C}} \cdot 4{,}50\ \text{km}$$

$$= 1{,}30 \cdot 10^5\ \frac{\text{V} \cdot \text{A} \cdot \text{s} \cdot \text{m}^{-1}}{\text{A} \cdot \text{s}} \cdot 4{,}50 \cdot 10^3\ \text{m}$$

$$= \underline{\underline{585\ \text{MV}}}$$

Für die **Ladung** gilt:

$$Q = C \cdot U = 1{,}77 \cdot 10^{-7}\ \text{F} \cdot 5{,}85 \cdot 10^8\ \text{V} = \underline{\underline{104\ \text{C}}}$$

2.3 Setzen Sie die Formel für die elektrische Energie des geladenen Kondensators und die Formel für die elektrische Arbeit einander gleich:

$$\frac{1}{2} \cdot C \cdot U^2 = P \cdot t$$

Auflösen nach der Zeit t ergibt:

$$t = \frac{C \cdot U^2}{2 \cdot P} = \frac{1{,}77 \cdot 10^{-7}\,\text{A} \cdot \text{s} \cdot \text{V}^{-1} \cdot (5{,}85 \cdot 10^8)^2 \cdot \text{V}^2}{2 \cdot 100 \cdot \text{V} \cdot \text{A}} = 3{,}03 \cdot 10^8\,\text{s}$$

Für die Umrechnung in Jahre gilt

$$1\,\text{a} = 365\,\text{d} \cdot 86\,400\,\text{s} \cdot \text{d}^{-1},$$

sodass sich ergibt:

$$t = \frac{3{,}03 \cdot 10^8\,\text{s}}{365 \cdot 86400\,\text{s} \cdot \text{a}^{-1}} = \underline{\underline{9{,}6\,\text{a}}}$$

Die Energie würde bei weitem ausreichen.

2.4.1 Eine ungewöhnliche Gleichung! Gerade deswegen sollten Sie nicht auf gut Glück probieren, sondern folgendermaßen vorgehen: Es stehen grundsätzlich zwei Gleichungen für die elektrische Feldstärke zur Verfügung:

$$E = \frac{F}{Q} \quad (1) \qquad \text{und} \qquad E = \frac{U}{d} \quad (2)$$

Der Vergleich mit der herzuleitenden Formel zeigt:

- In Gleichung (1) ist zwar Q enthalten, Q steht aber im Nenner. F sollte gar nicht auftauchen. Diese Gleichung ist daher als Lösungsansatz ungünstig.
- In Gleichung (2) steht im Nennen der Plattenabstand d beim Kondensator. Die Formel für die Kapazität eines Plattenkondensators erinnert zudem stark an den Term im Nenner der herzuleitenden Gleichung. Die Spannung U im Zähler von (2) sollte zwar im Ergebnis nicht auftauchen, sie kann aber über die allgemeine Definitionsgleichung für die Kapazität durch Q und C ersetzt werden:

$$C = \frac{Q}{U} \;\Rightarrow\; U = \frac{Q}{C}$$

Wir setzen also für die Feldstärke E Gleichung (2) an und erhalten:

$$E = \frac{U}{d} = \frac{Q}{C \cdot d} = \frac{Q}{\varepsilon_0 \cdot \varepsilon_{\text{rel}} \cdot \frac{A}{d} \cdot d} = \underline{\underline{\frac{Q}{\varepsilon_0 \cdot \varepsilon_{\text{rel}} \cdot A}}}$$

2.4.2 Für die Blitzentladung ist die Größe der elektrischen Feldstärke entscheidend, wie im Hinweis des Angabentextes gesagt wird. Die Verringerung der Höhe hat keinen Einfluss, denn in der hergeleiteten Gleichung für E taucht d nicht auf. Q und A verändern sich nicht, nur die Dielektrizitätszahl nimmt zu. Also verringert sich die Feldstärke, und die Wahrscheinlichkeit für eine Entladung durch einen Blitz sinkt.

Leistungskurs Physik (Sachsen): Abiturprüfung 2005 (Nachtermin)
Aufgabe B: Optik / Thermodynamik

1 Prismen

1.1 Begründen Sie, dass weißes Glühlicht beim Durchgang durch ein Prisma spektral zerlegt werden kann. (2 BE)

1.2 Ein Lichtbündel durchläuft ein so genanntes Geradsichtprisma, bei dem drei Prismen mit jeweils einem gleichseitigen Dreieck als Grundfläche „hintereinander geschaltet" sind.

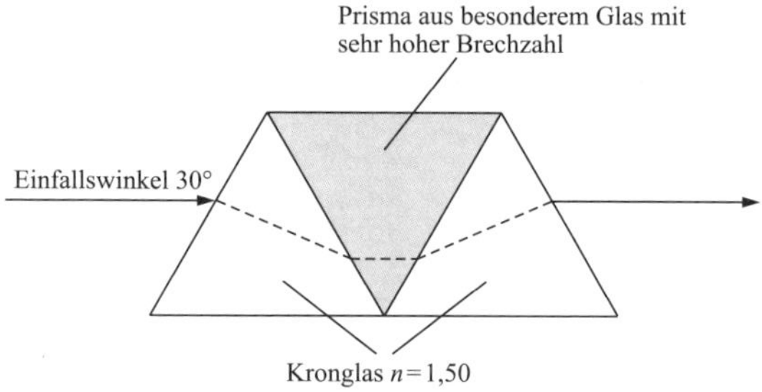

Untersuchen Sie rechnerisch, für welche Brechzahl des mittleren Prismas das Lichtbündel das Geradsichtprisma ohne Gesamtablenkung (wie in der Abbildung dargestellt) durchläuft. Stellen Sie Zwischenschritte Ihrer Berechnung dar. (4 BE)

2 Im Jahr 1913 führten James Franck und Gustav Hertz ein Experiment zur Untersuchung der Energieabsorption an Quecksilberatomen durch.

2.1 Beschreiben Sie die Experimentieranordnung unter Verwendung einer beschrifteten Schaltskizze.
Erläutern Sie die Durchführung dieses Experiments. (4 BE)

2.2 Ein Ergebnis des Experiments war die Erkenntnis, dass die Atome eines Quecksilbergases diskrete Energiebeträge von 4,9 eV aufnehmen können.
Untersuchen Sie rechnerisch, ob Elektronen der Geschwindigkeit $1{,}40 \cdot 10^6 \, \mathrm{m \cdot s^{-1}}$ bzw. Photonen ultravioletten Lichts der Frequenz $1{,}185 \cdot 10^{15}$ Hz die Quecksilberatome anregen können. (4 BE)

3 In einer 10 ℓ-Stahlflasche befindet sich Heliumgas der Temperatur 30 °C. Der Druck in der Flasche beträgt 10 MPa (spezifische Gaskonstante für Helium: $R = 2077 \, \mathrm{J \cdot kg^{-1} \cdot K^{-1}}$, Atommasse für Helium: $m_{\mathrm{He}} = 6{,}64648288 \cdot 10^{-27}$ kg).

3.1 Berechnen Sie die mittlere Geschwindigkeit, mit der sich die Gasatome in der Stahlflasche bewegen. (2 BE)

3.2 Skizzieren Sie die Energieverteilung der Gasatome für zwei verschiedene Temperaturen in einem gemeinsamen Koordinatensystem. (2 BE)

3.3 Der Stahlflasche wird eine bestimmte Masse Heliumgas entnommen. Danach beträgt die Temperatur in der Flasche 20 °C und der Druck 5,0 MPa.
Berechnen Sie diese Masse. (2 BE)

Lösung

1.1 Trifft das weiße Glühlicht schräg auf die linke Fläche des Prismas, wird es beim Übergang vom optisch dünneren Medium (Luft) ins optisch dichtere Medium (Glas) von der brechenden (oberen) Kante weggebrochen. Die Brechzahl hängt dabei von der Frequenz des Lichtes ab: Lichtanteile mit größerer Frequenz (violett) werden stärker gebrochen als Anteile geringerer Frequenz (rot). Diese Erscheinung nennt man Dispersion. Da das weiße Glühlicht aus Anteilen verschiedener Frequenz (d. h. aus den Farben rot, orange, gelb, grün, blau und violett mit entsprechenden Übergängen) besteht, wird das weiße Licht spektral zerlegt.
Beim Austritt aus dem Prisma (Übergang vom optisch dichteren ins optisch dünnere Medium) wird das Licht abermals von der brechenden Kante weggebrochen, sodass sich außerhalb des Prismas die Zerlegung fortsetzt.

1.2 Zunächst soll eine beschriftete Skizze den Sachverhalt verdeutlichen:

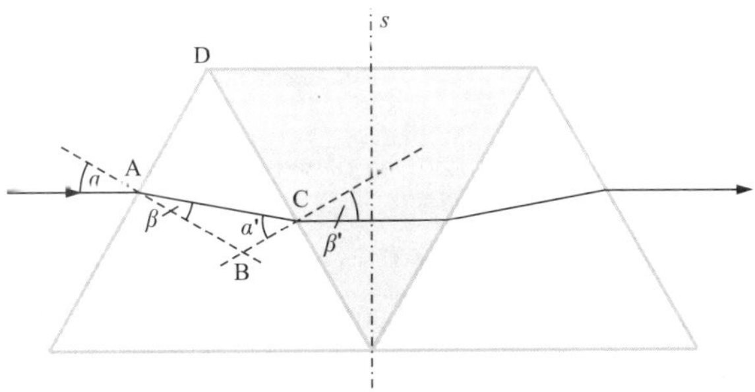

Der Einfallswinkel α beträgt 30°. Aus der Forderung, dass der Strahl insgesamt nicht abgelenkt werden soll, ergibt sich eine Symmetrie der Gesamtanordnung bzgl. der senkrechten Achse s. Der Strahlenverlauf muss deshalb im zweiten (eingefügten) Prisma parallel zu den horizontalen Kanten verlaufen und der Winkel β' somit ebenfalls 30° betragen.
Das Brechungsgesetz lautet allgemein:

$$\frac{\sin\alpha}{\sin\beta} = \frac{n_2}{n_1}$$

Also gilt beim Übergang C (vom Kronglasprisma in das mittlere Prisma, dessen Brechzahl ja ermittelt werden soll)

$$\frac{\sin\alpha'}{\sin\beta'} = \frac{n}{1{,}5},$$

wobei n die gesuchte Brechzahl und 1,5 die Brechzahl von Kronglas ist. Daraus folgt:

$$n = 1{,}5 \cdot \frac{\sin\alpha'}{\sin\beta'} \qquad (*)$$

Wir müssen daher den unbekannten Winkel α' aus der Geometrie der Anordnung bestimmen. Die Punkte A, B, C und D begrenzen ein Viereck, für das gilt:

- Die Summe der Innenwinkel beträgt 360°.
- Die Einfallslote stehen jeweils senkrecht auf den Kanten AD bzw. DC.
- Der Innenwinkel bei D beträgt 60° (gleichseitiges Dreieck).

Mithin schließen die beiden Einfallslote bei B einen Winkel von

$$360° - 2 \cdot 90° - 60° = 120°$$

ein. Im Dreieck ABC gilt dann:

$$\alpha' + \beta + 120° = 180° \quad \Rightarrow \quad \alpha' = 60° - \beta \qquad (**)$$

Der Winkel β folgt wiederum aus dem Brechungsgesetz, angewendet auf die Brechung des Lichtstrahls beim Eintritt in das erste Kronglasprisma:

$$\frac{\sin\alpha}{\sin\beta} = \frac{1{,}5}{1} = 1{,}5 \quad \Rightarrow \quad \sin\beta = \frac{\sin\alpha}{1{,}5}$$

$$\sin\beta = \frac{\sin 30°}{1{,}5} = \frac{0{,}5}{1{,}5} = \frac{1}{3} \quad \Rightarrow \quad \beta = \arcsin\frac{1}{3} \qquad (***)$$

Damit erhält man $\beta = 19{,}5°$. Aus Gleichung (**) folgt:

$$\alpha' = 60° - 19{,}5° = 40{,}5°$$

Oben im Text war schon angegeben $\beta' = 30°$, also folgt entsprechend Gleichung (*):

$$n = 1{,}5 \cdot \frac{\sin 40{,}5°}{\sin 30°} = \underline{\underline{1{,}95}}$$

Man kann aber auch ohne die Zwischenergebnisse von α' und β' vorgehen und sofort die Terme (**) und (***) in die Gleichung (*) einsetzen:

$$n = 1{,}5 \cdot \frac{\sin\alpha'}{\sin\beta'} = \frac{1{,}5 \cdot \sin(60° - \beta)}{\sin 30°} = \frac{1{,}5 \cdot \sin\left(60° - \arcsin\frac{1}{3}\right)}{\sin 30°}$$

$$= \frac{1{,}5 \cdot \sin\left(60° - \arcsin\frac{1}{3}\right)}{0{,}5} = 3 \cdot \sin\left(60° - \arcsin\frac{1}{3}\right) = \underline{\underline{1{,}95}}$$

2.1 Der Franck-Hertz-Versuch ist Gegenstand des Unterrichts. In Ihrem Lehrbuch finden Sie ausreichend Material. Nutzen Sie auch Ihre Aufzeichnungen.

2.2 Als erstes berechnen Sie die kinetische Energie der Elektronen:

$$E_e = \frac{1}{2} \cdot m_e \cdot v^2 = \frac{1}{2} \cdot 9{,}11 \cdot 10^{-31}\,\text{kg} \cdot (1{,}40 \cdot 10^6\,\text{m} \cdot \text{s}^{-1})^2 = 8{,}93 \cdot 10^{-19}\,\text{J} = 5{,}57\,\text{eV}$$

Die Energie der Photonen beträgt:

$$E_{Ph} = h \cdot f = 6{,}626 \cdot 10^{-34}\,\text{J} \cdot \text{s} \cdot 1{,}185 \cdot 10^{15}\,\text{s}^{-1} = 7{,}85 \cdot 10^{-19}\,\text{J} = 4{,}90\,\text{eV}$$

Da die Anregungsenergie 4,9 eV beträgt, kommt es in beiden Fällen zur Anregung der Quecksilberatome.

3.1 Für die mittlere Geschwindigkeit gilt die Gleichung

$$\bar{v} = \sqrt{3 \cdot R_s \cdot T}$$

$$\bar{v} = \sqrt{3 \cdot 2\,077\,\text{J} \cdot \text{kg}^{-1} \cdot \text{K}^{-1} \cdot 303\text{K}}$$

$$\bar{v} = \sqrt{3 \cdot 2\,077\,\text{kg} \cdot \text{m}^2 \cdot \text{s}^{-2} \cdot \text{kg}^{-1} \cdot 303} = \underline{\underline{1{,}37 \cdot 10^3\,\text{m} \cdot \text{s}^{-1}}}$$

3.2 Statt die zufällige kinetische Energie eines Gasteilchens anzugeben (was praktisch gar nicht möglich ist, aber auch nicht notwendig wäre), untersucht man, wie sich die gesamte kinetische Energie auf die Gesamtmenge der Teilchen verteilt.

Auf der Ordinatenachse des Koordinatensystems wird die relative Teilchenzahl

$$\frac{\Delta N}{N}$$

für die jeweiligen Energiebereiche ΔE_{kin} angegeben. Zu beachten ist, dass bei gegebener Temperatur die Energieverteilung unsymmetrisch ist und dass die Wahrscheinlichkeit der geringeren Energien größer ist als die der größeren Energiewerte: Die Kurven werden zu höheren Energiewerten hin flacher. Bei geringerer Temperatur T_2 verlagert sich die Energieverteilungskurve zu kleineren Energiewerten, die Kurve wird schmaler und höher.

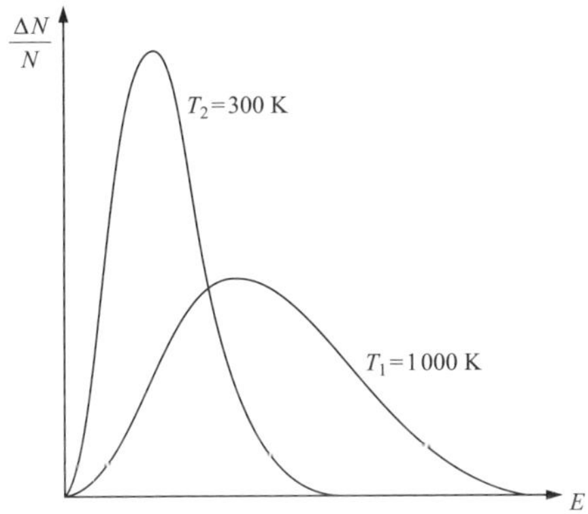

3.3 Aus der thermischen Zustandsgleichung des idealen Gases

$$p \cdot V = m \cdot R \cdot T$$

folgt:

$$m = \frac{p \cdot V}{R \cdot T}$$

Für die entnommene Masse gilt dann:

$$\Delta m = \frac{p_1 \cdot V}{R_S \cdot T_1} - \frac{p_2 \cdot V}{R_S \cdot T_2} = \frac{V}{R_S} \cdot \left(\frac{p_1}{T_1} - \frac{p_2}{T_2} \right)$$

$$= \frac{0{,}01\ \text{m}^3}{2\,077\ \text{J} \cdot \text{kg}^{-1} \cdot \text{K}^{-1}} \cdot \left(\frac{10 \cdot 10^6\ \text{Pa}}{303\ \text{K}} - \frac{5 \cdot 10^6\ \text{Pa}}{293\ \text{K}} \right)$$

$$= \underline{\underline{77\ \text{g}}}$$

Leistungskurs Physik (Sachsen): Abiturprüfung 2005 (Nachtermin)
Aufgabe C 1: Elektrizitätslehre

Führen Sie Untersuchungen zur Wirkungsweise eines Transistors durch. Die abgebildete Schaltung wird Ihnen vom Aufsicht führenden Lehrer komplett aufgebaut übergeben. Außerdem wird Ihnen sowohl der Transistortyp (bipolar- oder unipolar) als auch die Belegung der Anschlüsse X, Y und Z mitgeteilt.

Die Betriebsspannung U_B wird vom Lehrer eingestellt, sie bleibt konstant, die Steuerspannung U_S ist regelbar.

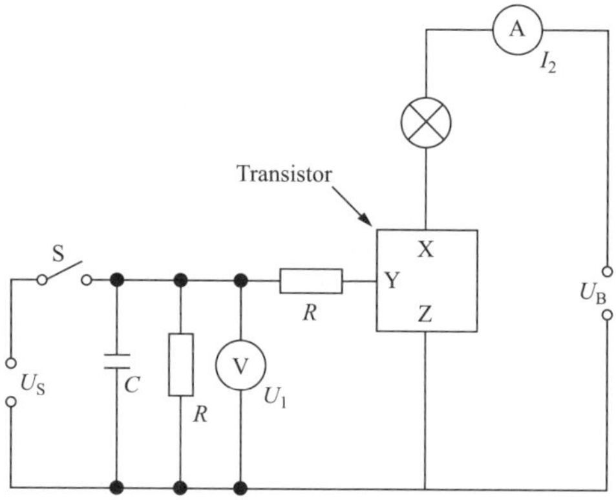

1 Schließen Sie den Schalter S.
Messen Sie Wertepaare der Funktion $I_2(U_1)$ im Intervall $0\ \text{V} \leq U_1 \leq U_{1max}$.
Die Spannung U_1 soll dabei das Intervall von 0 V bis U_{1max} vollständig durchlaufen.
U_{1max} wird Ihnen vom Aufsicht führenden Lehrer mitgeteilt.
Zeichnen Sie den Graphen der Funktion $I_2(U_1)$.
Geben Sie den Maximalwert I_{2max} an. (4 BE)

2 Stellen Sie bei geschlossenem Schalter die Spannung U_1 auf U_{1max} ein.
Öffnen Sie (zum Zeitpunkt 0 s) den Schalter. Nehmen Sie Wertepaare der Funktion $U_1(t)$ auf. Zeichnen Sie den Graphen der Funktion $U_1(t)$. (3 BE)

3 Begründen Sie den Verlauf der Funktion $I_2(U_1)$ mithilfe der Wirkungsweise des Transistors. (4 BE)

4 Nachdem der Schalter geöffnet wurde, nimmt die Stromstärke im Zeitraum Δt Beträge von $0{,}8 \cdot I_{2max}$ bis I_{2max} an.

4.1 Ermitteln Sie Δt unter Nutzung der Graphen der Funktionen $I_2(U_1)$ und $U_1(t)$. (2 BE)

4.2 Nennen Sie eine Maßnahme, mit der die Zeitdauer Δt erhöht werden kann.
Begründen Sie. (2 BE)

Lösung

Die Schaltung wird Ihnen komplett übergeben. Ihnen wird der Transistortyp mitgeteilt, also beispielsweise ein bipolarer Transistor mit den Anschlüssen

X: Kollektor, Y: Basis und Z: Emitter.

Die Spannung U_{1max} betrage 3,0 V. Eine Stoppuhr wird bereitgestellt.

1 Die Messwerte sind in der Tabelle zusammengefasst:

U_1 in V	0	0,5	1,0	1,5	2,0	2.5	3,0
I_2 in mA	0	0	26	62	91	105	105

$I_2(U_1)$-Diagramm: siehe Abbildung rechts.

Der Maximalwert I_{2max} beträgt 105 mA.

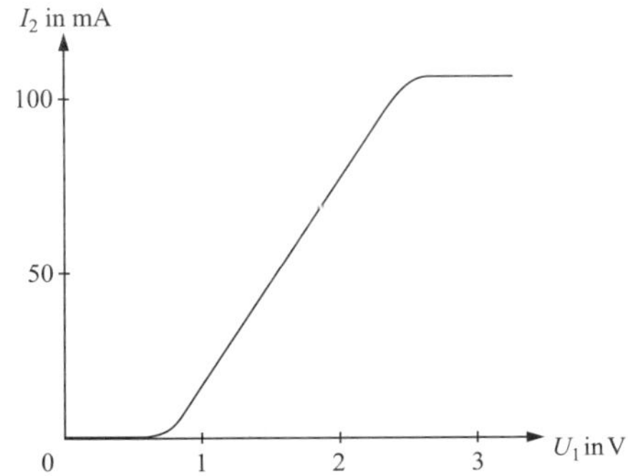

2 Der Abnahme der Spannung erfolgt am Anfang sehr rasch; deswegen können Sie gar nicht die Zeit für den Rückgang auf 2,5 V bzw. 2,0 V stoppen, sondern beginnen bei $U_1 = 1{,}5$ V, wobei selbst diese Messung von großer Unsicherheit geprägt ist.

U_1 in V	3,0	1,5	1,0	0,75	0,50	0,40	0,30
t in s	0	0,8	1,0	1,4	2,6	3,8	6,2

$U_1(t)$-Diagramm:

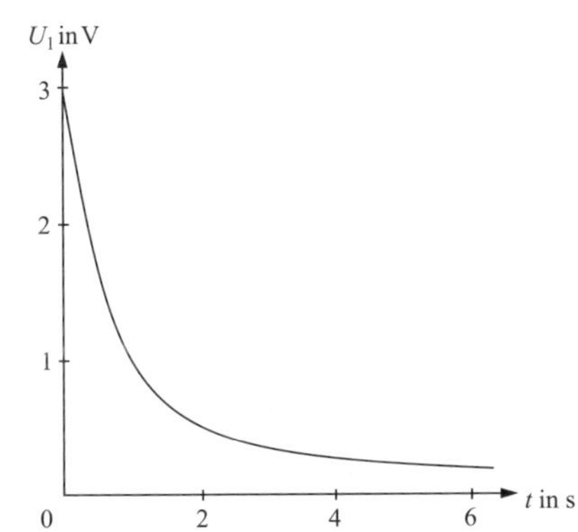

3 Es handelt sich um die I_C-U_{BE}-Kennlinie eines Transistors. Dazu finden Sie ausreichend Material in Ihren Aufzeichnungen und in entsprechenden Lehrbüchern. Äußern Sie sich auch zur Schwellenspannung.

4.1 Maximalwert: $I_{2\,max} = 105$ mA

$0{,}8 \cdot I_{2\,max} = 84$ mA

Im ersten Diagramm führt der Eintrag von 84 mA auf der Ordinatenachse zum zugehörigen Wert auf der Abszissenachse, nämlich 2,1 V.

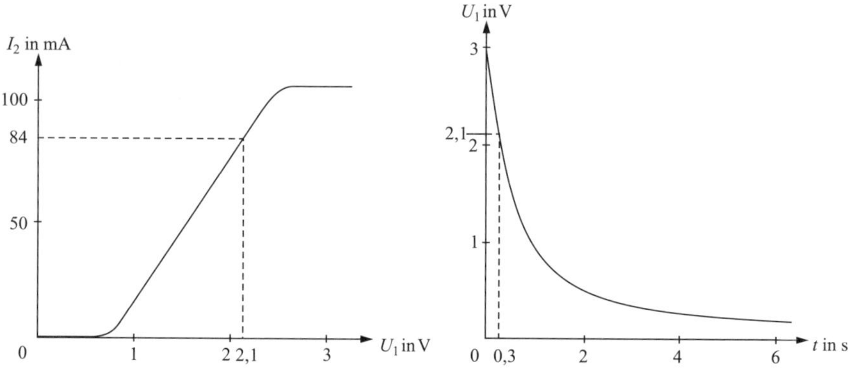

Im zweiten Diagramm entnehmen Sie auf entsprechende Weise dem Wert von 2,1 V auf der Ordinatenachse den zugehörigen Zeitwert auf der Abszissenachse:

$$\underline{\underline{\Delta t = 0{,}3 \text{ s}}}$$

Wie schon bei Teilaufgabe 2 erwähnt, hätten Sie diese geringe Zeitspanne nicht unmittelbar mit der Stoppuhr messen können.

4.2 Wird der Widerstand des *RC*-Gliedes vergrößert, verlangsamt sich die Entladung. Es würde sich eine Kurve im $U_1(t)$-Diagramm ergeben, die oberhalb der gezeichneten Kurve liegt. Damit fällt bei gleichen Werten für $I_{2max} = 105$ mA und folglich gleichem Spannungswert $U_1 = 2{,}1$ V die Zeitdifferenz Δt größer aus.

Leistungskurs Physik (Sachsen): Abiturprüfung 2005 (Nachtermin)
Aufgabe C 2: Strahlenoptik

Es werden Ihnen zwei Sammellinsen gleicher Brennweite vom Aufsicht führenden Lehrer übergeben. Planen Sie das Experiment gemäß der folgenden Aufgabenstellung und fordern Sie beim Aufsicht führenden Lehrer alle weiteren benötigten Geräte und Hilfsmittel an.

1 Die Brennweite f einer Sammellinse kann mithilfe der Gleichung

$$\frac{G}{B} = \frac{1}{f} \cdot g - 1 \qquad (1)$$

durch Messungen der Gegenstandsweite g, der Gegenstandsgröße G und der Bildgröße B bestimmt werden.

1.1 Leiten Sie die Gleichung (1) unter Nutzung der Linsengleichung für dünne Linsen und des Abbildungsmaßstabs

$$\frac{B}{G} = \frac{b}{g}$$

her (Bildweite b) (2 BE)

1.2 Bilden Sie mit einer der beiden Linsen einen Gegenstand scharf ab. Messen Sie bei verschiedenen Gegenstandsweiten jeweils G, B und g.
Stellen Sie den Quotienten $\frac{G}{B}$ in Abhängigkeit von g grafisch dar. Bestimmen Sie aus dem Anstieg $\frac{1}{f}$ dieser linearen Funktion die Brennweite der Linse. (7 BE)

2 Die Methode von Aufgabe 1 kann auch zur Bestimmung der Brennweite eines Linsensystems herangezogen werden. Das Linsensystem besteht aus zwei hintereinander angeordneten Sammellinsen gleicher Brennweite.
An Stelle der Gegenstandsweite g wird dabei der Abstand a des Gegenstands von der dem Gegenstand zugewandten Linse des Linsensystems gesetzt.

2.1 Stellen Sie die beiden gegebenen Sammellinsen im Abstand von 4,0 cm voneinander auf und lassen Sie diesen im Folgenden unverändert.
Bilden Sie mit diesem Linsensystem einen Gegenstand auf einem Schirm ab.
Messen Sie bei drei verschiedenen Abständen a jeweils a, G und B.
Bestimmen Sie analog zur Aufgabe 1 nunmehr die Brennweite des Liniensystems. (3 BE)

2.2 Führen Sie eine Fehlerbetrachtung durch (Beurteilung der Genauigkeit der Messwerte sowie der Ergebnisse). (1 BE)

2.3 Für die Brennweite f_s des Linsensystems gilt näherungsweise die Gleichung:

$$\frac{1}{f_s} = \frac{2 \cdot f - s}{f^2} \qquad (2)$$

s: Abstand zwischen zwei Linsen

Die Brennweite des Linsensystems soll vergrößert werden.
Geben Sie an, ob der Abstand zwischen beiden Linsen vergrößert oder verkleinert werden muss.
Erhöhen Sie bei konstantem Abstand $a \approx 1{,}5 \cdot f$ den Linsenabstand von 4 cm auf $\approx 1{,}8 \cdot f$.
Beschreiben Sie qualitativ, wie sich die Bildgröße verändert. (2 BE)

Lösung

Um die notwendigen Messungen ausführen zu können, müssen Sie noch folgende Hilfsmittel anfordern:
- 1 Stromversorgungsgerät
- 1 Experimentierleuchte mit Zubehör
- Mehrere Reiter für die optische Bank (Stativstäbe)
- 1 Auffangschirm
- 1 beleuchtbarer Gegenstand („L“ als Dia)
- 1 Messstab
- 1 Stechzirkel

1.1 Wir gehen von der Formel für den Abbildungsmaßstab aus, in der die linke Seite der gesuchten Gleichung in reziproker Form gegeben ist:

$$\frac{G}{B} = \frac{g}{b} \qquad (*)$$

Die Bildweite b ist unbekannt, wir können aber den benötigten Kehrwert von b aus der Linsengleichung bestimmen:

$$\frac{1}{f} = \frac{1}{b} + \frac{1}{g} \quad \Rightarrow \quad \frac{1}{b} = \frac{1}{f} - \frac{1}{g}$$

Einsetzen in Gleichung (*) liefert:

$$\frac{G}{B} = \frac{g}{b} = g \cdot \frac{1}{b} = g \cdot \left(\frac{1}{f} - \frac{1}{g}\right) = \underline{\underline{\frac{1}{f} \cdot g - 1}}$$

Die angegebene Form soll Sie an eine lineare Funktion der Form $y = a \cdot x + b$ erinnern; insofern entspricht der reziproke Wert der Brennweite dem Anstieg $m = a$ des Graphen der linearen Funktion. Allerdings darf man eines nicht übersehen: Für die lineare Funktion umfasst der Definitionsbereich alle reellen Zahlen, während für die gegebene Gleichung die Einschränkung $g > f$ gilt. Denn nur wenn sich der Gegenstand außerhalb der einfachen Brennweite befindet, entsteht ein reelles Bild.

1.2 Bilden Sie nunmehr den Gegenstand mittels einer der beiden Linsen scharf ab. Geben Sie sich fünf Werte für die Gegenstandsweite vor. Da Sie die Brennweite nicht kennen, beginnen Sie mit einer möglichst großen Gegenstandsweite in der Hoffnung, dass dann $g > 2 \cdot f$ ist. Sodann verringern Sie g in angemessenen Schritten.

In der folgenden Tabelle sind die sich ergebenden Werte sowie der Quotient $\frac{G}{B}$ eingetragen:

g in cm	G in cm	B in cm	$\frac{G}{B}$
50	2	0,5	4
40	2	0,75	2,7
30	2	1	2
20	2	2	1
15	2	4	0,5

Die beiden Werte für G und B bei $g = 20$ cm sind gleich groß: Sie könnten jetzt schon daraus schließen, dass 20 cm die doppelte Brennweite ist! Und da reelle Bilder nur entstehen, falls $g > f$ ist, wird in der 5. Zeile der Messtabelle auch statt 10 cm der Wert von 15 cm vorgegeben.

Zur Messung der Gegenstandsgröße und der jeweiligen Bildgröße benutzt man am besten den Stechzirkel und überträgt dann den Abstand der beiden Spitzen auf den Messstab.
In der folgenden grafischen Darstellung ist bereits ein Steigungsdreieck eingezeichnet.

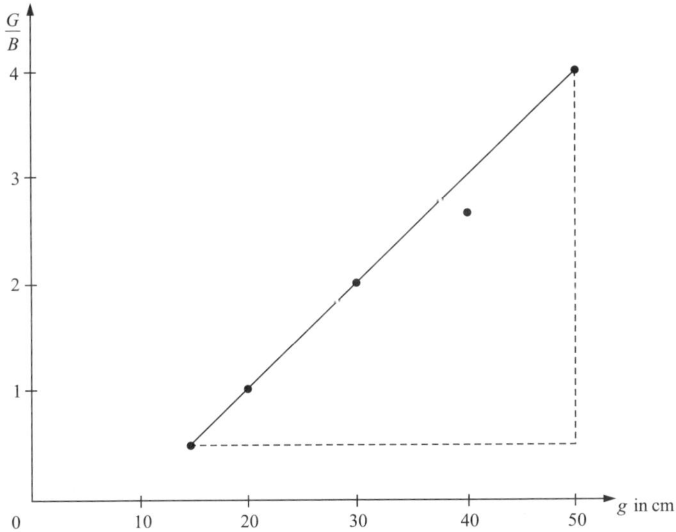

Wie in Teilaufgabe 1.1 festgestellt, ist die Brennweite durch den *reziproken* Anstieg dieser Geraden gegeben. Sie rechnen daher folgendermaßen:

$$f = \frac{\Delta g}{\Delta\left(\frac{G}{B}\right)} = \frac{50\,\text{cm} - 15\,\text{cm}}{4 - 0{,}5} = \frac{35\,\text{cm}}{3{,}5} = \underline{\underline{10\,\text{cm}}}$$

Benutzen Sie auch den GTR, um die Funktion grafisch darzustellen: Im **STAT**-Modus geben Sie die Werte der 1. Spalte der Messtabelle in List 1 ein, in List 2 die Werte der 4. Spalte. Sie erhalten eine Gerade, die der obigen Zeichnung entspricht. Ermitteln Sie durch lineare Regression eine lineare Funktion, so lautet diese:

$$y = 0{,}097x - 0{,}96$$

Der reziproke Wert des Anstiegs liefert Ihnen den Zahlenwert 10,3 für die in Zentimeter gemessene Brennweite.

2.1 Der Abstand von 4 cm entspricht dem Abstand zweier Bohrungen des üblichen Reiters. Ausgehend von der Brennweite 10 cm lässt sich mit der in Teilaufgabe 2.3 gegebenen Gleichung (2) die Brennweite f_S des Linsensystems zu 6,25 cm abschätzen (Sie sehen: Es ist stets hilfreich den *gesamten* Angabentext vor dem Lösen der einzelnen Teilaufgaben durchzulesen!). Geben Sie sich dann drei geeignete Werte für a vor:

a in cm	G in cm	B in cm	$\frac{G}{B}$
30	2	0,55	3,64
20	2	0,9	2,22
10	2	3,3	0,61

Entsprechend der Vorgehensweise von Teilaufgabe 1.2 (Auftragen von $\frac{G}{B}$ in Abhängigkeit von a bzw. lineare Regression mit dem GTR) erhalten Sie die Funktionsgleichung

$$y = 0{,}15x - 0{,}87$$

und daraus für die Brennweite des Linsensystems:

$$\underline{\underline{f_S = 6{,}7\text{ cm}}}$$

2.2 Die Beurteilung der Schärfe des Bildes ist mit einer gewissen Unsicherheit behaftet. Dadurch sind die Messungen der Bildgröße ungenau. Diesem Fehler kann durch eine ausreichende Zahl von Messpunkten entgegen gesteuert werden, da die Ausgleichsgerade (anhand derer die Brennweite bestimmt wird) dann optimiert wird. Die Ergebnisse sind dann recht zuverlässig.

2.3 *Hinweis:* Beachten Sie, dass in der Aufgabenstellung für die Gegenstandsweite das Formelzeichen g und für die Bildweite b verwendet werden. Das Formelzeichen s in der Gleichung (2) bedeutet, wie angegeben, den Abstand zwischen den Linsen (und nicht wie gewohnt die Gegenstandsweite!).

Soll f_S vergrößert werden, dann muss der Zähler $(2 \cdot f - s)$ verkleinert werden, denn der Nenner f^2 ist konstant. Mithin muss der Abstand s vergrößert werden.

Erhöht man den Linsenabstand auf $1{,}8 \cdot f$, dann beträgt die Brennweite des Linsensystems:

$$\frac{1}{f_s} = \frac{2 \cdot f - 1{,}8 \cdot f}{f^2} = 0{,}2 \cdot \frac{1}{f} \quad \Rightarrow \quad f_s = 5 \cdot f = 5 \cdot 10\text{ cm} = 50\text{ cm}$$

Der Gegenstand im Abstand $a = 15$ cm befindet sich somit innerhalb der einfachen Brennweite: Es entstehen nur virtuelle Bilder, die sämtlich größer sind als der Gegenstand.

Leistungskurs Physik (Sachsen): Abiturprüfung 2006
Aufgabe A: Mechanik/Elektrizitätslehre

1 In der Technik kann Rotationsenergie in Schwungrädern gespeichert werden.
Die historische Form von Schwungrädern ist das Rad mit Speichen, bei dem fast die gesamte Masse auf dem äußeren Rand konzentriert ist. Andere Schwungräder sind kompakte, massive zylinderförmige Scheiben.

1.1 Ein Speichenrad und ein massives Rad haben den gleichen Durchmesser, die gleiche Masse und rotieren mit der gleichen Winkelgeschwindigkeit.
Vergleichen Sie deren Trägheitsmomente und deren Rotationsenergien.
Begründen Sie jeweils. (3 BE)

1.2 Ein Schwungrad wird auf einem Prüfstand getestet.
Ein Motor beschleunigt das Rad in 15,8 s gleichmäßig von der Winkelgeschwindigkeit $21\ s^{-1}$ auf die Winkelgeschwindigkeit $105\ s^{-1}$.

1.2.1 Geben Sie die Winkelbeschleunigung an.
Stellen Sie für diesen Beschleunigungszeitraum die Abhängigkeit des Drehwinkels von der Zeit grafisch dar. (3 BE)

1.2.2 Während dieses Beschleunigungszeitraums nimmt der Motor die Energie 275 kJ auf.
Von dieser Energie führen 80 % zur Erhöhung der Rotationsenergie des Schwungrads.
Ermitteln Sie das Trägheitsmoment des Schwungrads. (3 BE)

1.3 Beim Abbremsen eines Schwungrads wird die Bremskraft gesteigert. Entscheiden Sie, welches der $\omega(t)$-Diagramme diesen Bremsvorgang qualitativ beschreibt.
Begründen Sie. (3 BE)

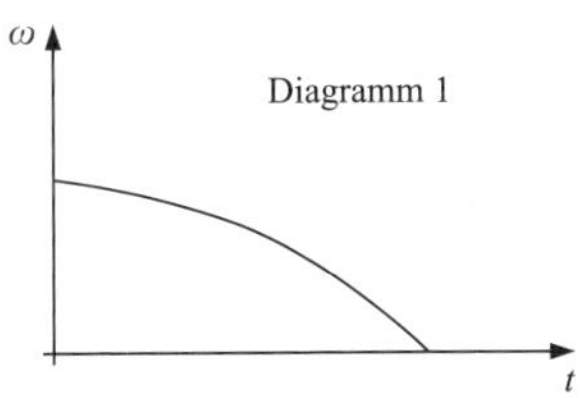

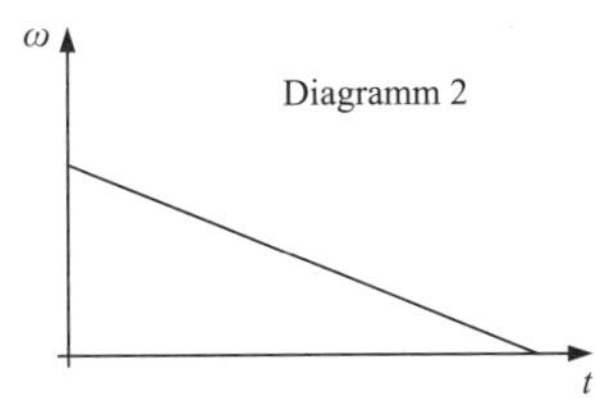

2 Elektrisches und magnetisches Feld

2.1 Positiv geladene Ionen treten mit der Geschwindigkeit v_0 in die nebenstehende abgebildete Anordnung ein und durchlaufen diese. Die Gravitationskraft wird vernachlässigt. Die Flussdichte des homogenen Magnetfelds beträgt 0,295 T.

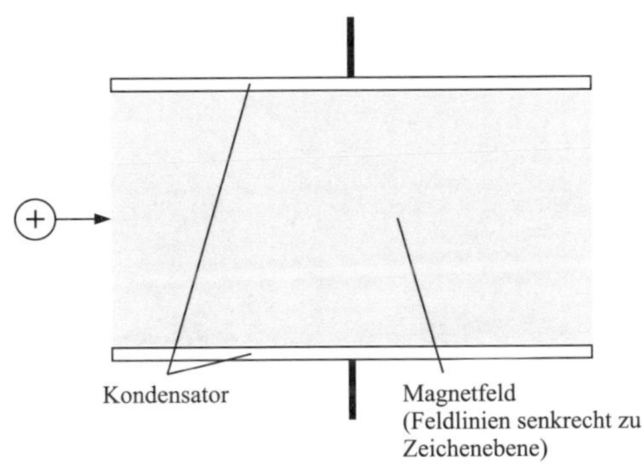

2.1.1 Zur Bestimmung der Geschwindigkeit v_0 der Ionen wird die Spannung am Kondensator so eingestellt, dass sich die Teilchen geradlinig durch die Anordnung bewegen. Die elektrische Feldstärke beträgt in diesem Fall $4{,}40 \cdot 10^6\ \text{V} \cdot \text{m}^{-1}$.
Welche Kräfte wirken innerhalb der Anordnung auf ein solches Ion? Vergleichen Sie diese Kräfte bezüglich Betrag und Richtung.
Begründen Sie, dass sich die Geschwindigkeit während der Bewegung nicht ändert.
Ermitteln Sie die Geschwindigkeit v_0. (6 BE)

2.1.2 Zur Bestimmung der spezifischen Ladung $\frac{Q}{m}$ eines Ions wird am Kondensator die elektrische Spannung 0 V eingestellt. Die Ionen bewegen sich im Magnetfeld auf einem Kreisbogen mit dem Radius r.

Es gilt die Gleichung

$$\frac{Q}{m} = \frac{v_0}{B \cdot r}.$$

Leiten Sie diese her.
Der Radius des Kreisbogens beträgt 1,05 m. Ein Ion trägt die Ladung $2 \cdot e$ und hat die Geschwindigkeit $1{,}49 \cdot 10^7\ \text{m} \cdot \text{s}^{-1}$.
Geben Sie die Masse eines solchen Ions an. (3 BE)

2.2 Eine an einem langen Faden befestigte geladene Kugel befindet sich in einem homogenen elektrischen Feld. Die Kugel ruht. Der Faden schließt mit der Vertikalen den Winkel α ein.

Entscheiden Sie, ob die Kugel positiv oder negativ geladen ist. Skizzieren Sie ein zugehöriges Kräfteparallelogramm. Benennen Sie die Kräfte.

Das elektrische Feld wird nun so gedreht, dass die Feldlinien horizontal nach rechts verlaufen. Begründen Sie, dass der Winkel α größer wird.

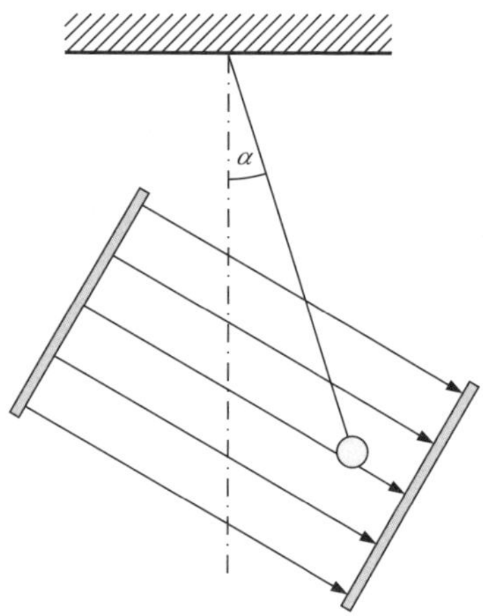

(4 BE)

Tipps und Hinweise zu Aufgabe A

Tipp zu Teilaufgabe 1.1

Bestimmt ist Ihnen klar, dass das Speichenrad das größere Trägheitsmoment und damit die größere Rotationsenergie hat als die massive Scheibe. Aber Sie sollen *vergleichen und begründen*! Suchen Sie deshalb im Tafelwerk die allgemeinen Formeln zur Berechnung von Trägheitsmomenten und die zur Berechnung der Rotationsenergie. An anderer Stelle finden Sie spezielle Formeln zur Berechnung der Trägheitsmomente verschiedener Körper: Auf welche Körper lassen sich Speichenrad bzw. Vollscheibe am ehesten zurückführen?

Tipps zu Teilaufgabe 1.2

Denken Sie daran, nur Formeln zur gleichmäßig beschleunigten Rotation zu verwenden. Das gilt sowohl für die Berechnung der Winkelbeschleunigung als auch für die Darstellung des $\sigma(t)$-Diagramms. Zur grafischen Darstellung können Sie das **GRAPH**- und das **TABLE**-Menü Ihres GTR zu Hilfe nehmen; Sie dürfen nur nicht vergessen, den Grafen wirklich zu zeichnen!

Verwenden Sie für die Berechnung des Trägheitsmomentes wieder vorhandene Formeln und vergessen Sie nicht, die Prozentangabe im Angabentext zu berücksichtigen.

Tipp zu Teilaufgabe 1.3

Bedenken Sie, was für die beschleunigende Kraft bei der *gleichmäßig* beschleunigten Rotation gilt, wie sie auch bei dem unter 1.2.1 gezeichneten Graphen vorliegt. Überlegen Sie sich, wie der $\sigma(t)$-Graph bei einem entsprechenden Bremsvorgang aussehen würde, und berücksichtigen Sie den Zusammenhang zwischen Drehwinkel und Winkelgeschwindigkeit.

Tipp zu Teilaufgabe 2.1.1

Sie haben zwei Felder in der Anordnung, beide sind homogen (B: gegeben; E: Plattenkondensator!). Überlegen Sie die Betrag und Richtung der resultierenden Kraft und ermitteln Sie die Geschwindigkeit mit den Formeln zur Berechnung der jeweiligen Kraftbeträge.

Tipps zu Teilaufgabe 2.1.2

Das elektrische Feld ist jetzt nicht mehr vorhanden, die im Angabentext erwähnte Kreisbewegung wird durch die Lorentzkraft verursacht. Welche Kräftebilanz können Sie daher ansetzen? Begründen Sie kurz diesen Ansatz.

Nicht entgehen sollte Ihnen, dass der Zahlenwert der nunmehr gegebenen Geschwindigkeit mit der unter 2.2.1 berechneten übereinstimmt. Das ist beabsichtigt, und Sie sollten bei den Abituraufgaben immer einen Blick voraus (oder eben auch zurück) werfen, um ein Resultat bestätigt zu bekommen. Übrigens: Im Mathematik-Abitur (Grund- und Leistungskurs Sachsen) werden Sie solche Übereinstimmungen auch feststellen!

Die Masse lässt sich mit der gegebenen Formel berechnen, selbst wenn Ihnen die Herleitung nicht gelungen ist. Stellen Sie die Formel um und achten Sie auf die richtige Umrechnung der Einheiten.

Tipps zu Teilaufgabe 2.2

Beachten Sie die Richtung der Feldlinien!

Bei einem Kräfteparallelogramm hat man es mit Komponenten und einer Resultierenden zu tun. Durch die Resultierende wird der Faden gestrafft. Tragen Sie die Wirkungslinien der Kräfte eintragen und ergänzen Sie die Zeichnung zu einem Parallelogramm. Vergessen Sie nicht, die Kräfte zu benennen!

Dass der Winkel größer wird, ist schon gesagt; bemühen Sie sich um eine sorgfaltige Begründung (eine weitere Skizze ist zwar nicht verlangt, aber hilfreich!). Der Betrag der Komponenten ändert sich nicht.

Lösung zu Aufgabe A

1.1 Das massive Schwungrad wird in der Aufgabe als „massiv zylinderförmig" beschrieben, also können Sie vom Vollzylinder ausgehen:

$$J = \frac{1}{2} m \cdot r^2$$

Im Hohlzylinder erkennen Sie das Speichenrad wieder:

$$J = \frac{1}{2} m \cdot (r_{\text{außen}}^2 + r_{\text{innen}}^2)$$

Natürlich sind beide von geringer Dicke (besser Höhe), aber die Formeln sind auf beide zutreffend. Da beim Vollzylinder mit r natürlich der Außenradius gemeint ist, ist offensichtlich – gleiche Masse m vorausgesetzt – das **Trägheitsmoment des Hohlzylinders, also des Speichenrades**, infolge des in der Klammer stehenden Summanden r_{innen}^2 **größer**. Wegen der Gleichung

$$E_{\text{rot}} = \frac{1}{2} J \cdot \omega^2$$

ist – nunmehr gleiche Winkelgeschwindigkeit ω vorausgesetzt – die **Rotationsenergie des Speichenrades größer als die des massiven Rades**.

Anmerkung: Lassen Sie sich nicht durch die Ihnen sicherlich auch bekannte Formel

$$V = \pi \cdot h \cdot (r_2^2 - r_1^2)$$

für den Hohlzylinder irritieren, in der die Differenz der beiden Radienquadrate auftritt! Natürlich hängt die Masse eines jeden Körpers von seinem Volumen ab, aber wenn Sie sich die Herleitung der Formel

$$J = \frac{1}{2} m \cdot (r_{\text{außen}}^2 + r_{\text{innen}}^2)$$

anschauen, wird Ihnen klar, dass in der Gleichung für das Trägheitsmoment des Hohlzylinders das Rechenzeichen „+" in der Klammer seine Berechtigung hat.

1.2.1 Für die Winkelgeschwindigkeit bei gleichmäßig beschleunigter Rotation gilt

$$\alpha = \frac{\Delta\omega}{\Delta t},$$

also berechnen Sie mit den gegeben Werten die Winkelbeschleunigung und speichern den Zahlenwert ab:

$$\alpha = \frac{(105 - 21)\ \text{s}^{-1}}{15{,}8\ \text{s}} = \underline{\underline{5{,}32\ \text{s}^{-2}}} \rightarrow \text{Speicher A}$$

Bevor Sie ans Zeichnen gehen, geben Sie im **GRAPH**-Menü die folgende Gleichung ein:

$$\text{Y1=A} \div 2 \times \text{X}^2 + 21 \times \text{X}$$

Diese Gleichung entspricht der Formel für den Drehwinkel $\sigma(t)$:

$$\sigma = \frac{\alpha}{2} \cdot t^2 + \omega_0 \cdot t$$

Für den Anfangswinkel können Sie ohne Einschränkung der Allgemeinheit $\sigma(0\ \text{s}) = 0$ annehmen.

Dazu das Betrachtungsfenster:

View Window	
Xmin:	0
max:	15.8
scale:	5
Ymin:	0
max:	1000
scale:	100

Im Display erscheint dann wie erwartet ein der gleichmäßig beschleunigten Rotation entsprechender Graph. Zur Ermittlung von Wertepaaren gehen Sie ins **TABLE**-Menü. Hier sehen Sie die entsprechende Wertetabelle, die Ihnen die grafische Darstellung erleichtert:

t in s	0	2	4	9	12	15	15,8
σ in Grad	0	88	224	410	645	929	1013

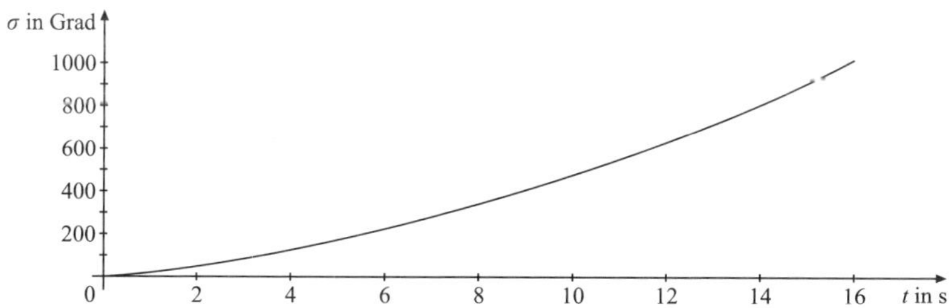

1.2.2 Von den 275 kJ dürfen nur 80 % berücksichtigt werden, das sind $\Delta E_{\text{rot}} = 220$ kJ. Die Gleichung

$$\Delta E_{\text{rot}} = E_{\text{rot},2} - E_{\text{rot},1} = \frac{1}{2} J \cdot \omega_2^2 - \frac{1}{2} J \cdot \omega_1^2 = \frac{1}{2} J \cdot (\omega_2^2 - \omega_1^2)$$

müssen Sie nach J umstellen:

$$J = \frac{2 \cdot \Delta E_{\text{rot}}}{\omega_2^2 - \omega_1^2} = \frac{2 \cdot 220 \cdot 10^3 \text{ J}}{(105^2 - 21^2)\text{ s}^{-2}} = \underline{\underline{41{,}6 \text{ kg} \cdot \text{m}^2}}$$

1.3 Beim gleichförmigen Abbremsen (mit konstanter Bremskraft!) wäre der Graf im $\sigma(t)$-Diagramm der rechte Ast einer nach unten geöffneten Parabel. Die Winkelgeschwindigkeit ist allgemein die erste Ableitung des Drehwinkels nach der Zeit, deswegen ergäbe sich im $\omega(t)$-Diagramm eine fallende Gerade, wie im Diagramm 2. Die Bremskraft soll aber gesteigert werden, also nimmt die Winkelgeschwindigkeit nicht linear ab. **Mithin ist das Diagramm 1 zutreffend.**

2.1.1 Die beiden Kräfte sind die **elektrische Feldkraft** und die durch das Magnetfeld verursachte **Lorentzkraft**.
Die elektrische Feldkraft ist konstant, denn entsprechend der Gleichung

$$F_{\text{el}} = Q \cdot E$$

hängt sie linear von der elektrischen Feldstärke ab, und diese ist im Innern eines geladenen Kondensators konstant. Sie ist stets zur negativen Platte gerichtet.

Die Lorentzkraft hat ebenfalls einen konstanten Betrag: Für sie gilt die Gleichung

$$F_L = Q \cdot v_0 \cdot B$$

und die magnetische Flussdichte ist im homogenen Magnetfeld konstant. Die Richtung der Lorentzkraft ändert sich hingegen ständig, denn sie wirkt sowohl senkrecht zu $\vec{B}$ als auch senkrecht zum Geschwindigkeitsvektor, und deswegen ergibt sich bei Abwesenheit anderer Kräfte eine Kreisbahn.
Da die Ionen sich aber nach Voraussetzung geradlinig durch die Anordnung bewegen, muss die Wirkung der Lorentzkraft gerade durch die gegengleich große elektrische Kraft kompensiert werden. Daraus folgt:

- Da sowohl $\vec{F}_{el}$ als auch $\vec{F}_L$ senkrecht zu $\vec{v}_0$ gerichtet sind, wirkt keine resultierende Kraft und somit keine Beschleunigung in Bahnrichtung.
- Die Beträge der beiden Kräfte sind gleich, woraus sich der Ansatz zur Berechnung der Geschwindigkeit der Ionen ergibt:

$$Q \cdot E = Q \cdot v_0 \cdot B$$

$$\Rightarrow \quad v_0 = \frac{E}{B} = \frac{4{,}40 \cdot 10^6 \text{ V} \cdot \text{m}^{-1}}{0{,}295 \text{ T}} = \frac{4{,}40 \cdot 10^6 \text{ V} \cdot m^{-1}}{0{,}295 \text{ V} \cdot \text{s} \cdot \text{m}^{-2}} = \underline{\underline{1{,}49 \cdot 10^7 \text{ m} \cdot \text{s}^{-1}}}$$

2.1.2 Die Ionen unterliegen der Lorentzkraft. Dadurch werden Sie auf eine Kreisbahn gezwungen, und die Lorentzkraft wirkt als Radialkraft, beide sind dem Betrag nach gleich. Also gilt:

Radialkraft = Lorentzkraft

$$\frac{m \cdot v_0^2}{r} = Q \cdot v_0 \cdot B \quad \Rightarrow \quad \underline{\underline{\frac{Q}{m} = \frac{v_0}{B \cdot r}}}$$

Mit $Q = 2 \cdot e$ ergibt sich daraus für die Masse der Ionen:

$$m = \frac{Q \cdot B \cdot r}{v_0}$$

$$m = \frac{2 \cdot 1{,}60 \cdot 10^{-19} \text{ A} \cdot \text{s} \cdot 1{,}05 \text{ m} \cdot 0{,}295 \text{ V} \cdot \text{s} \cdot \text{m}^{-2}}{1{,}49 \cdot 10^7 \text{ m} \cdot \text{s}^{-1}} = \underline{\underline{6{,}65 \cdot 10^{-27} \text{ kg}}}$$

Einheitenbetrachtung:

$$1 \frac{\text{A} \cdot \text{s} \cdot \text{m} \cdot \text{V} \cdot \text{s} \cdot \text{m}^{-2}}{\text{m} \cdot \text{s}^{-1}} = 1 \frac{\text{V} \cdot \text{A} \cdot \text{s} \cdot \text{s}^2}{\text{m}^2} = 1 \frac{\text{Nm} \cdot \text{s}^2}{\text{m}^2} = 1 \frac{\text{kg} \cdot \text{m} \cdot \text{m} \cdot \text{s}^2}{\text{s}^2 \cdot \text{m}^2} = 1 \text{ kg}$$

2.2 Die elektrischen Feldlinien beginnen an den positiven Ladungen und enden an den negativen. Da die Kugel zur negativen Platte ausgelenkt wird, ist sie selbst **positiv** geladen.

Auf die Kugel wirken die **elektrische Feldkraft** und die **Gewichtskraft**. Da die Kugel sich in Ruhe befindet, wird der Faden durch die Resultierende gestrafft, deren Wirkungslinie verläuft also in der Verlängerung des Fadens. Sie müssen einen der Resultierenden entsprechenden Kraftvektor in Ihrer Skizze einzeichnen. Die Wirkungslinie der elektrischen Feldkraft verläuft parallel zu den Feldlinien und die Wirkungslinie der Gewichtskraft senkrecht nach unten. Tragen Sie beide Wirkungslinie ein und ergänzen Sie die Zeichnung zu einem vollständigen Parallelogramm (siehe linke Abbildung auf der folgenden Seite).

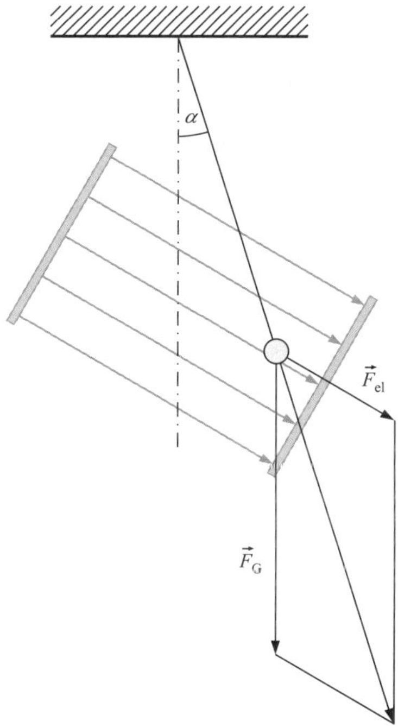

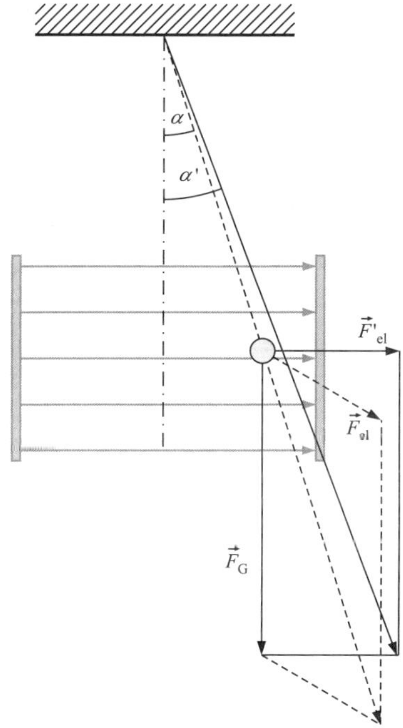

Nach der Drehung verlaufen die elektrischen Feldlinien horizontal, also zeigt auch der Vektor der elektrischen Feldkraft nach rechts. Die Gewichtskraft wirkt weiterhin senkrecht nach unten. An den Beträgen der beiden Komponenten hat sich nichts geändert, da die Position der Kugel bzgl. der Platten gleich bleibt. Dagegen wächst der Zwischenwinkel beider Wirkungslinien: Das Parallelogramm wird zum Rechteck, dessen Diagonale dann nicht so steil nach rechts unten zeigt. Der Faden muss sich dieser geänderten Richtung anpassen, er wird also weiter nach rechts ausgelenkt, sodass nach der Drehung gilt (siehe Abbildung rechts; zur Verdeutlichung sind darin der Faden und das Parallelogramm der linken Abbildung gestrichelt eingezeichnet):

$$\underline{\underline{\alpha' > \alpha}}$$

Leistungskurs Physik (Sachsen): Abiturprüfung 2006
Aufgabe B: Physik der Atomhülle/Kernphysik

1 Laser

1.1 Nennen Sie Eigenschaften von Laserstrahlung, die diese von Glühlicht unterscheiden. (2 BE)

1.2 Erläutern Sie ausgehend vom Aufbau die Wirkungsweise eines Lasers. Gehen Sie dabei auch auf die Prozesse spontane Emission und induzierte Emission ein. (5 BE)

1.3 Die nebenstehende Abbildung (nicht maßstäblich) zeigt das vereinfachte Energieniveauschema eines Lasers. Die Laserstrahlung hat die Wellenlänge 632,8 nm.

Berechnen Sie die Energie von Niveau E_1.

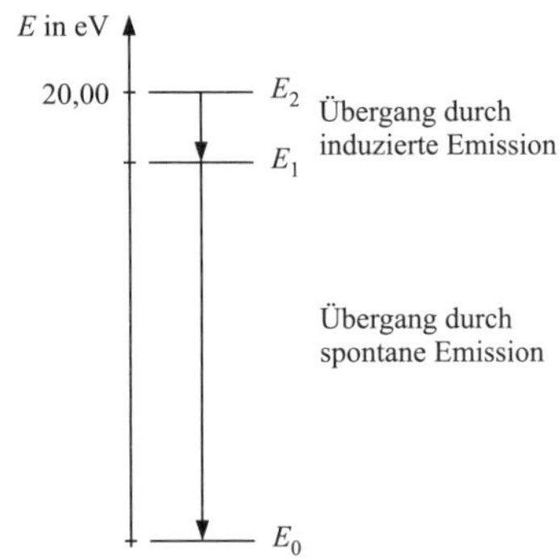

(2 BE)

2 Marie und Pierre Curie fanden 1898 in der Pechblende ein strahlendes Element, das sie Radium nannten. Radium ist ein α-Strahler mit der Halbwertzeit 1600 Jahre.

2.1 Stellen Sie für Ra-226 die Zerfallsgleichung auf und weisen Sie rechnerisch nach, dass die beim Zerfall eines Kerns freigesetzte Energie 4,88 MeV beträgt.

Kernmassen:

$m_{\text{Ra-226}} = 3{,}752467 \cdot 10^{-25}$ kg

$m_{\text{Tochterkern}} = 3{,}685933 \cdot 10^{-25}$ kg

$m_{\alpha} = 6{,}6447 \cdot 10^{-27}$ kg (3 BE)

2.2 Ermitteln Sie, welche Zeit mindestens vergehen muss, bis 0,5 % Radium zerfallen sind. (2 BE)

2.3 Die bei diesem α-Zerfall freigesetzte Energie verteilt sich vollständig in Form kinetischer Energie auf das α-Teilchen und den Tochterkern.
Von einem ruhenden Kern wird ein α-Teilchen emittiert. Infolge des Rückstoßes erhält auch der Tochterkern kinetische Energie.
Berechnen Sie unter Nutzung von Impuls- und Energieerhaltungssatz die Geschwindigkeit des α-Teilchens. (3 BE)

2.4 Sowohl mit Zählrohr als auch mit Nebelkammer können α-Teilchen nachgewiesen werden. Vergleichen Sie die Funktionsprinzipien beider Geräte. (3 BE)

Tipps und Hinweise zu Aufgabe B

Tipp zu Teilaufgabe 1.1

Es werden zwei Eigenschaften erwartet (2 BE!). Sie müssen diese lediglich nennen, nicht erläutern.

Tipp zu Teilaufgabe 1.2

Zum Aufbau und zur Wirkungsweise eines Lasers finden Sie Material in Ihren Aufzeichnungen bzw. in Ihrem Lehrbuch.

Tipp zu Teilaufgabe 1.3

Überlegen Sie zunächst, welcher Energiedifferenz der Laserübergang entspricht, und berechnen Sie diese. Sie kennen die Gleichung zur Berechnung der Energie eines Photons, und den Zusammenhang zwischen Frequenz und Wellenlänge kennen Sie auch! Da Sie die Energie in Joule erhalten, müssen Sie das Ergebnis in eV umrechnen, bevor Sie schließlich die gesuchte Energie E_1 bestimmen können.

Tipps zu Teilaufgabe 2.1

Beim Aufstellen der Zerfallsgleichung müssen Sie das Periodensystem der Elemente heranziehen (Ordnungszahlen der Kerne).

Die Zerfallsenergie erhalten Sie aus dem Massendefekt.

Tipps zu Teilaufgabe 2.2

Eine Abschätzung vorab (Ergebniskontrolle!): Wenn nur 0,5 % der Radiumkerne zerfallen sind, bedeutet das, dass noch fast alles Radium vorhanden ist. Die Zeitspanne ist also wesentlich kleiner als die Halbwertszeit von 1 600 Jahren.

Um die Zeit t exakt zu berechnen, setzten Sie die Zahl der nach der Zeit t noch vorhandenen Kerne in die Zerfallsgleichung ein, wenden die Beziehung zwischen Zerfallskonstante und Halbwertszeit an und lösen die Gleichung nach t auf.

Tipp zu Teilaufgabe 2.3

Es ist vom Energiesatz und vom Impulssatz die Rede. Mit anderen Worten heißt das, dass die Geschwindigkeit des Tochterkerns **und** die Geschwindigkeit des α-Teilchens eine Rolle spielen, außerdem auch die Massen von beiden, aber die sind ja gegeben. Die Rechnung führt also auf ein Gleichungssystem mit zwei Unbekannten.

Tipp zu Teilaufgabe 2.4

Auch dazu finden Sie genügend Material in Ihren Aufzeichnungen bzw. in Ihrem Lehrbuch. Sie sollen **vergleichen**: Schauen Sie hierzu noch einmal im Abschnitt „Hinweise und Tipps zum Abitur in Physik“ in diesem Buch bei „Umgang mit Operatoren“ nach.

Lösung zu Aufgabe B

1.1 Monochromasie, Kohärenz, scharfe Bündelung sowie große Energiedichte sind die wichtigsten Merkmale der Laserstrahlung.

1.2 Bei der Erläuterung des Aufbaus eines Lasers müssen Sie auf die Funktion der drei wesentlichen Teile eingehen, nämlich den Energiespeicher, die Energiequelle sowie den Resonator mit Energieausgeber. Bei der Erläuterung der Wirkungsweise gehen Sie vom Energieniveauschema aus, erklären die Begriffe Grundzustand und angeregter Zustand sowie die Vorgänge „Spontane Emission" und „Induzierte Emission". Bei der Entstehung des Laserlichtes legen Sie den Begriff „Metastabiler Zustand" dar unter Einbeziehung der Verweildauer.

1.3 Der Laserübergang findet durch induzierte Emission statt, der Wellenlänge von 632,8 nm entspricht also die Energiedifferenz $\Delta E = E_2 - E_1$. Diesen Energiebetrag müssen Sie von der Energie des Niveaus E_2 subtrahieren:

$$\Delta E = h \cdot f = h \cdot \frac{c}{\lambda}$$

$$\Delta E = 6{,}625 \cdot 10^{-34}\,\text{J} \cdot \text{s} \cdot \frac{3 \cdot 10^{8}\,\text{m} \cdot \text{s}^{-1}}{632{,}8 \cdot 10^{-9}\,\text{m}} = 3{,}14 \cdot 10^{-19}\,\text{J} \cdot \frac{1\,\text{eV}}{1{,}602 \cdot 10^{-19}\,\text{J}} = 1{,}96\,\text{eV}$$

$$\Rightarrow \quad E_1 = E_2 - \Delta E = 20{,}0\,\text{eV} - 1{,}96\,\text{eV} = \underline{\underline{18{,}04\,\text{eV}}}$$

2.1 Die Summe der Kernladungszahlen sowie die Summe der Massenzahlen müssen auf beiden Seiten der Gleichung übereinstimmen:

$$\underline{\underline{{}^{226}_{88}\text{Ra} \rightarrow {}^{4}_{2}\alpha + {}^{222}_{86}\text{Rn}}}$$

Berechnen Sie zuerst den Massendefekt und daraus die Zerfallsenergie:

$$\Delta m = m_{\text{Ra}} - m_{\alpha} - m_{\text{Rn}}$$

$$\Delta m = (3{,}752467 \cdot 10^{-25} - 6{,}6447 \cdot 10^{-27} - 3{,}685933 \cdot 10^{-25})\,\text{kg} = 8{,}70 \cdot 10^{-30}\,\text{kg}$$

$$\Rightarrow \quad E = \Delta m \cdot c^2 = 8{,}70 \cdot 10^{30}\,\text{kg} \cdot (3 \cdot 10^{8}\,\text{m} \cdot \text{s}^{-1})^2 = 7{,}83 \cdot 10^{-13}\,\text{J} = \underline{\underline{4{,}89\,\text{MeV}}}$$

2.2 Das Zerfallsgesetz lautet:

$$N = N_0 \cdot e^{-\lambda \cdot t}$$

Wenn 0,5 % des Radiums zerfallen sind, ist $N = 0{,}995 \cdot N_0$. Daraus folgt:

$$0{,}995 = e^{-\lambda \cdot t}$$

$$e^{\lambda \cdot t} = \frac{1}{0{,}995}$$

$$\lambda \cdot t = \ln \frac{1}{0{,}995}$$

$$t = \frac{\ln \frac{1}{0{,}995}}{\lambda} = \frac{\ln \frac{1}{0{,}995}}{\ln 2} \cdot T_{1/2} = \frac{\ln \frac{1}{0{,}995}}{\ln 2} \cdot 1600\,\text{a} = \underline{\underline{11{,}6\,\text{a}}}$$

2.3 Laut Aufgabenstellung gilt der Energiesatz:

$$E_{\text{kin, Ges}} = E_{\text{kin}, \alpha} + E_{\text{kin, Rn}} \qquad (1)$$

$$E_{\text{kin, Ges}} = \frac{1}{2} \cdot m_\alpha \cdot v_\alpha^2 + \frac{1}{2} \cdot m_{\text{Rn}} \cdot v_{\text{Rn}}^2$$

In dieser Gleichung kennt man die Gesamtenergie, die Masse des α-Teilchens und die des Radons, nicht aber die Geschwindigkeit des α-Teilchens und die des Radonkernes. Also brauchen Sie noch eine zweite Gleichung, und die liefert der Impulssatz:

$$m_\alpha \cdot v_\alpha = m_{\text{Rn}} \cdot v_{\text{Rn}} \qquad (2)$$

Nach Umstellen von (2) nach v_{Rn} und Einsetzen in (1) erhalten Sie:

$$v_{\text{Rn}} = \frac{m_\alpha}{m_{\text{Rn}}} \cdot v_\alpha = \frac{6{,}6447 \cdot 10^{-27}\ \text{kg}}{3{,}685993 \cdot 10^{-25}\ \text{kg}} \cdot v_\alpha = 0{,}0180 \cdot v_\alpha \qquad (*)$$

$$\Rightarrow \quad E_{\text{kin, Ges}} = \frac{1}{2} \cdot m_\alpha \cdot v_\alpha^2 + \frac{1}{2} \cdot m_{\text{Rn}} \cdot (0{,}018 \cdot v_\alpha)^2$$

$$= \frac{1}{2} \cdot m_\alpha \cdot v_\alpha^2 + 1{,}62 \cdot 10^{-4} \cdot m_{\text{Rn}} \cdot v_\alpha^2$$

$$= \frac{1}{2} \cdot v_\alpha^2 \cdot (m_\alpha + 1{,}62 \cdot 10^{-4} \cdot m_{\text{Rn}})$$

Auflösen dieser Gleichung nach v_α ergibt schließlich:

$$v_\alpha^2 = \frac{2 \cdot E_{\text{kin, Ges}}}{m_\alpha + 1{,}62 \cdot 10^{-4} \cdot m_{\text{Rn}}}$$

$$v_\alpha = \sqrt{\frac{2 \cdot E_{\text{kin, Ges}}}{m_\alpha + 1{,}62 \cdot 10^{-4} \cdot m_{\text{Rn}}}}$$

$$v_\alpha = \sqrt{\frac{2 \cdot 4{,}88\ \text{MeV}}{6{,}6447 \cdot 10^{-27}\ \text{kg} + 1{,}62 \cdot 10^{-4} \cdot 3{,}685933 \cdot 10^{-25}\ \text{kg}}}$$

$$= \sqrt{\frac{2 \cdot 4{,}88 \cdot 1{,}602 \cdot 10^{-13}\ \text{J}}{6{,}6447 \cdot 10^{-27}\ \text{kg} + 1{,}62 \cdot 10^{-4} \cdot 3{,}685933 \cdot 10^{-25}\ \text{kg}}}$$

$$= \underline{\underline{1{,}53 \cdot 10^7\ \frac{\text{m}}{\text{s}}}}$$

Einheitenbetrachtung:

$$1\sqrt{\frac{\text{J}}{\text{kg}}} = 1\sqrt{\frac{\text{kg} \cdot \text{m}^2 \cdot \text{s}^{-2}}{\text{kg}}} = 1\ \frac{\text{m}}{\text{s}}$$

Gemäß der Beziehung (∗) gilt:

$$\frac{m_\alpha}{m_{\text{Rn}}} = 0{,}0180 \quad \text{bzw.} \quad \frac{v_{\text{Rn}}}{v_\alpha} = 0{,}0180$$

Da die Masse linear, die Geschwindigkeit quadratisch in die Formel für die kinetische Energie eingehen, macht die kinetische Energie des Radons weniger als 2 % der kinetischen Energie des α-Teilchens aus:

$$\frac{E_{\text{kin,Rn}}}{E_{\text{kin},\alpha}} = \frac{\frac{1}{2} \cdot m_{\text{Rn}} \cdot v_{\text{Rn}}^2}{\frac{1}{2} \cdot m_\alpha \cdot v_\alpha^2} = \frac{\frac{m_\alpha}{0{,}0180} \cdot (0{,}0180 \cdot v_\alpha)^2}{m_\alpha \cdot v_\alpha^2} = 0{,}0180$$

Vernachlässigt man daher den Beitrag des Radons zur Gesamtenergie, vereinfacht sich die Berechnungsgleichung für die Geschwindigkeit des Alphateilchens zu

$$v_\alpha = \sqrt{\frac{2 \cdot E_{\text{kin, Ges}}}{m_\alpha}},$$

Der Zahlenwert stimmt sehr gut mit dem exakten Resultat überein. Es lohnt sich, das Ganze zu durchdenken und nachzurechnen.

2.4 In beiden Nachweisgeräten wird die ionisierende Wirkung der α-Teilchen ausgenutzt.

Im **Zählrohr** entsteht infolge des starken elektrischen Feldes eine Ladungslawine. Es kommt zur Stoßionisation. Dieser Stromstoß wird verstärkt und schließlich registriert.

In der **Nebelkammer** dagegen hinterlassen die entstehenden Gasionen eine Nebelspur, denn sie wirken als Kondensationskeime. Diese Nebelspuren lassen sich im Allgemeinen nur kurzzeitig beobachten.

Leistungskurs Physik (Sachsen): Abiturprüfung 2006
Aufgabe C 1: Mechanik

Führen Sie Untersuchungen zur Dehnung eines Gummibandes durch.
Planen Sie Experimente gemäß der folgenden Aufgabenstellung und der nebenstehenden Abbildung.
Fordern Sie beim Aufsicht führenden Lehrer die erforderlichen Geräte und Hilfsmittel an.

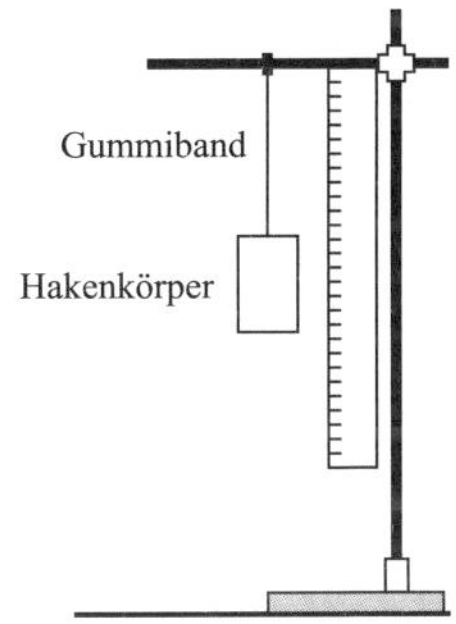

1 Messen Sie die Länge ℓ_0 des ungedehnten Gummibands. Belasten Sie das Gummiband zunächst mit den Massen m_1 und m_{max} und danach mit mindestens 4 weiteren Massen aus dem Intervall $0 < m < m_{\text{max}}$. Messen Sie jeweils die erzeugte Dehnung $\Delta\ell$ dieses Gummibands. Die Massen m_1 und m_{max} werden Ihnen vom Lehrer mitgeteilt. (4 BE)

2 Hängen Sie den Körper der Masse m_1 an das Gummiband. Lenken Sie diesen um den Winkel 90° bis auf die Höhe der Aufhängung aus. Vor dem Loslassen soll das Band gerade noch nicht gedehnt sein (ℓ_0).
Geben Sie den Körper frei und ermitteln Sie die Länge ℓ^* des Gummibands im Moment des Durchgangs des Hakenkörpers durch den tiefsten Punkt seiner Bahn.

Hinweis: Achten Sie beim Experimentieren auf eine sichere Befestigung zwischen Gummiband und oberer Aufhängung bzw. Hakenkörper. (1 BE)

3 Stellen Sie anhand der Messwerte aus Teilaufgabe 1 die Dehnungskraft F in Abhängigkeit von der Dehnung $\Delta\ell$ grafisch dar. (2 BE)

4 Die Fläche unter der Kurve im $F(\Delta\ell)$-Diagramm entspricht der beim Dehnen des Bands verrichteten Arbeit.
Ermitteln Sie die Arbeit, die für die Dehnung des Gummibands auf die Länge ℓ^* notwendig ist. (2 BE)

5 Berechnen Sie unter Nutzung des Energieerhaltungssatzes die Geschwindigkeit, die der Hakenkörper aus Teilaufgabe 2 im Moment des Durchgangs durch den tiefsten Punkt seiner Bahn hat. (2 BE)

6 Vergleichen Sie die Dehnung des Gummibands für den Moment des Durchschwingens durch die Gleichgewichtslage mit der Dehnung, die sich bei gleicher Masse und Ruhelage ergibt.
Begründen Sie qualitativ diesen Unterschied unter Beachtung der wirkenden Kräfte. (2 BE)

7 (Lösen Sie die Teilaufgabe ohne zusätzlich zu experimentieren.)
Der am Gummiband befestigte Hakenkörper der Masse m_1 wird senkrecht nach oben bis zur Aufhängung des Gummibandes gehoben und losgelassen.
Begründen Sie, dass der in diesem Fall erreichte tiefste Punkt unter dem von Teilaufgabe 2 liegt. (2 BE)

Tipps und Hinweise zu Aufgabe C 1

Vorbemerkung: Schauen Sie noch einmal unter dem Punkt „Besonderheiten der Wahlaufgaben“ im Abschnitt „Hinweise und Tipps zum Abitur in Physik“ nach. Bei dem vorliegenden Experiment ist der experimentelle Aufwand (Teilaufgaben 1 und 2) gering.

Tipp zu Teilaufgabe 3

Hier sollten Sie unbedingt die Möglichkeiten des GTR nutzen (**STAT**- bzw. **GRAPH**-Menü). Aufpassen: Bei den Teilaufgaben 1 und 2 arbeiten Sie mit Massen, bei 3 heißt es „Dehnungskraft F“! Zur Erinnerung: Die Einheit der Masse ist Kilogramm, die der Kraft Newton, die der Arbeit Joule. Achten Sie auf korrekte Umrechnungen.

Tipps zu Teilaufgabe 4

Überlegen Sie: Was gilt für die Arbeit W, wenn F linear von $\Delta\ell$ abhängt?

Haben Sie in Teilaufgabe 3 mithilfe des GTR die Funktion $F(\Delta\ell)$ ermittelt, können Sie sofort das zur Länge ℓ^* gehörende Wertepaar und damit W berechnen.

Tipp zu Teilaufgabe 5

Skizzieren Sie den Sachverhalt, dass der Hakenkörper der Masse m_1 seitlich auf die Höhe ℓ_0 ausgelenkt wird und sich schwingend auf ℓ^* absenkt. Berücksichtigen Sie dabei Ihr Ergebnis von Teilaufgabe 4!

Tipp zu Teilaufgabe 6

Sie sollen die Dehnung in beiden Fällen **vergleichen** und den Unterschied **begründen**! Denken Sie an alle Kräfte, die beim Schwingen durch die Ruhelage auftreten.

Tipp zu Teilaufgabe 7

Ziehen Sie den Energieansatz von Teilaufgabe 5 heran und **begründen** Sie!

Lösung zu Aufgabe C 1

Sie müssen die Experimentieranordnung selbst aufbauen.
Um die notwendigen Messungen ausführen zu können, müssen Sie anfordern:
- 1 Satz Stativmaterial
- 1 Messstab
- 1 Gummiband
- 1 Auffangschirm
- 1 Satz Hakenkörper

Das Experiment können Sie bequem zu Hause durchführen: Ein Gummiband findet sich im Nähkasten Ihrer Mutter, vom Physiklehrer müssten Sie sich mehrere kleine Dauermagnete ausleihen. Ich habe solche von 16 mm Durchmesser verwendet, das Gummiband mit Klebestreifen an einem Magnet angeklebt und das Gummiband von etwa 15 cm Länge an einem Regalbrett befestigt, auch wieder mit Klebestreifen. Unterhalb der Befestigung muss etwa 40 cm Platz sein, ebenso seitlich wegen der Schwingung bei Teilaufgabe 2. Hängt der erste Magnet am Gummiband, lassen sich die weiteren problemlos anhängen und für den Versuch 2 (und auch für 7, wobei dieses Experiment gar nicht gefordert ist!) auch wieder entfernen. Der erste Magnet kann sich auch nicht vom Gummiband lösen (siehe Hinweis unter 2).

1 Die Länge ℓ_0 beträgt 14,7 cm. Sechs Magnete haben eine Masse von 49 g, also beträgt die Einzelmasse rund 8 g. Hier ist die Messwerttabelle:

m in kg	0	0,008	0,016	0,024	0,032	0,040	0,048
ℓ in cm	14,7	15,9	18,1	20,8	23,8	27,4	30,2
$\Delta\ell$ in cm	0	1,2	3,4	6,1	9,1	12,7	15,5
F in N	0	0,08	0,16	0,24	0,32	0,40	0,48

2 Die Länge ℓ^* beträgt etwa 20 cm.

3 Wegen $F = m \cdot a$ müssen Sie die in der ersten Zeile stehenden Zahlenwerte mit 10, dem gerundeten Zahlenwert der Fallbeschleunigung, multiplizieren. Die Rundung ist bei diesem Experiment gerechtfertigt. Nun erhalten Sie die Zahlenwerte der in Newton gemessenen Dehnungskraft. Diese sind schon in der vierten Zeile der Wertetabelle eingetragen.

So sieht nun die grafische Darstellung aus:

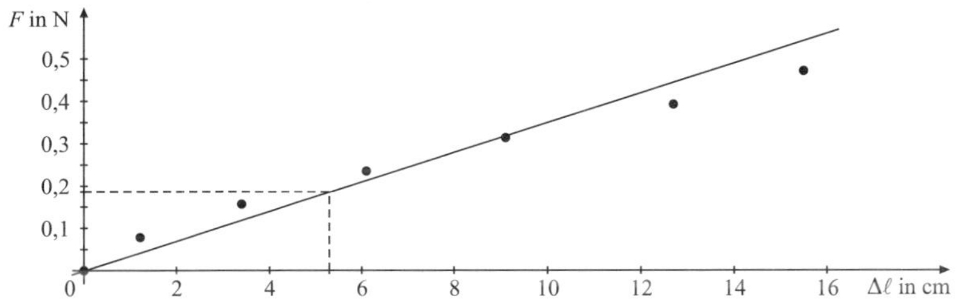

4 Da der gezeichnete Graph eine Ursprungsgerade ist, berechnet sich die Arbeit als Dreiecksfläche:

$$W = \frac{1}{2} \cdot F \cdot \Delta\ell$$

Dabei beträgt

$$\Delta\ell = \ell^* - \ell_0 = 20\text{ cm} - 14{,}7\text{ cm} = 5{,}3\text{ cm}.$$

Anhand der gezeichneten Ausgleichgeraden ermitteln Sie sodann die zugehörige Kraft. Im Diagramm sind die erforderlichen Hilfslinien gestrichelt eingetragen, man liest den Wert von etwa 0,2 N ab. Damit ergibt sich für die Arbeit:

$$W = \frac{1}{2} \cdot F \cdot \Delta\ell = \frac{1}{2} \cdot 0{,}19\text{ N} \cdot 0{,}053\text{ m} \approx \underline{\underline{0{,}005\text{ J}}}$$

5 Bei der Angabe der potenziellen Energie müssen Sie ℓ^* berücksichtigen. Im tiefsten Punkt hat sich die potenzielle Lageenergie in kinetische Energie und in Federspannarbeit umgewandelt:

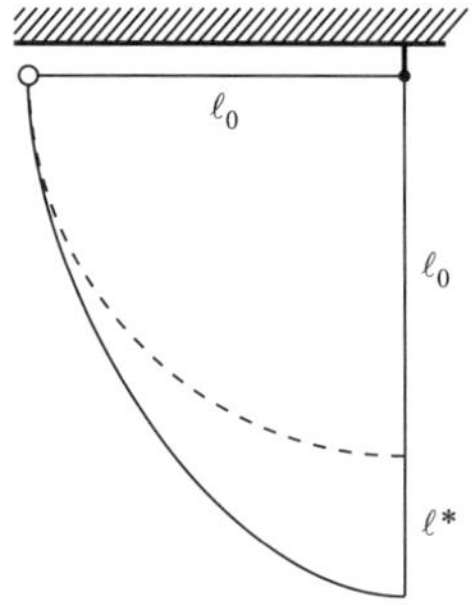

$$m_1 \cdot g \cdot \ell^* = \frac{1}{2} \cdot m_1 \cdot v^2 + W$$

$$\Rightarrow \quad v = \sqrt{2 \cdot g \cdot \ell^* - \frac{W}{m_1}}$$

$$v = \sqrt{2 \cdot 9{,}81 \frac{\text{m}}{\text{s}^2} \cdot 0{,}2\text{ m} - \frac{0{,}0061\text{ kg} \cdot \text{m}^2 \cdot \text{s}^{-2}}{0{,}008\text{ kg}}}$$

$$= \underline{\underline{1{,}8\text{ m} \cdot \text{s}^{-1}}}$$

6 Offensichtlich ist die Dehnung beim Durchschwingen größer als die Dehnung in Ruhelage.

Begründung: Zur Gewichtskraft des Massestücks kommt die Radialkraft hinzu.

7 Vergleichen Sie mit dem Energieansatz von Teilaufgabe 5: Im tiefsten Punkt (ich habe 23 cm gemessen, d. h. der Körper ist drei cm tiefer als bei Teilaufgabe 2) besitzt der Körper keine kinetische Energie. Die potenzielle Energie am Anfang hat sich also vollständig in Federspannenergie umgewandelt.

Leistungskurs Physik (Sachsen): Abiturprüfung 2006
Aufgabe C 2: Elektrizitätslehre

Führen Sie Stromstärke- und Spannungsmessungen an einer Spule und einem Kondensator **ausschließlich** im Wechselstromkreis durch.

Sie erhalten vom Aufsicht führenden Lehrer zwei mit A bzw. B bezeichnete Blackboxes. Eine Blackbox enthält einen Kondensator, dessen Kapazität C Ihnen mitgeteilt wird, die andere eine Spule mit Eisenkern. Die Spule hat den ohmschen Widerstand R_{Spule} und die Induktivität L. Die Frequenz der Wechselspannung beträgt 50 Hz.

Fordern Sie die zusätzlich notwendigen Geräte und Hilfsmittel an.

1 Skizzieren Sie den elektrischen Schaltplan einer Experimentieranordnung, mit der durch Messung von Stromstärke und Spannung der Wechselstromwiderstand (Scheinwiderstand) einer Blackbox bestimmt werden kann.
Ermitteln Sie für die Blackboxes A und B jeweils den Wechselstromwiderstand.
Die maximal zulässige Spannung U_{max} wird Ihnen mitgeteilt.
Entscheiden Sie durch Rechnung unter Nutzung Ihrer Messwerte und der gegebenen Kapazität, in welcher Blackbox sich der Kondensator befindet. (6 BE)

2 Schalten Sie beide Blackboxes in Reihe und ermitteln Sie von dieser Reihenschaltung mithilfe von Stromstärke- und Spannungsmessungen den Wechselstromwiderstand Z_{Reihe}. (1 BE)

3 Aus den beiden Widerständen Z_{Spule} und Z_{Reihe} lassen sich sowohl Induktivität als auch ohmscher Widerstand der Spule rechnerisch ermitteln. Führen Sie folgende Schritte durch:
Geben Sie für jeden der beiden Widerstände eine Gleichung an, stellen Sie beide Gleichungen nach $(R_{Spule})^2$ um, setzen Sie gleich und berechnen Sie die Induktivität.
Geben Sie den ohmschen Widerstand R_{Spule} der Spule an. (4 BE)

4 Skizzieren Sie ein Zeigerdiagramm für eine Spule, deren ohmscher Widerstand nicht vernachlässigbar ist.
Geben Sie an, wie sich die Phasenverschiebung zwischen Stromstärke und Spannung ändert, wenn der Eisenkern aus der Spule entfernt wird. (2 BE)

5 Eine Leuchtstoffröhre der Betriebsspannung 60 V wird mit einer in Reihe geschalteten Spule an die Wechselspannung 230 V angeschlossen.
Geben Sie qualitativ an, in welcher Größenrelation induktiver und ohmscher Widerstand der Spule stehen müssen, sodass deren Nutzung als Vorwiderstand zu einer geringeren Wirkleistung gegenüber der Verwendung eines ohmschen Bauelements führt.
Begründen Sie. (2 BE)

Tipps und Hinweise zu Aufgabe C 2

Vorbemerkung: Schauen Sie noch einmal unter dem Punkt „Besonderheiten der Wahlaufgaben“ im Abschnitt „Hinweise und Tipps zum Abitur in Physik“ nach. Bei dem vorliegenden Experiment ist der experimentelle Aufwand (Teilaufgaben 1 und 2) gering.

Tipps zu Teilaufgabe 1

- Die (vom Lehrer vorgegebene) Kapazität des Kondensators beträgt $C = 4{,}3$ mF.
- Führen Sie jeweils wenigstens eine Kontrollmessung durch. Bei der Entscheidung für eine Box muss bei der Rechnung die Kapazität des Kondensators benutzt werden.

Tipp zu Teilaufgabe 2

- Benutzen Sie konsequent die Indizes „Reihe“ bzw. „Spule“ bei allen weiteren Rechnungen mit Z bzw. R.

Tipp zu Teilaufgabe 3

- Halten Sie sich konsequent an die vorgegebene Schrittfolge. Dass Sie sowohl die Induktivität als auch den ohmschen Widerstand berechnen sollen, weist auf die Lösung eines Gleichungssystems hin.

Tipp zu Teilaufgabe 4

- Die Änderung der Phasenverschiebung können Sie unmittelbar am Zeigerdiagramm ablesen: Welcher der beiden Widerstände ändert sich durch das Entfernen des Eisenkerns? Was folgt daraus für den Zeiger?

Tipps zu Teilaufgabe 5

- Es ist nach einer *qualitativen* Einschätzung gefragt, Sie müssen also nicht rechnen.
- Ziehen Sie die Formel zur Berechnung des Scheinwiderstandes der Spule heran sowie die Formel für die Wirkleistung.

Lösung zu Aufgabe C 2

Um die notwendigen Messungen ausführen zu können, müssen Sie anfordern:
- 1 Wechselspannungsquelle
- 2 Messgeräte für Wechselspannung bzw. Wechselstrom
- 2 Blackboxes
- 1 Satz Verbindungsleiter sowie Steckbretter

1 Nachdem Sie die Messschaltung skizziert haben (Voltmeter parallel/Amperemeter in Reihe zur Blackbox), setzen Sie nacheinander die beiden Blackboxes ein, messen Spannung und Stromstärke und berechnen jeweils den Wechselstromwiderstand. Bestimmt werden Sie jeweils wenigstens eine zweite Messung mit einer geänderten Spannung durchführen, um eine Kontrolle zu haben bzw. einen Mittelwert bilden zu können.

$$Z_A = \frac{5{,}6\ \text{V}}{0{,}0074\ \text{A}} = 757\ \Omega \quad \text{und} \quad Z_B = \frac{4{,}8\ \text{V}}{0{,}021\ \text{A}} = 229\ \Omega$$

Nun berechnen Sie den Scheinwiderstand des gegebenen Kondensators, der sich ja in einer der beiden Kästen befinden soll und dessen Kapazität 4,3 µF beträgt:

$$X_C = \frac{1}{\omega \cdot C} = \frac{1}{2\pi \cdot 50\ \text{s}^{-1} \cdot 4{,}3 \cdot 10^{-6}\ \text{F}} = 740\ \Omega$$

Damit ist gezeigt, dass sich der **Kondensator in der Blackbox A** befindet. Und außerdem weiß man, dass $Z_{\text{Spule}} = 292\ \Omega$.

2 In der Reihenschaltung ergab die Messung $Z_{\text{Reihe}} = 600\ \Omega$.

3 Folgen Sie der Anleitung der Aufgabe:

$$Z_{\text{Spule}} = \sqrt{R_{\text{Spule}}^2 + X_L^2} \quad \text{bzw.} \quad Z_{\text{Reihe}} = \sqrt{R_{\text{Spule}}^2 + (X_L - X_C)^2}$$

$$R_{\text{Spule}}^2 = Z_{\text{Spule}}^2 - X_L^2 \quad \text{bzw.} \quad R_{\text{Spule}}^2 = Z_{\text{Reihe}}^2 - (X_L - X_C)^2$$

Damit erhält man zwei Terme für R_{Spule}:

$$R_{\text{Spule}} = \sqrt{Z_{\text{Spule}}^2 + {X_L}^2} = \sqrt{Z_{\text{Spule}}^2 - \omega^2 \cdot L^2}$$

bzw.

$$R_{\text{Spule}} = \sqrt{Z_{\text{Reihe}}^2 - (X_L - X_C)^2} = \sqrt{Z_{\text{Reihe}}^2 - \left(\omega \cdot L - \frac{1}{\omega \cdot C}\right)^2}$$

Durch Gleichsetzen der rechten Seiten beider Gleichungen lässt sich L und daraus R_{Spule} berechnen. Entsprechend gibt man im **GRAPH**-Menü die beiden rechten Seiten ein:

$$\text{Y1} = \sqrt{\ }(229^2 - 314^2 \times \text{X}^2)$$

$$\text{Y2} = \sqrt{\ }(600^2 - (314 \times \text{X} - 1 \div (314 \times 4{,}3\text{E}-6))^2)$$

Beachten Sie, dass jetzt X die Variable für L ist und nicht mehr der Blindwiderstand.

Dazu das Betrachtungsfenster:

View Window	
Xmin:	0
max:	2
scale:	1
Ymin:	0
max:	200
scale:	50

Sie können so die beiden Graphen und deren Schnittpunkt im Display sehen. Sollten Sie aber ein anderes Fenster verwenden, kann es passieren, dass Sie weder Graphen noch Schnittpunkt sehen, aber trotzdem die Koordinaten des Schnittpunktes ermitteln können!

Der Schnittpunkt beider Graphen liefert sowohl den Wert für die Induktivität als auch für den ohmschen Widerstand der Spule:

$$\underline{\underline{L = 0{,}52\ \text{H}}}$$

$$\underline{\underline{R_{\text{Spule}} = 161\ \Omega}}$$

4 Zeigerdiagramm: siehe Abbildung rechts.

Bei der Entfernung des Eisenkerns verringert sich der induktive Blindwiderstand, der ohmsche Widerstand bleibt gleich. Damit nimmt die Phasenverschiebung φ ab.

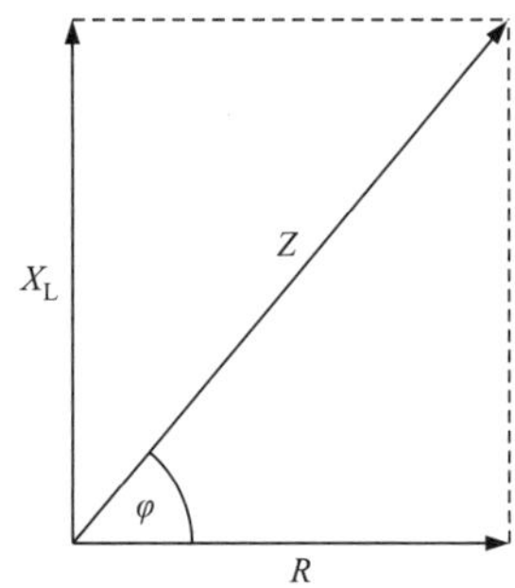

5 Für die Spule gilt:

$$Z_{\text{Spule}} = \sqrt{R_{\text{Spule}}^2 + X_{\text{L}}^2}$$

Der induktive Widerstand muss wesentlich größer sein als der ohmsche Widerstand der Spule.

Begründung: Bei Vergrößerung des induktiven Widerstands vergrößert sich die Phasenverschiebung φ, der Leistungsfaktor $\cos\varphi$ wird sehr klein, und damit ist die Wirkleistung der Spule sehr gering.

(Bitte blättern Sie um)